U0257887

本书系国家社会科学基金教育学一般课题
"大学生网络公共传播行为与网络媒介素养教育研究"（BIA160137）研究成果

郑州大学 ZHENGZHOU UNIVERSITY | 眉湖·传媒书系

大学生网络公共传播行为
与网络媒介素养教育

COLLEGE STUDENTS'
ONLINE PUBLIC COMMUNICATION BEHAVIOR
AND ONLINE MEDIA LITERACY EDUCATION

罗雁飞 著

社会科学文献出版社
SOCIAL SCIENCES ACADEMIC PRESS (CHINA)

眉湖·传媒书系编委会

内容摘要

　　在国家提出不断扩大人民有序政治参与，以及互联网带来的传播机遇与社会问题并存的双重背景下，本书主要探讨四个问题：大学生目前的网络公共传播行为（主要指与公共利益相关的公共信息的获取行为和意见表达行为）基本现状如何？影响行为的因素有哪些？行为存在的问题及其原因是什么？如何通过网络媒介素养教育提升大学生网络公共传播水平？

　　全书共九章：第一、二章为概念界定、文献综述；第三章为理论基础阐释和研究设计说明；第四、五章为实证研究，借助定性、定量方法分析现状和影响因素；第六章为问题发现及原因分析；第七、八章为本国、他国研究与实践梳理；第九章为对策建议。

　　本书对网络公共传播行为进行了操作化定义，全面呈现了大规模问卷调查和小规模深度访谈所获成果，从提升网络公共传播水平的角度对网络媒介素养进行了再定义，对网络媒介素养教育提出了系统化建议，适合对网络公共传播、公民教育、网络媒介素养教育、大学生教育感兴趣的学者或相关领域的实践者参阅。

Content Summary

Against the dual background of the country's proposal to continuously expand the orderly political participation of the people, as well as the coexistence of communication opportunities and social problemsbrought by the Internet, this book mainly explores four questions: What is the basic current situation of college students' online public communication behavior (mainly referring to the acquisition of public information and expression of opinions related to the public interest)? What are the factors that affect behavior? What are the problems and reasons for the existence of behavior? How to improve the level of online public communication among college students through online media literacy education?

The book consists of nine chapters: the first and second chapters are the definition of concepts and literature review; Chapter 3 is an explanation of the theoretical foundation and research design; The fourth and fifth chapters are empirical research, using qualitative and quantitative methods to analyze the current situation and influencing factors; Chapter 6 is about problem discovery and root cause analysis; Chapters 7 and 8 provide a summary of research and practice in both domestic and foreign countries; Chapter 9 provides suggestions.

This book provides an operational definition of online public communication behavior, comprehensively presenting the results of large-scale questionnaire surveys and small-scale in-depth interviews. From the perspective of improving the level of online public communication, it redefines online media literacy and provides systematic suggestions for online media literacy education, which are valuable for those scholars and practitioners related to online public communication, civic education, and online media literacy education.

目 录

第一章 绪论

第一节 研究背景、问题与意义

近年群体极化现象突出，不断挑战过去人们关于互联网的美好想象。想象中，随着互联网的发展，新媒介赋权为人们在网络空间进行意见交流、达成智慧共识提供了条件。但现实是，网络暴力事件、网络谣言、群体极化现象等频发，网络空间成为一个"风险"空间。大学生作为网民的重要组成部分、网络文明建设的重要力量，在涉及公共事务、公共利益的网络信息、网络议题面前，其行为表现如何、存在什么问题、需要如何改进，是本研究试图探索的问题。

一 研究背景

尼尔·波兹曼（Neil Postman）认为电子媒介弥合了原本存在于儿童与成年人之间的差距——文字阅读能力和抽象思考能力差异，导致了"童年的消逝"。[①] 在互联网时代，媒介的"弥合性"达到了前所未有的高度，这对于大学生群体而言则突出表现为使他们的社会化加速。传统大众传媒时代的"象牙塔"是三合一的综合空间，它包含物理空间、生活空间、学习空间，互联网时代的"象牙塔"更多的是物理空间（校园物理环境），而大学生的学习和生活更加网络化，也更加社会化。在网络空间，大学生摆脱了家长和网络平台"青少年模式"的制约，其接触信息的广度和深度，不亚于任

---

① 〔美〕尼尔·波兹曼：《娱乐至死·童年的消逝》，章艳、吴燕莛译，广西师范大学出版社，2009，第180页。

何一个年长于他们的"社会人",甚至表现出比后者更强的表达欲。弹幕、二次元、网络火星文的流行,包括大学生群体在内的青年群体功不可没。

在大学生加速社会化的环境中,国家及社会对大学生的社会身份和能力也给予更多期待。与此同时,我国致力于国家治理现代化,呼唤一个"以法治为基础的规范、民主、协调、高效的整体性制度运行系统"①,这个系统的建构和运行需要公民的广泛支持和积极参与。网络作为公共对话的广场和交流的空间,其重要性不亚于线下物理空间。

然而,当前互联网的"网情"并不能很好地满足"治理"国情的需要。我国互联网网民已经达到9.89亿人(截至2020年12月)的超大规模,但网民结构中存在"两多""两低"现象一直是短期内无法解决的问题。"两多"指网民中年轻人多、底层边缘群体的人多。"两低"为学历低、收入低。②2015~2020年6年的中国网民年龄、学历、职业、收入分布见表1-1。

表1-1 2015~2020年中国网民年龄、学历、职业、收入分布情况

单位:%

		2015年	2016年	2017年	2018年	2019年	2020年
年龄	10岁以下	2.7	3.2	3.3	4.1	3.9	3.1
	10~29岁	51.3	50.5	49.6	44.3	40.8	31.3
	30~49岁	36.9	36.9	36.7	39.1	38.4	39.3
	50岁及以上	9.2	9.4	10.4	12.5	16.9	26.3
学历	小学及以下	13.7	15.9	16.2	18.2	17.2	19.3
	初中	37.4	37.3	37.9	38.7	41.1	40.3
	高中/中专/技校	29.2	26.2	25.4	24.5	22.2	20.6
	大专及以上	19.6	20.6	20.4	18.6	19.5	19.8
职业	个体户/自由职业者	22.1	22.7	21.3	20.0	22.4	16.9
	农村外出务工人员/农林牧渔劳动人员	8.6	7.5	9.2	11.7	10.5	20.7
	退休人员	4.1	4.1	5.2		4.7	6.5
	无业/下岗/失业人员	5.7	6.6	6.9	8.8	8.8	2.7

---

① 刘硕:《新时代国家治理现代化的省思》,《社会科学战线》2018年第4期。
② 王国华:《互联网背景下中国国家治理的新挑战》,《华中科技大学学报》(社会科学版)2014年第4期。

		2015 年	2016 年	2017 年	2018 年	2019 年	2020 年
职业	学生	25.2	25.0	25.4	25.4	26.9	21.0
	政企工作人员	34.3	34.1	32.0	30.0	26.7	32.2
月收入	1000 元以下（含无）	27.9	29.1	25.7	22.6	27.9	26.1
	1000 ~ 3000 元	32.2	31.1	31.8	32.4	23.0	25.0
	3001 ~ 5000 元	23.4	23.2	22.4	21.0	21.5	19.6
	5000 元以上	16.5	16.6	20.2	24.1	27.6	29.3

资料来源：根据中国互联网络中心年度报告（2015 ~ 2020 年）整理。

"网情"的结构性问题虽然不能作为近年频发的网络暴力事件、群体极化现象的直接原因，但可以肯定的是二者存在重要关联。净化网络空间、进一步建设网络空间文明需要更多有知识、有志向的青年加入，甚至"占声"。大学生是网络公共传播的重要主体，大学阶段也是提升一个人公共传播水平的重要时期，他们的网络行为不仅要有利于"个人成长"，还要有利于"公共交流"。

关于大学生的网络行为，目前学者们的研究出现两种倾向：其一，从传播学角度分析大学生的网络传播行为，尤其是粉丝文化、二次元文化的塑造，即泛义且偏娱乐方面的网络传播；其二，从公共管理学或政治学的角度探讨网络参与，包括网络公共话语参与和活动性参与（捐赠、请愿、签名等）。上述两种倾向都将网络公共传播行为包裹其中，甚至出现边缘化。本书拟将其剥离出来，单独进行研究（见图1-1）。

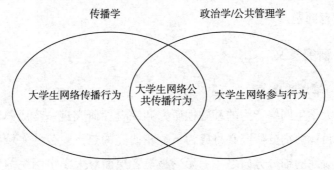

图1-1 学界对于大学生网络行为的研究

二　研究问题

大学生是营造健康网络环境的重要群体，也是新时代的年轻力量，大学阶段是培养大学生积极健康的公共传播行为习惯的重要时期。了解大学生网络公共传播行为的现状，以及影响大学生网络公共传播行为的因素，对于引导和培养大学生进行公共参与、政治参与至关重要。我国越来越重视提高公众参与社会治理的主动性与积极性，在国家层面提出了"扩大人民有序政治参与"的口号，这就需要我们对此类问题进行深入调研和探讨，为教育主管部门、高校制定更加有效的措施提供参考。

本研究致力于回答以下问题。

其一，大学生网络公共传播行为基本现状如何。借助规模性的实证研究，描述大学生网络公共传播行为的基本面，并重视对行为发生的两大场域（个人意识场域和网络空间场域）的分析。

其二，大学生网络公共传播行为的影响因素有哪些。探寻影响大学生网络公共传播行为的因素及每个影响因素的重要程度。

其三，大学生网络公共传播行为存在的问题及其成因是什么。将高频、高质量参与作为一种理想状态，对比大学生的现实行为，分析大学生网络公共传播行为存在的问题及其成因。

其四，以网络媒介素养教育提升大学生网络公共传播能力的路径是什么。教育是一种增进人们的知识和技能、影响人们思想品德的活动或过程，本研究认为网络媒介素养教育可以涵括个人意识场域和网络空间场域的教育问题。

三　研究意义

（一）学术意义

随着大学生网络行为的基础性研究和综合性研究进一步成熟，基于特殊任务或目标的细分研究必将成为下一轮研究的热点。公共领域和公共传播是备受关注的细分方向之一。无论是学者层面对大学生网民的期待与忧思、党和政府层面对青年网络"占声"的号召（参考共青团中央网站），还是整个社会舆论层面对网络文化安全的焦虑，都或多或少指向大学生网络公共传播领域，以及与之相呼应的网络媒介素养教育。

本研究的学术价值体现在以下三个方面。

第一，对大学生"网络公共传播行为"进行概念界定和研究维度划分，为公众视角的网络公共传播行为的"独立"研究做初步探索。

目前，网络公共传播研究多聚焦于政府或组织的公共传播、媒体的公共传播，聚焦公众视角的研究较少。即便存在公共视角的相关研究，其也被包裹在传播学层面的个体网络参与（包括公共议题参与、娱乐参与、消费参与等）研究，或者政治学、公共管理学层面的网络公共参与（包括意见参与、活动参与等）研究中，缺少独立研究，本研究试图对此做初步探索。

第二，为大学生网络公共参与中的传播行为（即公共传播行为）做全方位、多角度的实证研究补充。目前一些实证研究主要围绕大学生网络公共参与行为进行，尚未聚焦到"传播行为"。对于掌握着文化资本的大学生来说，传播是其重要的能力。本书聚焦大学生网络公共传播行为，进行了大规模实证调研，为其他对此领域感兴趣的学者提供了研究数据参考和研究方法参考。

第三，围绕如何提升大学生网络公共传播水平的问题，对网络媒介素养教育体系构建进行学理探索。目前关于大学生网络媒介素养教育存在理论上缺乏范式、实践上缺乏有效行动的问题，本研究拟进行初步探索，为这一领域贡献些微力量。

（二）实践意义

网络时代已拉开序幕，人类已进入深度网络化时代。大学生作为比重不小、学历不低的网民群体，理应积极在网络上"占声"，为网络文明建设服务，为国家实现治理现代化贡献一己之力。本研究的实践意义在于以下两个方面。

第一，通过实证研究呈现大学生网络公共传播行为的基本面及影响因素，为政府、高校、教师了解大学生的网络行为提供数据支持。没有调查就没有发言权，孔子说"因材施教"，了解大学生是进行大学生教育的第一步。在教育理论中也有"人性假设"的说法，但这种假设必须基于教育对象的真实情况。缺乏调查的"人性假设"往往出现三种误区：其一，人性假设高于人性现实；其二，人性假设低于人性现实；其三，人性假设过于片面。①

第二，通过构建旨在提升网络公共传播水平的网络媒介素养教育体系，为政府、高校、教师培养大学生提供框架建议和路径参考。大学生网络媒介素养教育目前处于"散点探索"阶段，尚未像中小学媒介素养教育那样引起国家层面的高度重视，后者如教育部借助"安全教育平台"（不定期的专题、讲座）、"国家中小学网络云平台"（家庭教育板块设置"青少年使用互联网的家庭指导"专题）进行全国范围的中小学媒介素养教育。本研究认为随着大学生网络媒介素养教育研究的日渐成熟，以及国家对培养大学生网络媒介素养的日益重视，科学的、具有一定规模的网络媒介素养教育实践指日可待。在此之前，局部的理论和实践探索不可或缺；在此之后，教育实践和教育理论的良性共生必不可少。

第二节　核心概念界定

概念界定是研究的重要步骤之一，本节主要对公共传播、网络公共传播、网络公共传播行为、网络公共参与行为、媒介素养、网络媒介素养、媒介素养教育、网络媒介素养教育等概念进行释义。

一　公共传播与网络公共传播

（一）公共传播

公共传播的概念发端于西方急剧分化的大众传播实践。1983 年詹姆斯·G. 斯坦伯斯（James G. Stappers）在《作为公共传播的大众传播》一文中，指出研究"作为公众传播的大众传播"就是为了"探寻公众如何接近并使用媒体，公共信息和知识如何得以传播和扩散的问题"②。这一界定强调了"公众""公共信息"两个重要概念。1997 年波坦（Botan）指出

---

① 余清臣：《教育理论的实践化改造：基于人性假设的组合》，《教育科学研究》2018 年第 10 期。

② Stappers, James G., "Mass Communication as Public Communication," *Journal of Communication* 33.3 (2010): 141–145.

公共传播（public communication）是一种特定类型的战略传播，并称之为"战略传播的广泛范畴的实例，尽管不是唯一的实例"①。这里的公共传播主要指的是商业企业面向公众的传播，更加偏向公共关系领域。2000 年传播学者丹尼斯·麦奎尔（Denis Mcquail）在其著作《麦奎尔大众传播理论》中多次提及"公共传播"："在一个整体协调的现代社会，经常存在庞大的，通常是依靠大众传播的公共传播网络"；"即使不完全等同于当前社会的公共传播过程，大众传播也与其有着紧密联系，这是指新闻与信息的传播，各种广告、民意的形成、宣传及大众娱乐等"。② 麦奎尔虽然没有指明公共传播是什么，但确定了它是不同于大众传播的存在。2013 年，阿特金（Atkin）和赖斯（Rice）将"公共传播运动"定义为有目的地尝试在特定的时间内，利用一套有组织的传播活动，并以多种渠道的一系列中介信息为特征，通知或影响大量受众的行为，通常为个人和社会带来"非商业利益"。

在国内，1994 年学者江小平在介绍法国学者勒内的公共传播学思想时给了公共传播一个描述性概念："公共传播的首要目的是说服受众，使之采取有益于自身健康和生活、有益于社会和人类的行为；引导他们积极参与公共生活和努力提高社会道德水准；指导更多的人承担并完成推进社会发展的使命。"③

2004 年学者史安斌界定公共传播为"政府、企业及其他各类组织通过各种方式与公众进行信息传输和意见交流的过程"④。石长顺、石永军认为新媒体的发展导致两重界限模糊：公共传播与私人传播；大众传播与人际传播。他们主张从三个层面，即传受双方的"颠覆性互动"、多元化传播满足公共信息需求、对新兴媒体的规范性引导，实现公共传播。⑤ 吴飞将

---

① Botan，C.，"Ethics in Strategic Communication Campaigns：The Case for a New Approach to Public Relations," *Journal of Business Communication* 34.2 （1997）：188 – 202.

② Mcquail，Denis，*Mcquail's Mass Communication Theory* （London：Thousand Oaks. New Delhi：SAGE Publications，2000），pp. 10 – 20.

③ 江小平：《公共传播学》，《国外社会科学》1994 年第 7 期。

④ 史安斌：《新闻发布机制的理论化和专业化：一个公共传播视角》，《对外大传播》2004 年第 10 期。

⑤ 石长顺、石永军：《论新兴媒体时代的公共传播》，《现代传播（中国传媒大学学报）》2007 年第 4 期。

公共传播学视为传播学的四大分支之一（其他分支为专业传播学、批判传播学、政策传播学），认为它基于公共社会发展的需要，积极参与各种社群实践活动，为人类权利的平等、社会公正和民主参与社会治理提供理论和策略支持。[①] 胡百精、杨奕认为公共传播是"多元主体基于公共性展开的沟通过程、活动与现象，旨在促进社会认同与公共之善"[②]。

由此可见，公共传播的定义在国内外，总体上都经历了一个在保留公众、公共信息意涵的同时，淡化甚至剥离"商业性"的过程。本研究采用学者胡百精、杨奕的公共传播定义。

公共传播的理解视角包括三种：①政府、组织视角；②媒介与专业视角；③公众视角。前两个视角在大众传播时代是重点，它们聚焦于政府部门、新闻媒体这些"支配性传播主体"的公共职能或公共性实践，即如何加强公共信息的有效传播。政府公共传播、健康公共传播、环境公共传播是前两个视角的常见论题。及至新媒体时代，交互性的主客体关系使得第三种视角"公众视角"日益凸显。

（二）网络公共传播

以互联网为代表的信息技术革命为社会交往和多元对话提供了更广阔的空间和更多的可能性，公共传播的主体得以超越传统的权力、知识或传媒精英，普通大众也可以通过互联网在公共空间发起交往、讨论和意见竞争。

本研究定义网络公共传播如下：多元主体借助网络媒体针对公共议题进行多元对话和协商，以实现公共诉求和公共利益的过程。网络公共传播是网络传播和公共性的交叉，具有以下特点。

其一，处于"公众参与"阶段。这是网络公共传播的重要特征。在互联网时代，公共传播更偏向公众视角，且"公众视角"本身经历着从"面向公众"阶段、"走向公众"阶段到"公众参与"阶段的转变（见图1-2）。在"公共参与"阶段，公共传播的"公共"属性更加明显：公共传播既是

---

① 吴飞：《公共传播研究的社会价值与学术意义探析》，《南京社会科学》2012 年第 5 期。
② 胡百精、杨奕：《公共传播研究的基本问题与传播学范式创新》，《国际新闻界》2016 年第 3 期。

一种活动和过程，又是多元主体即时在场构造的"共享空间"，这种共享空间不同于大众传播构造的"中介化空间"，具有更大的自主性。

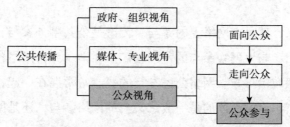

图1-2 公共传播的"公众参与"阶段

资料来源：整理自冯建华《公共传播：在观念与实践之间》，《现代传播（中国传媒大学学报）》2017年第7期。

其二，传播主体多元。中外学者在谈到互联网时代的公共传播时，都提到了主体多元。在新媒体时代，机构、组织、个人都可以是传播主体，面对某些特定的议题，他们的利益诉求存在较大的差异。

其三，传播渠道多样。互联网上的官方媒体、社交媒体、商业媒体等都可能成为多元传播主体进行诉求表达和意见交换的地方。渠道多元化在客观上造成了公开传播和私人传播的交融性。例如，某人运营了一个自媒体公众号，并且发布或转发了一条与公共卫生有关的消息，得到10万用户的关注和阅读，他或她的传播既是私人传播，又产生了公开传播、公共传播的效果。网络公共传播打破了传统线下传播的公私界限。

其四，传播过程动态博弈。此特征与前三个特征密切相关，多元主体通过多种渠道进行传播、参与，必然产生不同视角的信息和看法的交织、不同利益和诉求的碰撞，然后在动态博弈中实现信息传播的总体均衡。

二 网络公共参与行为与网络公共传播行为

（一）网络公共参与行为

1. 公共参与

公共参与是指公民试图影响公共政策和公共生活的一切活动。[1] 部分学者认为公共参与、公民参与、政治参与三者的概念相通，可以相互转

---

[1] 俞可平：《公民参与的几个理论问题》，《学习时报》2006年12月18日，第5版。

换，实则三者有所不同：公共参与的范畴大于政治参与；公民参与的视角主要为个体视角，其他两者不局限于个体视角，可以是机构、组织视角。

2. 网络参与

顾名思义，就是在网络上的参与。无论是公共事务参与，还是娱乐参与，都是网络参与。网络参与的范围较广。在学术界，网络参与同网络公共参与、网络政治参与、网络公民参与的概念常常混在一起，故往往不能从文章标题辨识出学者谈的是一般意义上的网络参与，还是网络公共参与等，需结合内文界定来看。

3. 网络公共参与

网络公共参与的定义较多。学者周小李、刘琪的定义如下：网络公共参与是指社会成员借助互联网关心或参与社会公共事务，即公民试图以自己的行动影响涉及公众利益、权利或公共福祉的政府决策，其中包括投票选举、批评建议、提出政治诉求等行为。[①] 学者彭榕指出网络参与（实为"网络公共参与"）是指公民在法律规定的权利义务范围之内，自觉或非自觉地借助互联网途径进行意愿表达、提出利益诉求等社会活动，从而达到对公共事务发展或公共决策产生影响的目的。[②]

从上述定义可以看出，网络公共参与建构在公共利益基础之上，或者说自身利益之上，这种行为除了包括被动的参与，更多的是对一些涉及自身利益活动的主动介入，网络公共参与是以互联网为媒介、以参与活动为途径、以维护自身利益为目的的普遍存在的介入行为，既包含了政治参与（如行使自己的选举权、监督权等），也包含了参与志愿活动、文体活动等非政治参与。

虽然我国学术界对于网络公共参与的定义尚未形成统一，但从众多学者给出的定义来看，其基本结构具有一致性，皆包含三大要素：参与主体、参与路径、参与客体。参与主体分为一般群体和特定群体，前者体现为"公民""网民""网络共同体"，后者体现为大学生等具有特定社会身

---

① 周小李、刘琪：《大学生公共参与现状反思——以阿尔蒙德公民文化理论为视角》，《社会科学论坛》2018 年第 5 期。
② 彭榕：《"场"视角下的中国青年网络参与》，《中国青年研究》2012 年第 5 期。

份的群体，针对性较强。参与路径无外乎通信、网络、计算机等。参与客体可分为广义与狭义两种：狭义客体为政治领域；广义客体除了政治领域，还包括其他涉及公共利益的公共领域。①

4. 网络公共参与行为

基于对众多文献的研读和分类，笔者将网络公共参与行为分为三类：关注性参与行为、意见表达参与行为、活动性参与行为。关注性参与行为主要指点击、阅读等。在互联网上，用户的关注行为会像传统电视的"收视率"一样留下痕迹，且能得到更精确的统计，如常见的"10 万 +""100 万 +"的阅读量、点击量标注。意见表达参与行为主要指围绕公共事务或公共话题表明态度或发表看法。活动性参与行为主要是参与和公共利益、公共生活有关的活动，如慈善、请愿、投票等。随着线上活动的扩展，公共参与行为在网上呈现出"扩大的参与"趋势，参与范围超过线下。例如，"出于政治、道德或者环境的原因在网上抵制或购买产品"也被视为公共参与行为，称为"价值观消费"。②

（二）网络公共传播行为

网络公共传播行为范畴小于网络公共参与行为，笔者主要从传播学的范畴对其考察。网络公共传播行为必须具备三个特点。

其一，与网络媒体有关。网络媒体是互联网平台的一部分，而非全部，它是建立在计算机信息技术和互联网技术基础之上，发挥传播功能的媒体总和。③ 网络媒体除了具备传统的媒体特征之外，还具有"交互、即时、延展和融合"的新特征。中国网络传媒的发展大概经历了三个阶段：①Web1.0阶段（1999～2004 年），代表形态是门户网站、商业网站；②Web2.0 阶段（2005～2009 年），代表形态是博客、播客；③Web3.0 阶段（2010 年至今），代表形态是微博、微信、移动客户端。④

① 李大芳、白庆华：《国内网络参与研究文献综述》，《图书与情报》2012 年第 3 期。
② Vissers, Sara, & Stolle, D., "The Internet and New Modes of Political Participation: Online Versus Offline Participation," *Information Communication & Society* 17. 8（2014）: 937 –955.
③ 熊澄宇、廖毅文：《新媒体——伊拉克战争中的达摩克利斯之剑》，《中国记者》2003 年第 5 期。
④ 闵大洪：《从边缘媒体到主流媒体——中国网络媒体 20 年发展回顾》，《新闻与写作》2014 年第 3 期。

其二，与传播有关。传播是"一定社会结构与社会关系中的信息传递与知识共享行为"①，网络公共传播行为是一种传播行为，这是区别于一般的网络公共参与行为的重要特点。

其三，与公共领域、公共利益有关。网络上存在各种各样的交流，如熟人之间的网络问候、卖家买家之间的在线洽谈、明星和粉丝的日常互动（节庆、演出等，慈善捐助等除外）等，这些行为存在信息传递，但与哈贝马斯所讲的"公共领域"、常识意义上的"公共利益"关系不大，不属于公共传播行为。网络公共传播具有公共性，这是区别于其他类型传播的显著特征。

根据上述分析，本研究为网络公共传播行为定义如下：多元主体就涉及公共利益、公共生活的公共事务或公共话题，通过网络媒体进行关注、意见表达的行为。在本研究中，行为主体即为大学一年级至大学五年级的学生。

三 媒介素养教育与网络媒介素养教育

（一）媒介素养与媒介素养教育

媒介素养就是对媒介和传播技术的快速回应，媒介素养的历史就是媒介沟通知识、技能的提升及实践的历史，这些是在媒介角色日益重要的背景下，人们实现社会参与和权利维护所必需的。②

1. 媒介素养

媒介素养的研究起源于 20 世纪二三十年代，彼时学者关注的是儿童对大众文化的"抵抗"能力。美国媒介素养中心在 1992 年将媒介素养界定为多重能力：人们在接触媒介时，对媒介中各种信息的选择能力、理解能力、质疑能力、评估能力、创造和生产能力以及思辨反应能力。③

我国学者在 20 世纪 90 年代开始关注媒介素养研究，不同学者对媒介素养所下的定义也不同，目前尚无一个来自权威机构或组织的权威定义，

---

① 刘海龙：《中国语境下"传播"概念的演变及意义》，《新闻与传播研究》2014 年第 8 期。
② Robbgrieco, Michael, "Why History Matters for Media Literacy Education," *Journal of Media Literacy Education* 6（2014）：3–20.
③ 季静：《大学生网络媒介素养教育目标探寻》，《江苏高教》2018 年第 7 期。

但现有定义总体上都强调了选择、理解、批判、生产制作能力。张开认为媒介素养是传统听说读写素养的延伸，媒介信息批判解读能力、制作媒介信息能力都是其延伸的领域。[①] 张志安、沈国麟在媒介素养中强调了解读、批判能力，以及利用媒介信息服务个人生活、社会发展的能力。[②] 艾丽容指出媒介素养就是"选择获取识别信息、加工、处理、传递信息并创造信息的能力"[③]，同时强调对信息工具、信息资源的"利用"能力。

2. 媒介素养教育

1933 年，英国学者 F. R. 李维斯（F. R. Leavis）与其学生丹尼斯·桑普森（Denys Thompson）联合发表论著《文化和环境：培养批判意识》，首次对学校引入媒介素养教育的问题进行专门阐述，并提出系统教学建议，旨在保护学生，使他们免受媒介传递的不良文化或意识形态的影响。这种"免疫保护"教育理念的产生标志着媒介素养教育正式进入研究者视野和社会实践领域。随后，加拿大、丹麦、美国等国家相继开展相关研究和实践。我国学者结合宪法关于教育的界定，主张"不同范围的群众"均属于媒介素养教育的对象，教育内容指向三种能力：媒介信息批判能力，负面信息觉醒能力，建设性使用媒介能力。[④]

（二）网络媒介素养与网络媒介素养教育

1. 网络媒介素养

互联网的出现和发展，打破了传统的大众媒体主导的信息生产和传播格局，个体只要具备基础的互联网使用能力和识读写能力，就能参与互联网媒介内容的生产和传播，人们从受众变成了网民。与此同时，针对网民的网络媒介素养研究应时而生。

1996 年，美国语言学家詹姆斯·保罗·吉（James Paul Gee）率先提出了"新媒体素养"（new media literacy）概念。[⑤] 亨利·詹金斯（Henry

---

① 张开：《媒体素养教育在信息时代》，《现代传播》2003 年第 1 期。
② 张志安、沈国麟：《媒介素养：一个亟待重视的全民教育课题——对中国大陆媒介素养研究的回顾和简评》，《新闻记者》2004 年第 5 期。
③ 艾丽容：《新媒体对大学生的负面影响及其媒介素养教育对策研究》，《长江工程职业技术学院学报》2016 年第 3 期。
④ 曾凡斌：《我国媒介素养教育的理念反思》，《中国广播电视学刊》2006 年第 6 期。
⑤ 师静、赵金：《欧美国家媒介素养的数字化转变》，《新闻与写作》2016 年第 7 期。

Jenkins）认为新媒介素养不应仅仅被看作个人表达技巧，更应被视为一项"社会技能"，一个"较大社区中互动的方式"。他总结了新媒介素养涉及的11个核心能力：模拟、表演、游戏、挪用、多重任务处理、分布性认知、集体智慧、判断、跨媒介导航、网络、协商。[1]

在我国，学者蒋晓丽早在2004年就提出了"网络媒介素养"的概念。[2] 伴随互联网的普及，媒介素养被置于互联网环境下进行研究渐成常态。彭兰认为社会化媒体时代，公众的媒介素养包括媒介使用、信息消费、信息生产、社会交往、社会协作、社会参与等方面的素养。[3] 丁未、姚园园认为新媒介素养是传统媒介素养主张的能力在新媒体时代的加强，这些能力包括选择、理解、评估、质疑、思辨能力，同时受众要加强"参与"能力，以适应参与式网络文化。[4] 刘君荣、信莉丽认为技术素养、信源批判性思考能力、社会化媒体信息文本能力是受众媒介素养的重要延伸，只有延伸了这些能力才能适应社会化媒体的发展。[5]

同时，在媒介融合背景下，学者们提出融合式媒介素养。周灵、张舒予借鉴联合国教科文组织提出的"MIL"（媒介素养与信息素养融合）概念，提倡培养融合素养，以纠正目前新闻传播学领域、教育技术学领域、艺术教育学领域各自为"研"、相互独立的分割局面。[6] 吴淑娟比较了媒介素养、信息素养、媒介信息素养的各种要素（学科起源、研究对象、关注焦点、研习过程、主要分析方法、工具/手段等），认为信息素养与媒介素养结合是趋势所在。[7] 周灵、张舒予、魏三强提出了"融合式媒

---

① Jenkins, Henry, *Confronting the Challenges of Participatory Culture：Media Education for the 21st Century*（Cambridge, MA：The MIT Press, 2009）.
② 蒋晓丽：《信息全球化时代中国网络媒介素养教育的生成意义及特定原则》，《新闻界》2004年第5期。
③ 彭兰：《社会化媒体时代的三种媒介素养及其关系》，《上海师范大学学报》（哲学社会科学版）2013年第3期。
④ 丁未、姚园园：《文化与科技融合下的青少年媒介素养教育》，《深圳大学学报》（人文社会科学版）2014年第2期。
⑤ 刘君荣、信莉丽：《社会化媒体环境下受众应对信息风险的路径——基于媒介素养教育的研究视角》，《现代传播（中国传媒大学学报）》2015年第3期。
⑥ 周灵、张舒予：《媒介融合语境中的媒介素养教育创新》，《教育发展研究》2015年第Z1期。
⑦ 吴淑娟：《信息素养和媒介素养教育的融合途径——联合国"媒介信息素养"的启示》，《图书情报工作》2016年第3期。

介素养"概念，主张将信息素养、视觉素养和媒介素养教育融合起来，即培养"VMIL"（Visual，Media and Information Literacy）。①

可见，网络媒介素养的概念是一个"动态"的概念，互联网尤其是社交媒体的发展，使得参与能力、表达能力成为和信息选择能力、理解能力、质疑能力等同等重要的能力，"参与"是网络媒介素养的重要特征。这种对"参与"的强调早期主要是从个体表达的角度切入，后来强调从交往、关系的角度切入。另外，从"素养融合"的角度看，融合了信息素养、视觉素养、媒介素养的"VMIL"，强调了媒介素养的信息技术性、视觉审美性。

2. 网络媒介素养教育

关于什么是教育，R. 洛赫纳（R. Lochner）认为教育是"有意识的人类活动"，它是计划性和随意性的统一。② E. 涂尔干（E. Durkheim）认为教育是"成年一代对年轻一代施加的影响"。③ R. S. 彼得斯（R. S. Peters）认为教育是"教与学活动价值的衡量"，它本身并非一种活动方式。④ J. 杜威（J. Dewey）认为教育是"经验的再构与重组"。学者们不同角度的解释，代表了认知教育的不同视角：或"活动"视角，或"影响"视角，或"价值衡量"视角，或"经验再构"视角。《中国大百科全书·教育卷》指出："从广义上来说，凡是使人们的知识和技能增加、使人们的思想品德受到影响的活动，都是教育。"⑤《美国教育百科全书》认为："作为一种活动或过程，教育可能是正式的或非正式的，私人的或公共的，个人的或社会的，但是它在培养各种倾向上总是用一定的办法，如能力、技能、知识、信仰、态度、价值及品格特征。"

综合国内外对教育的代表性定义，结合网络媒介素养培养的特点，本

① 周灵、张舒予、魏三强：《论"融合式媒介素养"》，《教育发展研究》2017 年第 11 期。
② 参见〔德〕沃尔夫冈·布列钦卡《教育科学的基本概念——分析、批判和建议》，胡劲松译，华东师范大学出版社，2001，第 25 页。
③ 参见〔德〕沃尔夫冈·布列钦卡《教育科学的基本概念——分析、批判和建议》，胡劲松译，华东师范大学出版社，2001，第 24 页。
④ 参见张人杰、王卫东《二十世纪教育学名家名著》，广东高等教育出版社，2002，第 629 页。
⑤ 董纯才：《中国大百科全书·教育卷》，中国大百科全书出版社，1985，第 1 页。

研究将网络媒介素养教育定义为：增进人们使用网络媒体的知识和技能，影响人们的信仰、态度、价值和品格特质的过程或活动，这种过程或活动可以是正式的或非正式的、公共的或私人的、社会的或个人的。

对这个定义的相关要素解释如下。

（1）使用网络媒体。指人们作为"用户"获取网络媒体的信息，同时在网络媒体上进行信息生产和创造。

（2）增进知识和技能。知识、能力、技能是相互关联的三个概念。知识是"人们在社会实践中所获得的认识和经验的总和"[1]。技能是指人们通过练习获取的动作方式和动作系统，它既可以指操作活动方式，也可以指心智活动方式。[2] 能力是指顺利实现某种活动的心理条件，也是"广泛迁移和应用"的知识、技能的转化，它既是掌握知识和技能的前提，也是掌握知识和技能的结果。[3]

（3）影响人们的信仰、态度、价值和品格特质。网络空间已经是人们非常重要的生活和工作空间，在网络空间中，人们的一言一行都会留下痕迹，个人的道德感、公德心对网络文明的形成具有一定的影响。近些年频频出现的网络暴力事件、群体极化现象等，说明网络媒介素养教育同德育一样重要且互相关联。

（4）过程或活动的灵活性。无论教育是正式的还是非正式的、公共的还是私人的、社会的还是个人的，只要有利于达到"增进"和"影响"的目标，都可以实施。教育的灵活性随着互联网和教育技术的发展愈加明显，远程教育的交互性、视觉化，使得线上教育不断"侵蚀"线下教育的领地。另外，各种新兴的知识分享类网络平台（或含知识分享的综合平台），也承担着部分"远程教育"的功能，网民通过这些网络平台进行非正式学习。所谓非正式学习，是一种广义的、蕴含于日常工作生活中的学习实践活动。非正式学习包括以下几个要素：自发的学习主体；内在性的

---

① 中国社会科学院语言研究所词典编辑室：《现代汉语词典》（第7版），商务印书馆，2019，第1678页。

② 彭聃龄：《普通心理学》（修订版），北京师范大学出版社，2004，第404~405页。

③ 曹浩文、杜育红：《人力资本视角下的技能：定义、分类与测量》，《现代教育管理》2015年第3期。

学习动机；偶然性的学习目的；随意性的学习时空；开放性的学习内容；多样性的学习方式；社会性的学习获得；自评性的学习效果。[1] 一些青年网民通过哔哩哔哩视频网站（以下简称"B 站"）学习科技知识，推动了网络平台科技知识板块的拓展。数据显示，从 2018 年 12 月至 2020 年 3 月，B 站科技区头部 UP 主所属分区占比由 6.62% 上升至 8.74%。[2]

第三节　文献综述

本研究的两大关键词是网络公共传播行为和网络媒介素养教育，文献综述将围绕这两个关键词，以及重要的研究对象——大学生，进行相关文献检索与分析。

一　国内研究综述

（一）网络公共传播内涵和范畴研究

国内学者早期对公共传播的关注和解读就是置于互联网环境下的，新媒体和公共传播成为关联概念。学者们对公共传播的探讨主要集中于两个方面。

1. 公共传播的必要性和内涵

（1）公共传播研究和实践必要性

学者吴飞强调了"公共传播学"的概念，认为公共传播学尚未受到应有的重视，转型期的中国需要高质量的公共传播研究和公共传播实践。[3]

（2）公共传播内涵

学者胡百精、杨奕探讨了公共传播的六个要素：主体为"多元主体"；价值规范与实践准则是"互为主体性和公共性"；内容为"公共议题及其承载的公共精神和公共利益"；场域为"作为意见交换平台、行动空间和意义网络的公共领域"；手段为"对话"；目标和效果为"认同、共识和承

---

① Incidental Learning, "Incidental Learning," http://edutechwiki.unige.ch/en/Incidental-Learning.

② 丁莞茹：《基于网络学习资源的大学生非正式学习行为研究》，硕士学位论文，江西师范大学，2019。

③ 吴飞：《公共传播研究的社会价值与学术意义探析》，《南京社会科学》2012 年第 5 期。

认"。他们主张以三个"重返"推动公共传播研究：重返人的存在、重返生活世界、重返共同体。① 学者冯建华认为伴随着新媒体的发展，公共传播更多偏向公众视角（与政府、组织视角，媒介与专业视角相对应），且公众视角从"面向公众"、"走向公众"向"公众参与"转变。②

2. 面向公众的机构类公共传播研究

公共传播的多元主体包含政府、组织、媒体等，在传统大众传播时期，其传播往往是单向的。在新媒体时代，机构类组织发出的公共信息可以利用多种网络媒体、多重表达方式灵活组合，还可以利用媒体平台激发其他传播主体进行内容扩散或再生产。在国内，政务新媒体传播、公共健康传播、公共环境传播已成热点研究领域，且已形成规模性的学术共同体，在此不赘述。

（二）大学生网络公共参与、公共传播行为研究

目前国内外与本研究有关的研究成果主要集中在网络公共参与的概念、范畴研究，以及大学生网络公共参与行为研究方面。概念、范畴在"核心概念界定"部分已有所涉及。以下主要从网络公共参与行为（包括网络公共传播行为）的现状、影响因素、问题和对策几方面进行文献梳理。

1. 现状研究

互联网为大学生获取多元信息、进行网络参与提供了便利条件，尤其是微博和微信，大学生对其的使用率高达 76.3%。大学生的网络公共参与呈现出理性与非理性、有序与无序、主动参与和被动参与并存等特征。③ 非理性参与主要表现为：因缺乏社会阅历而极易被网络信息带动情绪；由于自身防护意识不强，易被虚假信息"绑架"；将网络匿名性的便利视为随意发言的机会，不负责任地发表偏激言论等。理性参与主要表现为：部分大学生具备一定的思辨能力，在大多数情况下能够主动甄别信息，追溯

---

① 胡百精、杨奕：《公共传播研究的基本问题与传播学范式创新》，《国际新闻界》2016 年第 3 期。
② 冯建华：《公共传播：在观念与实践之间》，《现代传播（中国传媒大学学报）》2017 年第 7 期。
③ 董生：《浅析高校如何正确引导大学生网络政治参与》，《湖北科技学院学报》2015 年第 6 期。

信息来源，考察信息的权威性和传播目的。总之问题和机会同时存在。

还有学者关注到"参与激励"的问题，负激励导致参与热情不足。大学生在网络参与中难以使自身的利益进入各个政策议程，因而怀疑自身的参与行为是否具备意义、是否具有效能。一次次参与中的不确定，便会引起大学生的公共参与热情的减退。①

总体来说，大学生自愿参与公共事务，主要是以维护公共利益为目的。② 参与过程伴随着热情与极端、思考与宣泄，其中所包含的政治冲动是其明显特点。③

2. 影响因素研究

国内学者主要从以下几方面分析大学生网络公共传播行为的影响因素。

性别。41.27%的学生表示对我国国家性质和政体的了解程度一般，只有不足10%的人非常了解我国的国体和政体，且男女生对政治性事务的参与呈现出不同的态度，男生更加积极广泛地参与网络政治。大学生自身层面对政治参与的内涵和功能理解不够。④

区域特征。乡镇和农村的受访者对政治的关注度、参与度低于城市受访者，42.17%来自农村的受访者认为政治对他们而言是一件比较复杂的事情，而城市中这样认为的受访者仅占19.20%。

社交媒体使用。大学生对于时事政治的看法主要通过微博、微信、网络论坛等渠道表达，这也契合了Web2.0时代互联网发展的新形势。

教育、家庭背景特征。人文社科类的学生对政治信息的接触比自然科学类的学生要多，而年级越高，其政治辨别力和对信息真实性的判断能力就越强，这也说明青年大学生对政治时事的认知和理解能力在逐渐提升。⑤

① 孙国峰、伊永洁:《网络视阈下大学生的政治参与》,《当代青年研究》2017年第5期。
② 逯静怡:《大学生网络公共参与现状及对策研究》,硕士学位论文,河北大学,2020。
③ 吴庆:《中国青年网络公共参与的历史发展、本质及启示》,《网络时代的青少年和青少年工作研究报告——第六届中国青少年发展论坛暨中国青少年研究会优秀论文集 (2010)》,中国青年政治学院,2010,第31~45页。
④ 肖凯:《大学生网络政治参与行为及其影响因素研究——基于武汉地区部分高校实证调查》,硕士学位论文,华中农业大学,2014。
⑤ 吕潇湘:《网络背景下当代大学生公共政策参与现状分析与对策研究——以南京农业大学为例》,《读书文摘》2015年第8期。

另外，个人兴趣、社会责任感、考研以及考公等因素也在某种程度上影响大学生对网络政治的讨论。再则，在父母长辈从政的家庭中成长的大学生，大部分认同政治不是一件复杂的事，由此也说明家庭教育影响孩子对政治的认识。影响因素是多元的，不仅包含自身因素，而且包含外在环境因素。[①]

3. 问题研究

大学生进行网络公共参与应该以了解社会、服务社会为目的，但综合多位学者的研究发现，大学生进行网络公共参与时主要存在以下四个问题。

（1）大学生网络公共参与动机复杂。研究显示，在回答自身网络公共参与的目的时，36.4%的大学生选择"为了正义"，22.3%的大学生选择"心系国家""无聊""凑热闹"等相关因素。[②] 有45.5%的大学生是出于从众跟风的心理或为了宣泄情绪而进行网络公共参与的。

（2）多元的网络信息冲击主流观念。有学者认为"信息借助网络所呈现的全球化、多元化、复杂化趋势，其准确性和可靠性大打折扣"[③]。不同的政治标准和意识形态纷至沓来，形形色色的文化观念不断涌入，虽然大学生在身体年龄上是成年状态，但其世界观、人生观、价值观尚未系统形成，若在"信息风暴"中长期接触不良信息，大学生的三观会被严重冲击。

（3）匿名性削弱责任感，出现非理性化现象。76.6%的大学生表示，自己会采取匿名的方式进行网络公共参与，而网络公共参与的匿名性主要表现为三个方面：信息辨识能力不够产生的盲从性、基于自身丰富情感的情绪化、产生民族矛盾时的非适度性。[④] 匿名性会促使其在网络空间中寻求观点相近的言论或相应的情绪宣泄口，引发"集群效应"。[⑤]

---

① 詹斌：《当代青年大学生网络政治参与行为及其影响因素研究》，《才智》2018年第25期。

② 陈国华：《大学生网络公共参与现状调查与规范机制构建》，《理论与改革》2012年第5期。

③ 刘俊峰：《网络时代大学生公共参与的思想政治教育研究》，博士学位论文，东北师范大学，2014。

④ 徐晓燕：《大学生网络公共参与的教育引导研究》，硕士学位论文，浙江理工大学，2017。

⑤ 方亭、原盼红：《大学生网络政治参与行为问题与引导策略》，《东南传播》2016年第10期。

（4）呈现明显娱乐化倾向。65.4%的大学生表示在日常生活中比较关注娱乐话题，如在微博较多关注大 V 或明星等。当娱乐成为网络参与的主要需求和常态，娱乐化参与就会成为一种普遍表征。例如，2016 年的帝吧远征 Facebook 事件，因裹挟大量的情绪而在网络中发酵为群体事件，大学生在"尽情爱国"的同时"不忘娱乐"。① 当大学生以消遣、娱乐的眼光看待社会议题时，社会议题的公共性价值就被消解了，这不利于大学生在公共参与中发挥应有的作用。

4. 对策研究

针对目前大学生进行网络公共参与存在的问题，学者主张"内外"结合，多措并举。

增强大学生的政治鉴别能力。大学生网络参与行为失范现象的出现，表面上是受一些社交媒体对热点问题的解读的影响，但归根结底是因为大学生自身理论基础的缺乏。学校作为学生进行系统性学习的场所，应该切实提升思想政治课的实用性，在课堂上增加对现实热点问题的解读阐述，在课下积极引导学生理性参与公共事务的讨论。

提升互联网整体治理水平。在互联网上，信息准入门槛低使得各种各样的信息不受约束汇聚于此，形形色色的信息呈爆炸式增长。国家要抓紧从整体上落实治理，鼓励传播正能量，弘扬社会主义核心价值观，营造更加清朗的网络空间。

加快推进高校新媒体阵地转型。大学生自身所处的环境在很大程度上影响着其行为决策，学者认为要"在阵地建设上，加强网上网下的工作统筹"②。在高校内广泛推行线上、线下参与相结合的方式，一方面，加强高校内思政网站、主题性教育网站、学生互动社区等建设；另一方面，各二级学院通过成立辅导员思政办公室、举办交流会等形式，以辅导员为小组领头人讨论近期热点话题，鼓励参与的同学提出自己的见解。③

加强公民教育以提升社会责任感。很多大学生对热点问题的讨论止步

---

① 周小李：《从广场到网络：大学生政治参与的空间转变》，《当代青年研究》2017 年第 3 期。
② 冯刚：《互联网思维与思想政治教育创新发展》，《学校党建与思想教育》2018 年第 3 期。
③ 布超：《社交媒体环境下大学生网络参与的新动向及引导策略》，《思想理论教育》2018 年第 6 期。

于朋友圈，或者仅仅在网络上做一个围观者。加强公民教育，有利于进一步提高大学生对公民角色的认同感，培养其社会责任意识，推动其更加理性、主动地进行网络公共参与。

（三）大学生网络媒介素养教育研究

笔者利用文献计量软件 CiteSpace，对 1998～2018 年的 CSSCI 期刊媒介素养文章进行关键词网络分析，发现"新媒体"和"大学生"是仅次于"媒介素养"和"媒介素养教育"的高频词，可见"新媒体""大学生"是媒介素养与媒介素养教育研究的热点。[①]

1. 大学生网络媒介素养问题、原因研究

（1）媒介素养问题

网络应用能力不高。学者曾美霞、张新明认为大学生的网络应用能力不是很高，[②] 并进行了实证说明。胡余波等通过对浙江高校 2729 位大学生的调研发现，71.89% 的大学生认为个人的网络技术应用一般、较差、非常差，这与社会上对该群体在网络技术方面的判断存在一定差距。[③] 但也有不同的观点：学者李杉认为大学生的优势在于网络技术应用层面；[④] 学者杨维东对西南地区 10 所高校 9000 多名大学生进行问卷测试，发现"90后"大学生触网早（小学触网者占 30.10%），技能熟练。[⑤]

自主学习意识与时间管理意识较弱。学者季静认为大学生对网络的接触是一种"高（频）接触"，[⑥] 他们对这种接触行为的自我管理能力较差，甚至在课堂上也出现玩手机的现象。胡余波等人的浙江高校调查显示，经常或偶尔在课堂上玩手机的受访大学生占受访总人数的 83.73%，且 75.50%的受访大学生每天有超过 1 小时的时间耗费在社交软件上，61.37% 的受访

---

① 罗雁飞：《媒介素养研究核心议题：基于 CSSCI 期刊关键词网络分析》，《中国出版》2021年第 2 期。

② 曾美霞、张新明：《大学生网络媒介素养及教育策略研究》，《现代远距离教育》2007 年第 1 期。

③ 胡余波、潘中祥、范俊强：《新时期大学生网络素养存在的问题与对策——基于浙江省部分高校的调查研究》，《高等教育研究》2018 年第 5 期。

④ 李杉：《新媒体时代"90 后"大学生媒介素养教育探究》，《思想战线》2011 年第 S2 期。

⑤ 杨维东：《"90 后"大学生的网络媒介素养与价值取向》，《重庆社会科学》2013 年第 4 期。

⑥ 季静：《大学生网络媒介素养教育目标探寻》，《江苏高教》2018 年第 7 期。

学生每天有 3 小时以上的时间停留在互联网上。

网络信息甄别能力不强。学者们发现大学生有一定的信息甄别能力，但仍然容易受不良信息的影响。

网络信息批判意识不足。对于大学生的网络批判意识如何，不同学者通过调查得出不同结论，有的学者认为大学生具备一定的批判意识，有的学者认为大学生不具备且不重视批判意识（仅有 5.02% 的受访大学生同意上网时批判性思维能力是最重要的）。[①]

网络道德意识缺乏。学者们普遍认为大学生的网络道德意识并不高。有的学者认为大学生的网络道德意识具有"迷惑性"，即从表面上看挺高，而在实践中对具体问题的看法暴露出一定的意识短板。胡余波等通过实证研究发现，大学生虽然在网络安全与道德素养方面得分较高，但在回答反映网络道德意识的相关问题时"统计得分并不高"，如对黑客入侵、网络报道暴力色情信息的行为，大量受访者呈现出超越法律限度的"宽容度"。学者杨维东也通过调研发现大学生还没能系统地了解法律法规，道德判断力"还未完全成熟"，在近万名受访大学生中，竟然有 14.7% 的受访者对黑客行为"崇拜并希望模仿"，33.2% 的受访者表示"尊重但不愿模仿"。

（2）原因分析

学者认为大学生网络媒介素养出现上述问题的原因在于以下方面。

高校扩招导致师生比例失调。大量的学生、少量的老师，导致大学生在告别高中繁重、强制的学习环境后成为"自由的网民"，缺少老师的充分引导和监督。

资本驱动网络媒体更加媚俗化。资本驱动下的大量网络媒体，为了获得用户和流量，往往走媚俗化路线。

高校教师的观念和教学方法满足不了互联网时代的教育需求。传统的大规模灌输模式适应不了互联网时代的互动、个性化需求。

网络学习环境不够完善。尽管一些高校也在网络平台上推出教学资源，如慕课、精品课程等，但这些并不能充分满足学生的学习需求。同

---

① 胡余波、潘中祥、范俊强：《新时期大学生网络素养存在的问题与对策——基于浙江省部分高校的调查研究》，《高等教育研究》2018 年第 5 期。

时，部分高校的校园网络带宽的低满意度体验，成为影响大学生网络学习积极性和效率的重要因素。

高校教师自身网络媒介素养有待提高。在互联网面前，高校老师和大学生在某种程度上都是一样的起点，前者所多的是社会阅历和认知，而对于互联网知识也需要补充学习。

网络媒介素养教育缺失。目前高校网络媒介素养教育较为缺乏。[1]

2. 大学生网络媒介素养教育研究

（1）教育意义研究

2004 年我国学者在初次提及网络媒介素养教育时指出其意义在于三方面：其一，有助于网民保持"批判自主力"，提高网民对"负面信息的免疫力"；其二，利于综合考察网络的社会影响，对网民的个人行为实施"有效控制"，并助其在网络媒介使用中获得个人的成长和进步；其三，促进我国传统民族文化的独立与繁荣。[2]

就大学生群体而言，学者们总结的教育意义可分为三个层面：宏观（大环境）、中观（校园）、个人（大学生自身）。

宏观意义包括适应信息化时代发展、净化网络生态伦理环境、实现媒介素养教育本土化。[3] 中观意义指提升高校文化的层次、品位，构建和谐校园。[4] 微观意义主要是从大学生自身的发展来看的，学者认为教育有利于增强大学生的判断意识，提高其甄别和分析信息的能力。

（2）教育目标研究

学者曾美霞、张新明认为总体目标是"利用"和"规避"。利用网络促进大学生学习和成长，规避网络负面影响。[5] 学者余惠琼、谭明刚认为目标在于四个"一种"：树立一种媒介再现建构现实观念（能够区分媒介呈现与现实

---

① 曾美霞、张新明：《大学生网络媒介素养及教育策略研究》，《现代远距离教育》2007 年第 1 期。
② 蒋晓丽：《信息全球化时代中国网络媒介素养教育的生成意义及特定原则》，《新闻界》2004 年第 5 期。
③ 余惠琼、谭明刚：《论青少年网络媒介素养教育》，《中国青年研究》2008 年第 7 期。
④ 李杉：《新媒体时代"90 后"大学生媒介素养教育探究》，《思想战线》2011 年第 S2 期。
⑤ 曾美霞、张新明：《大学生网络媒介素养及教育策略研究》，《现代远距离教育》2007 年第 1 期。

世界);培养一种主体独立批判意识;形成一种创造创新能力;强化一种社会责任感。[①] 学者季静认为目标在于"求真、寻美、择善":求真即求真相之真、真实之真、真理之真;寻美即注重审美教育;择善即进行价值观教育。[②]

(3)教育内容研究

学者们对教育内容众说纷纭,总结起来包括以下几方面:培养媒介认知能力;[③] 培养网络接触行为的自我管理能力;培养网络媒介信息选择、判断能力;[④] 培养网络媒介信息使用、传播能力;培养利用网络服务个人成长能力;[⑤] 培养网络道德意识和社会责任;培养网络主体理性精神;[⑥] 培养网络安全意识。

(4)教育现状与问题研究

学者认为教育的重要性已经得到"广泛认可",但实践相对滞后,这体现为服务于教育实践的课程教材匮乏,网络媒介素养"知识体系不健全",师资队伍较弱。[⑦]

(5)教育对策研究

学者们提供的对策总体可以分为以下三个层面。

国家和政府层面。建议国家加强网络安全和网络文明方面的立法,建议政府健全网络安全管理机制,建议教育部加强"数字学习资源建设",提供教育资金和人才支持,并积极推进相关教育活动。

社会层面。网络媒体要坚持社会利益导向,民间组织要充分发挥自组织的优势,建立专业的网站。

高校层面。开展网络媒介素养教育,完善相关教材体系、知识体系、师资队伍,推动成立"网络媒介素养教育委员会",创新教育教学环境,促进高校间的学术交流和实践经验交流。除此之外,也要注重充分发挥家庭引导方面的优势。

---

① 余惠琼、谭明刚:《论青少年网络媒介素养教育》,《中国青年研究》2008 年第 7 期。
② 季静:《大学生网络媒介素养教育目标探寻》,《江苏高教》2018 年第 7 期。
③ 尚琼琼:《SNS 与网络时代大学生媒介素养教育探析》,《青年记者》2010 年第 11 期。
④ 邢瑶:《大学生网络媒介素养教育的现状、问题与对策》,《传媒》2017 年第 6 期。
⑤ 魏永秀:《网络媒介素养教育的意义及方法》,《新闻界》2011 年第 8 期。
⑥ 毛新青:《青少年网络媒介素养教育的内涵》,《当代教育科学》2011 年第 21 期。
⑦ 邢瑶:《大学生网络媒介素养教育的现状、问题与对策》,《传媒》2017 年第 6 期。

二　国外研究综述

（一）网络公共传播内涵和范畴研究

1. 公共领域与互联网

关于公共传播的研究可以追溯到哈贝马斯的公共领域研究。他认为早期的现代资本主义为"资产阶级公共领域"创造了条件，并列举了允许资产阶级公共领域运作的条件：私人财产的兴起、文学影响、咖啡馆和沙龙，以及媒体。19 世纪初以后，西方国家的公共领域被扩张的国家和日益强大的企业所接管。日益商品化的媒体非但没有提供一个可以决定国家方向的辩论领域，反而成为一股操纵公众和制造舆论的力量。因此，资产阶级的公共领域被侵蚀，公共领域的概念仍然被认为是一个理想化、浪漫化、不切实际的概念。诺姆·乔姆斯基（Noam Chomsky）也认为商业化大众传媒旨在控制和操纵大众思想，而非激发他们的问询兴趣。[①] 哈贝马斯指出了三个制度标准作为新公共领域出现的条件：首先，它是通过讨论共同感兴趣的领域而形成的；其次，它为以前被排除在外的许多人提供了一个新的讨论空间；最后，在公共领域提出的想法是根据它们的优点来考虑的，应无视社会地位。他特别强调所有阶层的人都可以进入公共领域，但凡有特定人群被排除在公共领域之外，其就不是真正的公共领域。[②]

然而，哈贝马斯在强调全员范围的同时，又设定了进入公共领域的先决条件——"财产所有权"和"读写能力"，如此只有拥有财产和有文化的人，才能参与共同利益的讨论，而进入的先决条件"识字"和"拥有财产"皆与上层阶级密切相关，因此社会的绝大多数人被排除在外，这样哈贝马斯所强调的标准"普遍获取"的前提也就失效了。[③] 随着互联

---

① Chomsky, Noam, *Necessary Illusions: Thought Control in Democratic Societies* （Toronto：House of Anansi Press, 1989）.

② Habermas, J., *The Structural Transformation of the Public Sphere：An Inquiry into a Category of Bourgeois Society* （Cambridge：MIT Press, 1991）.

③ Jiwon, Shin, *The Structural Transformation of the Public Sphere on the Internet：Focused on New Media Literacy and Collectivity of Online Communities* （Ph. D. diss., Columbia University, 2013）.

网的出现与发展，拥有控制权的传统大众媒体的影响力在逐渐降低。《互联网研究》报道称："互联网已经超越报纸成为新闻媒体。"[1] 越来越多的人倾向于对传统大众媒体采取批判的态度，人们可以寻找替代的新闻来源。在过去，报纸和电视新闻是唯一的新闻资源，现在如果人们对大众媒体上的新闻产生怀疑，他们可以直接从其他媒体上搜索相关新闻以作参考。此外，他们也可以自己撰写新闻，并在互联网上传播。信息的选择与传播、媒体格局的变化如何影响公共传播和公共领域，这一点值得关注。

2. 公共传播与网络公共传播

1993 年法国社会学家勒内提出建立"公共传播学"，在 Web Of Science 文献平台以"Public Communication"为主题进行搜索，可以发现两种类型的公共传播研究。

（1）面向公众进行传播的"公共传播"

这种类型的传播是活动型或运动型传播。波坦认为公共传播是一种特定类型的战略传播，并称之为"战略传播的广泛范畴的实例，尽管不是唯一的实例"[2]。阿特金和赖斯将"公共传播运动"定义为有目的的尝试，在特定的时间内，利用一套有组织的传播活动，并以多种渠道的一系列中介信息为特征，通知或影响大量受众的行为，通常为个人和社会带来"非商业利益"。[3] 这些公共传播运动的目标可能包括吃得更健康、少喝酒、多回收、签署一份要求更严格环境法律的请愿书等。

西方的公共传播研究源于公共关系研究，主要指的是政府、媒体、非营利组织对公众的传播，研究聚焦于传播源（政府、非营利组织）、传播中介（媒体）、公众之间的沟通效率和问题应对。D. 格尔德斯（D. Gelders）等认为关于政策意图的公众传播很重要，但也很微妙。与私营部门相比，政

---

① Johnson, T. J., et al., "Every Blog Has Its Day: Politically-interested Internet Users' Perceptions of Blog Credibility," *Journal of Computer-Mediated Communication* 13. 1 (2007): 100 – 122.

② Botan, C., "Ethics in Strategic Communication Campaigns: The Case for a New Approach to Public Relations," *Journal of Business Communication* 34. 2 (1997): 188 – 202.

③ Rice, R. E., & Atkin, C. K., "Theory and Principles of Public Communication Campaigns," Public Communication Campaigns (2012): 3 – 19.

府官员面临着四种典型的公共部门制约因素：更复杂和不稳定的环境；更多的法律和规范限制；更严格的程序；更多样化的产品和目标。这些制约因素的存在意味着政府官员在就政策意图进行沟通时面临着一些具体的沟通问题，如政治和媒体的密集干预、民主沟通的需要，以及更严格的时间和预算限制。① 近年学者对非营利组织的公共传播尤为关注，J. 科夫曼（J. Coffman）认为这源于公共传播在实现非营利组织的目标方面具有较大的潜力，"通过塑造人们的行为，这些运动旨在解决社会问题和创造社会变化"②。F. 比因兹利（F. Bünzli）和 M. J. 埃普尔（M. J. Eppler）指出公共传播活动旨在通过影响受众的行为来改变社会，从而帮助非营利组织完成使命。③

（2）包容性的网络公共传播

J. C. J. 洛佩兹（J. C. J. López）认为，公共传播是一种具有深度和使命感的非常民主的交流，具有包容性和参与性。④ H. 马托斯（H. Matos）指出，必须创造公众讨论的空间，使大众提出要求成为可能，并将其反馈给政府、社会和媒体。⑤

还有学者认为公共传播是"公民权利的结果"。他们基于社会组织、公共政策委员会及它们与公共传播的关系，对当代的政治主张提出了批判性的反思。他们认为公共传播需要社会各阶层的参与，公众不仅是政府传播的接受者，也是参与者。公共传播领域内不同的表达形式与理解同市民社会赋权

---

① Gelders, Dave, Bouckaert, G., & Ruler, B. V., "Communication Management in the Public Sector: Consequences for Public Communication about Policy Intentions," *Tijdschrift voor Communicatiewetenschap* 35.1 (2007): 23–36.

② Coffman, Julia, "Public Communication Campaign Evaluation: An Environmental Scan of Challenges, Criticisms, Practice, and Opportunities," Harvard Family Research Project (2002).

③ Bünzli, Fabienne, & Eppler, M. J., "Strategizing for Social Change in Nonprofit Contexts: A Typology of Communication Approaches in Public Communication Campaigns", *Nonprofit Management and Leadership* 29.1 (2019): 491–508.

④ López, J. C. J., "Advocacy: uma estratégia de comunicação pública," in Margarida Kunsch, & M. Krohling (Org.), *Comunicação pública, sociedade e cidadania* (1. ed.) (São Caetano do Sul, SP: Difusão Editora, 2011), p. 65.

⑤ Matos, Heloiza, "A comunicação pública na perspectiva da teoria do reconhecimento," in Kunsch, Margarida, & Krohling, M. (Org.), *Comunicação pública, sociedade e cidadania* (1. ed.) (São Caetano do Sul, SP: Difusão Editora, 2011).

的过程有关。言论空间的减少，可能意味着这些领域的公共交流的冷却。①

国外学者对网络公共传播的研究，更多的是对于特定领域的公共传播研究，比如科技传播、健康传播等。在传统媒体时代，学者聚焦于政府、大众传媒的公共传播；在互联网时代，他们更多地考虑网络媒介的技术赋权、"公众交流"。

（二）大学生网络公共参与、公共传播行为研究

1. 扩展的参与

对于包括大学生在内的年轻人，一些学者认为其政治参与性在降低，突出表现是低投票率显示的"政治冷漠"。② 也有一些学者倾向于采取更积极的态度，认为尽管年轻人缺乏正式的政治参与，但他们依然对政治问题感兴趣，并发展出其他政治行为，如签署请愿书、以道德的方式消费、参与单一问题的活动。③ T. P. 巴克（T. P. Bakker）和 C. H. 迪维利斯（C. H. Devreese）指出年轻一代的政治行为及市场舞台上的政治行动，已导致重新概念化和拓宽政治参与概念的第一次尝试。④ 一项对美国中西部大学本科生的纵向调查显示，数字公民参与填补了传统政治形式失势所遗留的空白。⑤ 丹·A. 刘易斯（Dan A. Lewis）等通过对本科生纵向调查数据的多级模型分析发现：学生在网上的公民参与度远高于线下。

与上述认可在线参与的学者相反，一些学者对所有的网络政治活动都持相当批判的态度。虽然在线请愿书的签名、在线捐赠和在线政治消费主义类似于线下行动主义，但 B. 卡莫茨（B. Cammaerts）等⑥、Z. 帕帕切瑞

---

① Scroferneker, C. M. A., Cidade, D., & Gomes, L. B., "Comunicação pública, representação política e sociedade civil: cenário de fragilização na atual conjuntura brasileira," *Cinexão: Comunicação Ecultura*, 2020.

② 学者们特别注明不是所有的大学生都是年轻人。

③ Hustinx, L., et al., "Monitorial Citizens or Civic Omnivores? Repertoires of Civic Participation among University Students," *Youth & Society* 44.1 (2012): 95－117.

④ Bakker, T. P., & Devreese, C. H., "Good News for the Future? Young People, Internet Use, and Political Participation," *Communication Research* 38.4 (2011): 451－470.

⑤ Nelson, J. L., Lewis, D. A., & Lei, R., "Digital Democracy in America: A Look at Civic Engagement in an Internet Age," *Journalism & Mass Communication Quarterly* 94.1 (2017): 318－334.

⑥ Cammaerts, B., & Audenhove, L., "Online Political Debate, Unbounded Citizenship, and the Pr-oblematic Nature of a Transnational Public Sphere," *Political Communication* 22.2 (2005): 179－196.

西 （Z. Papacharissi）[①]、D. 伯尼 （D. Barney）[②]、M. 格拉德威尔 （M. Gladwell）[③] 怀疑这些虚拟活动是否与线下活动一样有意义，因为这些在线活动成本太低、形式太简单，人们用鼠标点击并引发了这样的想法——从事这些活动的个人有助于改变世界，但实际上并非如此。H. S. 克里斯坦森 （H. S. Christensen）[④]、E. 莫罗佐夫 （E. Morozov）[⑤] 将其形容为"懒汉行动主义"（Slacktivism）。A. 奥洛夫·拉尔森 （A. Olof Larsson） 认为，尽管在线上存在活跃内容创造的可能性，但大多数互联网用户仍倾向于保持消费者身份。[⑥]

2. 网络使用与公共参与

大学生经历了网络技术驱动下的创新发展，这些创新帮助他们在公民生活和社会中投票和扮演公民。在线技术为大学生提供了更多学习公民事务和政治问题的机会。[⑦] 他们可以利用这一工具与他人互动、参与社会活动并提高自己的政治效能。公民责任影响着大学生的公民参与，它还帮助他们理解公民的角色、民主价值观和政治行为。[⑧]

一些研究表明，接触新闻、时事和政治信息在影响投票率和其他形式

[①] Papacharissi, Z. , *The Virtual Sphere 2. 0: The Internet, the Public Sphere, and beyond* （Routledge: Routledge handbook of Internet politic. , 2008）, pp. 230 – 245.

[②] Barney, D. , "Excuse Us if We Don't Give a Fuck: The （Anti –） Political Career of Participation," *Jeunesse: Young People, Texts, Cultures* 2 （2010）: 138 – 146.

[③] Gladwell, M. , "Why the Revolution Will not Be Tweeted," *The New Yorker* 4 （2010）: 42 – 49.

[④] Christensen, H. S. , "Political Activities on the Internet: Slacktivism or Political Participation by Other Means?," *First Monday* 16. 2 （2011）.

[⑤] Morozov, E. , "Iran: Downside to the Twitter Revolution," *Dissent* 56 （2009）: 10 – 14.

[⑥] Larsson, A. Olof, " 'Rejected Bits of Program Code': Why Notions of 'Politics 2. 0' Remain （Mostly） Unfulfilled," *Journal of Information Technology & Politics* 10. 1 （2013）: 72 – 85.

[⑦] Chae, Y. , Lee, S. , & Kim, Y. , "Meta-analysis of the Relationship between Internet Use and Political Participation: Examining Main and Moderating Effects," *Asian Journal of Communication* 29. 1 （2019）: 35 – 54. Metzger, M. W. , et al. , "The New Political Voice of Young Americans: Online Engagement and Civic Development among First-year College Students," *Education, Citizenship and Social Justice* 10. 1 （2015）: 55 – 66.

[⑧] Iyer, R. , et al. , "Critical Service-learning: Promoting Values Orientation and Enterprise Skills in Pre-service Teacher Programmes," *Asia-Pacific Journal of Teacher Education* 46. 2 （2018）: 133 – 147. York, T. T. , & Fernandez, F. , "The Positive Effects of Service-learning on Transfer Students' Sense of Belonging: A Multi-institutional Snalysis," *Journal of College Student Development* 59. 5 （2018）: 579 – 597.

的政治参与方面发挥着重要作用。[1] 2008 年的一项研究发现，互联网显然成为学生的主要新闻来源。[2] 用户浏览新闻网站的时间越长，访问新闻网站的用户越多，政治参与度就越高。[3] M. 康罗伊（M. Conroy）、J. T. 费泽尔（J. T. Feezell）、M. 格雷罗（M. Guerrero）发现政治活跃的人更频繁地加入更多的 Facebook 群组。[4] J. 帕塞克（J. Pasek）、E. 莫尔（E. More）和 D. 罗默（D. Romer）等人发现政治活跃的人在 Facebook 上更活跃。[5] 但目前的研究还没法回答 Facebook 的使用将如何促进不同类型的政治参与。

也有学者认为，社交网络的使用对政治参与没有直接影响。社交网络（Social Networking Services，SNS）内获得的政治相关社会资本正中介于 SNS使用与政治参与之间的联系。此外，社交网络使用通过政治相关的社会资本对政治参与的间接影响，也因个人用户使用社交网络的动机不同而不同。在以娱乐为目的使用社交网络的人群中，社交网络使用对参与的积极影响程度较低。[6]

3. 正式参与同非正式参与的关系

M. 埃尔查德斯（M. Elchardus）和 J. 辛昂格斯（J. Siongers）发现在年轻人正式参与度较高的国家，非正式参与度似乎更高。[7] 然而，正式参

① Moy, P., et al., "Knowledge or Trust? Investigating Linkages between Media Reliance and Participation," *Communication Research* 32 (2005): 59 - 86.

② Raine, L., & Smith, A., "The Internet and the 2008 Election," Washington, DC: Pew Internet and American Life Project (2008).

③ Al-Hasan, A., Khalil, O., & Yim, D., "Digital Information Diversity and Political Engagement: The Impact of Website Characteristics on Browsing Behavior and Voting Participation," *Information Polity* 26. 1 (2021): 21 - 37.

④ Conroy, M., Feezell, J. T., & Guerrero, M., "Facebook and Political Engagement: A Study of Online Political Group Membership and Offline Political Engagement," *Computers in Human Behavior* 28 (2012): 1535 - 1546.

⑤ Pasek, J., More, E., & Romer, D., "Realizing the Social Internet? Online Social Networking Meets Offline Civic Engagement," *Journal of Information Technology & Politics* 6 (2009): 197 - 215.

⑥ 최지향, "The Effects of SNS Use on Political Participation: Focusing on the Moderated Mediation Effects of Politically - Relevant Social Capital and Motivations," *Korean Journal of Journalism & Communication Studies* 60. 5 (2016): 23 - 144.

⑦ Elchardus, M., & Siongers, J., *The Often-announced Decline of the Modern Citizen: An Empirical, Comparative Analysis of European Young People's Political and Civic Engagement* (Political Engagement of the Young in Europe.: Routledge, 2015), pp. 133 - 160.

与的减少似乎没有被相应的非正式参与的增加所抵消，H. 皮尔金顿（H. Pilkington）、G. 波洛克（G. Pollock）①、G. 斯托克（G. Stoker）② 等发现年轻人仍然对政治感兴趣，但往往对正式政治的实践方式持高度批评态度。

4. 高等教育机构对参与的影响

A. 哈里斯（A. Harris）认为，校园是将不同观点的人聚集在一起并促进不同经历的重要场所。她认为，学生们可以构成"微公众"，在其中接受多样性，并建立新的团结。③ 同样，N. 克罗斯利（N. Crossley）和 J. 易卜拉欣（J. Ibrahim）认为，大学在发展年轻人的政治参与方面发挥着至关重要的作用——通过将足够多观点相似的人聚集在一起，形成政治网络，并提供资源支持。④ B. D. 劳德（B. D. Loader）等人认为高等教育在培养政治认同方面的影响在较小的学生社团中最为明显，因为它们为学生提供了一个相对安全的环境来发展他们作为"学生公民"的习惯。⑤ J. L. 尼尔森（J. L. Nelson）、D. A. 刘易斯（D. A. Lewis）、R. 雷（R. Lei）认为教育者在培养和维持年轻人的线上和线下公民参与方面发挥着重要作用，学者和本科教育工作者需要在学生当前参与民主生活的方式的基础上开发课程。⑥

D. A. 刘易斯通过调研分析本科生数据发现，参加强调公民教育课程的学生，比那些参加不强调公民教育课程的学生更专注于网络。随着时间的推移，这些学生对网络的参与也在增加。另则，参加公民教育课程的学生在一段时间内保持了离线公民参与，而在没有强调公民教育的课堂学习

① Pilkington, H., & Pollock, G., "'Politics are Bollocks': Youth, Politics and Activism in Contemporary Europe," *The Sociological Review* 63 (2015): 1–35.

② Stoker, G., et al., "Complacent Young Citizens or Cross-generational Solidarity? An Analysis of Australian Attitudes to Democratic Politics," *Australian Journal of Political Science* 52.2 (2017): 218–235.

③ Harris, A., *Young People and Everyday Multiculturalism* (Routledge, 2013).

④ Crossley, N., & Ibrahim, J., "Critical Mass, Social Networks and Collective Action: Exploring Student Political Worlds," *Sociology* 46.4 (2012): 596–612.

⑤ Loader, B. D., et al., "Campus Politics, Student Societies and Social Media," *The Sociological Review* 63.4 (2015): 820–839.

⑥ Nelson, J. L., Lewis, D. A., & Lei, R., "Digital Democracy in America: A Look at Civic Engagement in an Internet Age," *Journalism & Mass Communication Quarterly* 94.1 (2017): 318–334.

的学生表现出显著的离线公民参与度下降。

A. K. 梅尔卡丹特（A. K. Mercadante）和 B. 兰布尔（B. Rambur）使用一种公认的媒体偏见分类法和 Slack 应用程序，让学生们对持不同政治信仰和偏见的新闻媒体进行异步监控，然后每周在课堂上讨论这些帖子，强调新闻来源在内容、语气和主题上的异同。在随后的时间里，教师们详细阐述了总体政策、经济和政治进程。结果发现，学生们在参与关于公共卫生政策的交流方面变得积极。因此研究者得出结论：社交媒体交流工具可以提高学生的学习效率和满意度。①

另外，也有学者担心大学校园环境并不利于公民参与。A. 菲普斯（A. Phipps）和 I. 扬（I. Young）认为，校园里学生之间的关系往往充满了个人主义的价值观，而不是集体价值观。② H. A. 吉鲁（H. A. Giroux）指出美国校园中正在运行新自由主义规范。③ J. 威廉姆斯（J. Williams）④、J. C. 申（J. C. Shin）、H. H. 金（H. H. Kim）和 H. S. 崔（H. S. Choi）⑤ 注意到学生对英国和韩国的政治关注越来越狭隘。威廉姆斯将这种变化归因于许多学生的消费者身份。还有研究者指出"学生代表"性质的变化。尽管与过去相比，学生现在更有可能参与大学治理，但 M. 克莱门西奇（M. Klemenčič）认为，总体而言，"学生代表"已经从被视为一种捍卫学生群体集体利益的政治角色，转变为一种企业家角色，致力于在质量保证和服务提供方面向大学高级管理人员提供建议。⑥ R. 布鲁克斯（R. Brooks）、K. 拜福德（K. Byford）、

① Mercadante, A. K., & Rambur, B., "Facilitating Health Policy Civic Engagement among Undergraduate Students with Collaborative Social Technology," *Journal of Nursing Education* 59.3 (2020): 163 – 165.

② Phipps, A., & Young, I., "Neoliberalisation and 'Lad Cultures' in Higher Education," *Sociology* 49.2 (2015): 305 – 322.

③ Giroux, H. A., "Fighting for the Future: American Youth and the Global Struggle for Democracy," *Cultural Studies Critical Methodologies* 11.4 (2011): 328 – 340.

④ Williams, J., "Consuming Higher Education: Why Learning Can't Be Bought," London: Bloomsbury (2013).

⑤ Shin, J. C., Kim, H. H., & Choi, H. S., "The Evolution of StudentSctivism and Its Influence on Tuition Fees in Republic of Korean Universities," *Studies in Higher Education* 39.3 (2014): 441 – 454.

⑥ Klemenčič, M., "The Changing Conceptions of Student Participation in HE Governance in the EHEA," *European Higher Education at the Crossroads: Between the Bologna Process and National Reforms* (Dordrecht: Springer Netherlands, 2012), pp. 631 – 653.

K. 西拉（K. Sela）[①]、S. 尼森（S. Nissen）、B. 海沃德（B. Hayward）[②]、F. 罗奇福德（F. Rochford）[③] 发现学生联合会与大学管理的关系已经变得更加紧密一致。M. 克莱门西奇还指出，在学生群体日益多样化的大规模高等教育系统中，表达单个学生的声音是很困难的。[④]

5. 政治角色认知对参与的影响

J. 亚伯拉罕斯（J. Abrahams）和 R. 布鲁克斯利用从英国和爱尔兰本科生的焦点小组收集的数据，以及对两国相关政策文件的分析，考察政治角色感对本科生政治参与意愿的影响。研究发现：尽管英国学生和爱尔兰学生都表达了在政治上积极主动参与的意愿，但在赋权感知（即感知被授权担任这种参与角色）程度和范围上存在差异，学生对他们在政策中被塑造的方式很敏感，这影响了他们作为政治角色的感觉。[⑤]

学者们对欧洲年轻人的政治参与进行了比较研究。他们关注的是"青年过渡制度"（YTRs）的影响，即国家在国家层面上塑造成年过渡的方式。他们认为，在欧洲，年轻人的转变以不同的方式发生，这可能会影响他们在社会空间中的地位，进而可能会影响他们参与正式和非正式政治，或保持被动的倾向。他们审查了政治参与中的以下问题：①年轻人面临的风险和脆弱性之间的关系（以未接受教育、就业和培训的年轻人的占比作为指标）；②通往成年的道路长度（以离开父母家的平均年龄计算）；③福利国家的作用（从其总体慷慨程度，以及其政策和资金面向年轻人的程度来看）。分析发现，在那些采取行动以减少年轻人的脆弱性并将资源转移给他们的国家中，年轻人在社会空间中占据更核心的位置，政治参与（特别是正式参与）水平更高。在年轻人占据更多外围职位的国家，其在政治

① Brooks, R., Byford, K., & Sela, K., "Inequalities in Students' Union Leadership: The Role of Social Networks," *Journal of Youth Studies* 18. 9 (2015): 1204 – 1218.

② Nissen, S., & Hayward, B., *Students' Associations: The New Zealand Experience* (Student Politics and Protest: Routledge, 2016), pp. 147 – 160.

③ Rochford, F., "Bringing Them into the Tent-Student Association and the Neutered Academy," *Studies in Higher Education* 39 (2014): 485 – 499.

④ Klemenčič, M., "Student Power in a Global Perspective and Contemporary Trends in Student Organising," *Studies in Higher Education* 39. 3 (2014): 396 – 411.

⑤ Abrahams, J., & Brooks, R., "Higher Education Students as Political Actors: Evidence from England and Ireland," *Journal of Youth Studie* 22. 1 (2019): 108 – 123.

上的被动参与更为明显。①

6. 国家差异研究的重要性

A. 弗罗门（A. Vromen）、B. D. 劳德和 M. A. 色诺斯（M. A. Xenos）展示了美国、英国和澳大利亚的年轻人的参与如何受到其日常经历的影响，这说明他们所处理的问题往往取决于他们所生活的特定环境。因此，他们认为比较分析年轻人的参与是很重要的，"通过他们所在地区发生的社会和经济变化的棱镜来看待它"。② G. G. 阿尔巴塞特（G. G. Al-bacete）对《青年研究杂志》（*Journal of Youth Studies*）的分析表明，17 个欧洲国家的 109 名参与者对关注国家差异的重要性提出了类似的主张。在 17 个国家中，只有英国和荷兰两个国家的年轻人的正式和非正式参与度低于老年人，这"两个例外"说明了"使用比较方法来评估参与的总体趋势的必要性"。她指出，尽管近年来关于欧洲年轻人政治参与的大多数研究将英国作为一个案例，但她的数据表明英国模式不适用于其他国家。③

（三）大学生网络媒介素养教育研究

西方媒介素养的研究起步较早，在 20 世纪 30 年代，英国学者就开始了媒介素养及相关教育的研究。此后媒介形态、媒介内容成为媒介素养研究的重要内容。

美国国家传播协会（National Communication Association）的成员对"具有媒介素养的人"的界定如下："理解语言、图像和声音如何以微妙而深刻的方式影响当代社会的含义创造和分享。有媒体素养的人具备赋予媒体使用和媒体信息价值与意义的能力。"④

波特认为讨论媒介素养需要回答三个问题。第一个问题，什么是媒

---

① Soler-i-Martí, R., & Ferrer-Fons, M., "Youth Participation in Context: The Impact of Youth Transition Regimes on Political Action Strategies in Europe," *The Sociological Review* 63 (2015): 92–117.

② Vromen, A., Loader, B. D., & Xenos, M. A., "Beyond Lifestyle Politics in a Time of Crisis?: Comparing Young Peoples' Issue Agendas and Views on Inequality," *Policy Studies* 36. 6 (2015): 532–549.

③ Albacete, G. G., *Young People's Political Participation in Western Europe: Continuity or Generational Change?* (Springer, 2014).

④ Potter, W. J., "The State of Media Literacy," *Journal of Broadcasting & Electronic Media* 54. 4 (2010): 675–696.

体。必须澄清具体所指哪种媒体。第二个问题，什么是真正的素养。尤其是随着时间的推移，如何动态把握素养的内涵。早期学者认为素养就是发展技能和建立知识。① 第三个问题，研究和推进媒介素养的目标是什么。有的学者认为是"改善公众的生活"，而要改善生活则通常需要给予公众更多的控制权来控制媒体信息将如何影响他们。②

随着互联网的兴起，与网络有关的媒介素养成为学者关注的热点。

1. 网络媒介素养研究

国外网络媒介素养研究主要包括两个类别：一是一般性的、普适性的网络媒介素养研究；二是与特殊领域或行业有关的网络媒介素养研究。

（1）一般性网络媒介素养研究

外国学者多用"新媒介素养"（new media literacy）来指网络媒介素养。M. 科克（M. Koc）和 E. 巴鲁特（E. Barut）认为传统上，媒介素养被认为是对学生了解媒体及获取、理解其内容（即消费媒体）的引导。③ 21世纪初以来，新媒体技术扩大了读写能力的概念范围，包括（重新）创造媒体内容并与他人分享（即生产媒体内容）。今天的个人通过消费和生产媒体信息，让彼此之间维持长久的联系。

D. 凯尔纳（D. Kellner）认为读写媒体内容需要具备"对政策主张进行批判性思考"（critical and expressive thinking about the politics of representation）的能力。人们现在期望个人具有质疑潜在的偏见、结果和中介信息的力量，这些是他们在新媒体的各种渠道中创造或接收的。与传统的媒体素养相比，新媒体素养研究人员考虑到了一些特定的局限性或问题（如 Poe's Law④、

---

① Bazalgette, C., "An Agenda for the Second Phase of Media Literacy Development," in Kubey, R. (ed.), *Media Literacy in the Information Age: Current Perspectives* (New Brunswick, 1997). Hobbs, R., "Media Literacy, Media Activism," *The Journal of Media Literacy* 42.3 (1996).

② Anderson, J. A., "Television Literacy and the Critical Viewer," in Bryant, J., & Anderson, D. R. (eds.), *Children's Understanding of Television: Research on Attention and Comprehension* (Academic Press, 1983), pp. 297 – 327. Masterman, L., "Foreword: The Media Education Revolution," *Teaching the Media: International Perspectives* (NJ: Lawrence Erlbaum, 1998).

③ Koc, M., & Barut, E., "Development and Validation of New Media Literacy Scale (NMLS) for University Students," *Computers in Human Behavior* 63 (2016): 834 – 843.

④ 坡定律，指如果不表明意图，网上对极端主义的讽刺表达很难与真正的表达区分开来。

Streisand Effect①)。在进行虚拟交流时，个人应该寻找上下文或有意的指示，以便意识到讽刺表达或戏仿讽刺，并能够将它们与真实的表达区分开来。他们需要知道，任何数字信息都可能在网络空间迅速传播给一大群人。事实上，当它被试图隐藏时可能会得到更大范围的曝光。

D. T. 陈（D. T. Chen）等人将网络媒介素养细化为两个连续体：从媒介消费素养到媒介"生产"素养，以及从功能性媒介素养到批判性媒介素养。媒介消费素养是获取媒介信息和使用媒介的能力。媒介"生产"素养是指在消费能力之上对媒介内容的生产能力和对媒介环境的参与能力。借用托夫勒的"产消者"概念，D. T. 陈等人认为，媒介产消者既是生产者也是消费者，因为他/她通常通过使用现有的媒介产品、想法和技术工具来生产定制的内容。换句话说，生产方面基本是建立在消费方面上的。D. T. 陈等人将功能性媒介素养定义为操作媒介工具以获取、创造媒介信息并在文本层面理解它们的能力。批判性媒介素养则是分析、判断媒介信息并在不同语境层面理解它们的能力。与第一个连续体的情况一样，功能性媒介素养是基础。也就是说，只有了解新媒体的技术或操作特点，才能更好地理解新媒体的社会文化背景。综上，他们将网络媒介素养分为四个类别：功能性消费素养、批判性消费素养、功能性生产素养、批判性生产素养。②

之后，T. B. 林（T. B. Lin）等在沿用上述四分法的基础上对其进行细化，划分为10个细分指标（见表1-2）。

功能性消费素养由消费技能和理解指标来表示：消费技能指标是指操作不同的硬件、软件以访问各种媒体内容的多种技术能力；理解指标是指对媒体信息字面意义的把握能力。

批判性消费素养是通过分析、综合和评价指标来确定的。分析指标指的是个人对媒体信息的解构能力，包括作者身份、格式、受众和目的。它强调了对媒体信息的主观认识，而不是简单地认为它们是中立的。综合指

---

① 史翠珊效应，指试图阻止大家了解某些内容，或压制特定的网络信息，结果适得其反。

② Chen, D. T., Wu, J., & Wang, Y. M., "Unpacking New Media Literacy," *Journal on Systemics, Cybernetics and Informatics* 9 (2011): 84 – 88.

标包括抽样、混合和比较不同来源的媒体内容的能力。评价指标除了分析和综合外，还包括对媒体内容的可靠性和可信度的检验能力，它有助于获得真实、相关和公正的信息。

功能性生产素养包括生产技能、分发和产出指标：生产技能指标是指使用各种技术来创建数字工件的一系列技术技能；分发指标是指个体在新媒体平台上与他人分享自己的感受、想法和数字作品的活动；产出指标是指将文本、音频和视频片段复制、重新排列或组合成数字媒体格式的能力。

批判性生产素养包括参与和创造指标。参与指标是指个体在新媒体平台中的互动和批判性参与。这一指标只与以 Web 2.0 技术为特征的积极贡献和集体智慧有关。因此，要实现与他人的数字沟通和协作，就需要个人具备一定的社交技能。例如，在论坛中，一个挑剔的消费者可以通过表达他/她的想法，以及尊重不同的价值观和意识形态，来识别欺骗、改进他人的评论或与他人进行谈判。创造指标是指个体主动创造自己的原创媒体内容（个人社会文化价值观和意识形态被嵌入其中），或结合已有的媒体内容创造新的意义。

表 1-2　Lin 等划分的网络媒介素养层次及相应指标

层次	指标
功能性消费素养	消费技能、理解
批判性消费素养	分析、综合和评价
功能性生产素养	生产技能、分发和产出
批判性生产素养	参与、创造

资料来源：Lin, T. B., et al., "Understanding New Media Literacy: An Explorative Theoretical Framework," *Journal of Educational Technology & Society* 16 (2013): 160–170。

除了媒介"产消"素养这一领域，基于参与式文化的参与素养也成为学者们关注的焦点。H. 詹金斯（H. Jenkins）[1] 和 E. J. 马洛尼（E. J. Maloney）[2]

[1] Jenkins, H., "Convergence Culture: Where Old and New Media Collide," *Revista Austral de Ciencias Sociales* 20 (2011): 129–133.
[2] Maloney, E. J., "What Web2.0 Can Teach Us about Learning," *Chronicle of Higher Education* 53 (2007): B26.

认为新媒介素养的新焦点是新媒体内容的集体创作而不是静态内容传递；是社交互动而不是孤立冲浪；是积极参与而不是被动接受。詹金斯提出了"参与式文化"概念，并围绕参与式文化提出了媒介素养的 11 个核心技能。

帕克（Joo-Yeun Park）在詹金斯的参与式文化和核心媒介素养技能研究基础上进一步推进，认为参与式文化将扫盲的重点从"个人表达"转向"社会参与"，新的素养包括合作和发展网络的社会技能，这些技能建立在传统识读技能、技术技能和批判性分析技能基础上。①

P. 米海利迪斯（P. Mihailidis）和 B. 泰维南（B. Thevenin）认为泛媒体正在重塑公民参与的意义。参与投票、参加城镇会议、参与公民团体等规范性指标，在网络倡导活动的背景下正在逐渐消失。在新媒体平台和技术的背景下，这些新的参与途径为教授和学习政治参与的创新方法提供了巨大的机会。数字媒体素养是"参与式民主中参与式公民的核心能力"②。

M. S. 哈山（M. S. Hassan）等认为新媒介素养是引导媒体使用者在诚信意识下使用媒体的核心素养，是一种批判性地理解和制作媒体内容的能力。他们认为有必要鼓励青年进行网络政治参与，以推动符合文化价值观的国家转型。③

（2）特定领域网络媒介素养研究

国外学者较为关注媒介健康素养（Media Health Literacy，MHL）。MHL 包括 4 个类别：确认健康信息；认识到信息对健康行为的影响；对信息内容的关键词分析；对健康信息采取的行动或反应。这 4 个类别构成一个连续体。④ 在 MHL 中又可以细分出针对药品的 MHL，针对酒精的 MHL

① Park, Joo-Yeun, "Media Literacy in the Digital Media Era: Based on 'Participatory Culture' and 'Core Literacy Skills' of Jenkins," *Korean Journal of Communication Studies* 21 (2013): 69–87.

② Mihailidis, P., & Thevenin, B., "Media Literacy as a Core Competency for Engaged Citizenship in Participatory Democracy," *American Behavioral Scientist* 57 (2013): 1611–1622.

③ Hassan, M. S., Mahbob, M. H., & Allam, S. N. S., "Psychometric Analysis of Media Literacy and Strengthening the Integrity of Youth PoliticalParticipation," *Jurnal Komunikasi-Malaysian Journal of Communication* 36 (2020): 143–166.

④ Levin-Zamir, D., Lemish, D., & Gofin, R., "Media Health Literacy (MHL): Development and Measurement of the Concept among Adolescents," *Health Education Research* 26 (2011): 323–335.

等。S. H. 克洛伊（S. H. Chloe）、C. J. 桑德拉（C. J. Sandra）和 L. 凯尔文（L. Kervin）就研究了青少年针对酒精的 MHL 问题，他们认为数字媒体的兴起使得青少年更容易暴露在酒类信息或广告中，应该采取措施减少这种暴露。①

2. 大学生网络媒介素养教育研究

2007 年美国全国媒介素养教育协会（The National Association of Media Literacy Education，NAMLE）提出媒介素养教育的目的是"帮助所有年龄段的个人培养探究习惯和表达技能，他们需要成为当今世界的批判性思考者、有效的沟通者和积极的公民"。

E. 巴巴德（E. Babad）等如此定义媒介素养教育：培养理解媒体语言的技能，成为批判性的观众，意识到媒体的各种影响，以防止广告和隐藏议程的影响。媒介素养教育的目的在于改变人对媒介的思维方式。这种理想的素养包括情感和态度的变化、新的思维框架及成为有效媒体消费者的技能。② 波特认为学者们对媒介素养教育的定义有一个共同点——"改进个人"③。以下从四个方面分析国外学者对互联网时代媒介素养教育的研究。

（1）教育意义

个人成长层面。D. 白金汉（D. Buckingham）认为媒介素养教育提供了一种教育实践形式，它不仅让学生参与，而且使其在思维上变得严谨、具有挑战性，进而对他们的日常生活产生影响。④ T. 斯塔加德特（T. Stargardt）认为媒介素养教育提供了一个更好地理解媒体信息及其影响的机会，通过这种方式，一个人不再是脆弱和容易操纵的，而是成为一个更有"知识"和"意识"的媒体消费者。⑤

---

① Chloe, S. H., Sandra, C. J., & Kervin, L., "Effectiveness of Alcohol Media Literacy Programmes: A Systematic Literature Review," *Health Education Research* 30 (2015): 449-465.

② Babad, E., Peer, E., & Hobbs, R., "Media Literacy and Media Bias: Are Media Literacy Students Less Susceptible to Nonverbal Judgment Biases?," *Psychology of Popular Media Culture* 1.2 (2012): 97.

③ Potter, W. J., *Theory of Media Literacy: A Cognitive Approach* (Sage Publications, 2004).

④ Buckingham, D., *Media Education: Literacy, Learning and Contemporary Culture* (Malden, MA: Polity. P. X, 2003).

⑤ Stargardt, T., Media Literacy Education Exposure Related to Self-esteem, Body Esteem, and Sociocultural Ideals in College Students and Graduates (Ph. D. diss., Walden University, 2015).

超越于个人成长层面。E. 巴巴德、E. 皮尔（E. Peer）和 R. 霍布斯（R. Hobbs）指出，媒体素养教育可以帮助提升学生的接触、分析和沟通技能，并建立一种从个人、社会、文化和全球层面监控自己的社区和世界的价值的鉴别能力。①

（2）教育内容

霍布斯提出了媒介素养教育的"AACRA"模型：Access（访问）、Analysis（分析）、Create（创造）、Reflect（反思）和 Act（行动）。访问能力包括能够熟练地使用媒体工具来查找信息，并知道如何在基本层次上处理这些信息。分析能力对于学生批判性地使用媒体文本是必要的。激活属于创造范畴的能力，意味着帮助学生使用媒体工具制作他们自己的媒体文本。反思能力对于理解媒体文本如何影响自己的生活，验证自己对媒体的假设是必要的。最后，行动能力对于学生运用在媒体素养课堂上获得的其他四种能力和知识，进而对世界做出积极的改变是必要的。"AACRA"模型的五个要素相互关联，"这五种能力在授权的螺旋中协同工作，支持人们在消费和创造信息的过程中积极参与终身学习"②。学生在进行媒介分析之前，必须能够接触和理解媒介文本。创造媒体信息可以帮助学生分析别人创造的媒体文本。通过反思媒体在自己生活中的作用，学生可以成为更有思想的媒体生产者。当学生能够成功地分析媒体文本并反思自己对这些文本的态度时，他们就会有参与社会行动的动机。媒体生产本身就是一种社会行动。③

G. 巴里拉（G. Baleria）④、J. E. 弗林（J. E. Flynn）、W. 刘易斯（W. Lewis）⑤ 呼吁对参与式媒体（participatory media）中的学习进行更多研究。

① Babad, E., Peer, E., & Hobbs, R., "The Effect of Media Literacy Education on Susceptibility to Media Bias" (Beijing: International Communication Association Annual Meeting, 2009), pp. 21 – 25.

② Hobbs, R., *Digital and Media Literacy: Connecting Culture and Classroom* (Corwin Press, 2011).

③ Provorova, E., *Media Literacy Education, Gender, and Media Representations in the High School Classroom* (America: Temple University, 2015).

④ Baleria, G., "Story Sharing in a Digital Space to Counter Othering and Foster Belonging and Curiosity among College Students," *Journal of Media Literacy Education* 11 (2019): 56 – 78.

⑤ Flynn, J. E., & Lewis, W., "Multimodal Composition in Teacher Education: From Consumers to Producers," Essentials of Teaching and Integrating Visual and Media Literacy: Visualizing Learning (2015): 147 – 163.

D. O. 弗洛里希（D. O. Frohlich）和 D. 马格里斯（D. Magolis）主张整个正式课程都针对参与式媒体素养。[1]

（3）教育方法

针对媒介文本分析的教学方法。分析媒体文本意味着以一种系统的方式对其进行质疑，揭示其构建的本质、目的、嵌入的价值及被隐藏或忽略的信息。课堂上的媒体分析应该帮助学生培养独立的批判性思维——一种在课堂之外批判性地使用媒体文本的能力。当学生们练习质疑媒体和其他信息时，他们可能会在每次遇到媒体信息时，开始一个内部质疑的过程。[2] 这种独立分析媒体文本的能力，无须教师提示，被称为"批判性自主"。[3] 为了培养学生的批判性思维，帮助他们成为终身学习者，教育工作者应该采用"探究教学法"。[4] 教师不应该将自己的解释传递给学生，或推动他们走向"正确"的答案，而应该提出问题，引导学生思考，允许他们探索教师没有考虑到的想法。例如，为了分析媒体文本，教师可以问学生：作者是谁，信息的目的是什么？用什么技巧来吸引和保持注意力？代表了什么样的生活方式、价值观和观点？不同的人会如何解读这个信息？消息中省略了什么？[5] 课堂讨论对学生和老师来说是一个学习的过程。

白金汉列了媒体文本分析清单。①现实主义。文本的意图是现实的吗？为什么有些文本看起来更现实？②说真相。媒体是如何宣称讲述世界的真相的？他们如何让自己看上去真实？③存在和缺席。媒体世界包括和排除了什么？谁说话了，谁沉默了？④偏见与客观性。媒体文本支持关于世界的特定观点吗？他们如何传达道德或政治价值观？⑤刻板印象。媒体

---

① Frohlich, D. O., & Magolis, D., "Developing a Responsive and Adaptable Emergent Media Curriculum," *Journal of Media Literacy Education* 12 (2020): 123 – 131.

② Hobbs, R., & Frost, R., "Measuring the Acquisition of Media Literacy Skills," *Reading Research Quarterly* 38 (2003): 330 – 355.

③ Masterman, L., *Teaching the Media* (New York, NY: Routledge, 1985).

④ Hobbs, R., "The Seven Hreat Debates in the Media Literacy Movement," *Journal of Communication* 48.1 (1998): 16 – 23.

⑤ Hobbs, R., *Digital and Media Literacy: Connecting Culture and Classroom* (Corwin Press, 2011).

如何代表特定的社会群体？那些代表性的主张准确吗？⑥解释。为什么受众以真为由接受某些媒体表述，又以假为由拒绝某些媒体表述？⑦影响。媒体的表述会影响我们对特定群体或议题的看法吗？①

针对媒介内容生产能力的教学方法。一些媒介素养教育学者认为，帮助年轻人理解媒体信息的建构本质的最好方法之一是鼓励他们参与媒介内容生产。② 媒介内容制作可以帮助学生表达他们的声音，③ 并与同龄人、成年人分享他们对平等、多样性的看法。

同时，学者们强调了媒介内容生产促进媒介批判的目的，甚至认为编剧、视频或网站制作的主要目的不是发展职业或专业技能，而是作为一种手段，促进批判性思维技能从课堂转移到家庭、社区和文化环境中。④

还有学者强调了教学中的"相互理解"，认为教育工作者可能无法完全理解学习者在充分参与方面可能需要的全部技能。这种理解只有在密切观察参与是如何展开的情况下才能发展。

针对大学生特定问题的教育策略研究。E. K. 弗拉格（E. K. Vraga）、M. 塔利（M. Tully）和 H. 罗哈斯（H. Rojas）对某所大学本科生的媒介信息偏见认知进行了调查，并进行相关媒介素养培训，进而考察媒介素养教育的效果。⑤ T. 斯塔加德特（T. Stargardt）针对大学生的心理自尊、身体自尊和社会文化理想问题开展相关研究，探索媒介素养教育的对策。⑥

（4）教育效果

效果研究主要是针对现有媒介教育措施的效果进行研究。学者们调查

---

① Buckingham, D., *Media Education*: *Literacy*, *Learning and Contemporary Culture* (John Wiley & Sons, 2003).

② Goodman, S., *Teaching Youth Media*: *A Critical Guide to Literacy*, *Video Production & Social Change* (Teachers College Press, 2003).

③ Fleetwood, N., "Authenticating Practices: Producing Realness, Performing Youth," in Maira, S., & Soep, E. (eds.), *Youthscapes*: *The Popular*, *the National*, *the Global* (University of Pennsylvania Press, 2005), pp. 155–172.

④ Hertz, M. B., *Digital and Media Literacy in the Age of the Internet*: *Practical Classroom Applications* (Rowman & Littlefield Publishers, 2019).

⑤ Vraga, E. K., Tully, M., & Rojas, H., "Media Literacy Training Reduces Perception of Bias," *Newspaper Research Journal* 30 (2009): 68–81.

⑥ Stargardt, T., Media Literacy Education Exposure Related to Self-esteem, Body Esteem, and Sociocultural Ideals in College Students and Graduates (Ph. D. diss., Walden University, 2015).

了51个媒介素养干预措施的有效性，这些干预措施涉及所有年龄段，包括青少年和非青少年。① 研究发现媒介素养干预措施总体上具有积极效果。

Z. 瓦赫迪（Z. Vahedi）等为了研究媒介素养干预教育对减少青少年危险健康行为的效果，分别进行了针对媒介素养技能干预有效性的15项（N = 5000）测试，以及针对危险健康行为态度和意图有效性元分析的20项（N = 9177）测试。研究发现其皆有积极影响。②

三 文献综合评述

网络公共传播内涵和范畴研究。中外学者都有三个视角的分法传统，即政府与组织视角、媒体与专业视角、公众视角。学者们均认为随着新媒体的发展、网民的技术赋权，即便是政府或组织传播、媒体机构传播，也应关注"公众"的感受和回应，以加强公共信息传播的效果。另外，在公众视角上，中外学者从社会、协商民主的角度，建议推动包括大学生在内的公民参与网络公共空间的对话与交流。

网络公共参与（传播）行为方面。无论中外学者，都在研究一种"扩大的参与"——更为多样化的网络参与形式和内容，且都大量采用实证方法进行研究。不同的地方在于国外学者更倾向于研究线下参与同线上参与的关系，以及更为宏观层面上的影响因素（如"青年过渡制度"）。

同时，中外研究有两种偏向：一是新闻传播学视角的广义上的网络参与传播研究，包括公共参与研究、娱乐参与研究等；二是政治学、公共管理学视角的网络公共参与研究，包括传播参与研究、活动参与研究等。这两种视角的研究都将特定群体的网络公共传播行为研究涵括其中，难以剥离，缺少对网络公共传播行为的独立审视。在借鉴中外研究理论、方法的基础上，本研究希望在大学生网络公共传播行为研究方面做初步探索。

网络媒介素养教育研究方面。研究内容上，中国学者偏向宏观、中观

① Jeong, S. H., Cho, H., & Hwang, Y., "Media Literacy Interventions: A Meta-analytic Review," *Journal of Communication* 62 (2012): 454 – 472.

② Vahedi, Z., Sibalis, A., & Sutherland, J. E., "Are Media Literacy Interventions Effective at Changing Attitudes and Intentions towards Risky Health Behaviors in Adolescents? A Meta-analytic Review," *Journal of Adolescence* 67 (2018): 140 – 152.

层面的教育路径研究；国外学者则在教育内容、方法、效果等方面的研究成果较为丰富。研究方法上，国内学者偏思辨，国外学者的实证、实验研究成果较多。研究意义上，中外学者主要聚焦于推动公民的"个人成长"，只有少数学者从公民参与、公共协商的角度思考如何对网络媒介素养教育进行"升级"，后者是本研究的重点之一。

第四节　研究方法与研究思路

一　研究方法

（一）问卷调查法

问卷调查是对大规模人群进行研究的首选方法，有利于总结行为基本面和一般规律。本研究总体上属于探索性研究，借用探索性调研，探知大学生网络公共传播行为的现状和影响因素。

（二）深度访谈法

人的行为具有复杂性，一种行为的考察往往难以靠结构式的问卷涵括全部要素、要点。本研究在问卷调查的基础上进行访谈，样本从问卷调查的样本中抽取，结合访谈对象的生活学习环境、生活方式和理念，对其网络行为（尤其是网络公共传播行为）进行深入了解、定性分析。

（三）对比法

媒介素养与媒介素养教育研究肇端于国外，一些学者的教育主张、一些国家或地区的教育实践，在一定程度上对我国的相关研究和实践探索具有参考价值。本研究就中外大学生网络媒介素养教育主张和实践进行对比研究，从中进行经验总结和问题发现。

二　研究思路

本研究遵循"发现问题—分析问题—解决问题"三步法进行思考和框架安排。总体思路如下：在廓清概念、厘清中外相关研究的前提下，结合所要研究的问题进行问卷和访谈提纲设计、调研，以及现状和影响因素分析，从而发现问题、分析问题，并给出解决问题的对策建议。研究思路见图1－3。

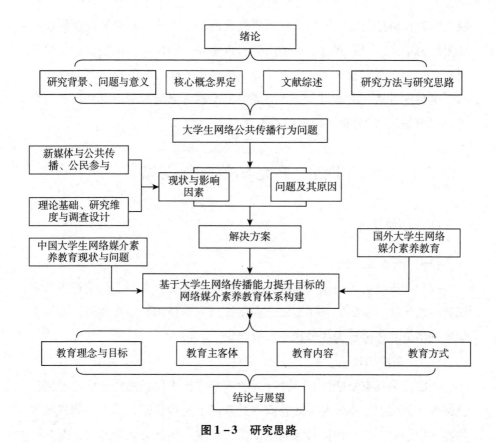

图 1-3 研究思路

第二章 大学生、互联网与公共参与

网络公共传播行为的探讨离不开互联网环境。公共传播又与公民文化、公共参与密切相关。这必然涉及一个命题：大学生、互联网与公民文化、公共参与的关系如何？本章将从互联网、网络媒体发展历程，以及媒介化社会的到来与大学生的媒介化生存入手，结合学者们关于网络使用和公共参与的关系争议（推动说、阻碍说、中立说），探讨互联网与公民文化、公共参与的关系及其研究视角。

第一节 大学生、互联网与媒介化社会

在传统大众传播时代，媒介作为一个"中介"存在。在互联网时代，媒介成为一种基础设施和普遍应用场景，媒介化社会应运而生。

一 互联网的发展与网络媒体

（一）互联网的发展与中国互联网

1. 世界互联网发展

（1）发展分期

互联网诞生于冷战时期，具有深厚的军事和政治背景。苏联在冷战时期拥有较高的科技水平，这使美国感受到威胁，两国之间的博弈推动了互联网的萌芽。[1] 1969 年，首先用于军事连接的 Arpanet（阿帕网）在美国问世，标志着互联网的诞生。关于互联网发展的阶段划分，不同学者秉持不

---

[1] 马钰：《解读互联网发展的新阶段：Web2.0》，《新疆财经学院学报》2007 年第 3 期。

同的划分准则。美国国家研究委员会编著的《资助革命：政府对计算研究的支持》（1999）一书中，按年代将互联网的发展划分为4个阶段，分别为早期阶段（1960～1970年）、阿帕网扩展阶段（1971～1980年）、NSF-NET阶段（1981～1990年）、Web兴起阶段（1990年之后）。

Web兴起阶段又有细分，20世纪90年代为Web1.0阶段。其间，万维网（WWW）的诞生和商业化浪潮推动互联网走向大众，以浏览器、电子商务等为代表的系列应用开启了互联网发展的第一次投资热潮。21世纪初我们迎来了Web2.0时代。在Web2.0时代，互联网是一个系统平台，各种各样的技术及软件系统的作用与优势能够在这个平台上得到充分发挥。2005年新浪博客诞生，伴随着各式网络平台、社交媒体的兴起，网民日渐成为内容的生产主体，Web2.0时代的交互性、主动性得到进一步凸显。随着技术不断更迭，互联网的发展趋势由21世纪第一个十年的"改变媒体"过渡到21世纪第二个十年的"改变生活"，继而转向21世纪20年代的"改变社会"。2019年是互联网发展的50周年，这50年的历程可谓波澜壮阔，其发展史也由美国史逐渐演变为一部全球史。近年来，互联网赋能之下的大数据、人工智能、5G、物联网、工业互联网等领域也在上演新一轮的科技革命和产业变革。

（2）世界网民规模

数据显示，在20世纪90年代初，全球网络的普及率只有0.05%，21世纪第一个十年末，网络普及率达到25%，21世纪第二个十年末，普及率增至50%。截至2019年3月31日，国际互联网网民规模已达43.46亿人，其中亚洲网民规模为21.9亿人，位居七大洲之首，欧洲网民、非洲网民、拉美网民分别为7.18亿人、4.74亿人、4.38亿人。由此可见，国际网民规模较发展初期相比，呈迅速增长态势。[①]

2. 中国互联网发展

1994年中国正式接入互联网，成为世界上第77个加入互联网的国家。从21世纪开始，中国互联网应用呈现多样化的特点，互联网企业也在不断

---

① 方兴东、钟祥铭、彭筱军：《全球互联网50年：发展阶段与演进逻辑》，《新闻记者》2019年第7期。

崛起。2000 年李彦宏创建百度；2003 年阿里巴巴推出支付宝；2004 年中国最早在线视频网站"乐视网"诞生；中国互联网开始在世界占据一席之地。2014 年 11 月 19 日，第一届世界互联网大会在中国乌镇召开，这是我国互联网行业举办的规模最大、层次最高的一次会议。2015 年 3 月 5 日，"互联网＋"第一次被写进政府工作报告，标志着"互联网＋"行动计划上升到国家战略，互联网迸发出的极大能量，与各行各业产生交汇，且日益渗透到政治、经济、社会、文化等领域，加速了生产力要素的流动和共享，成为推动我国经济社会增长的新动能。①

中国互联网络信息中心（CNNIC）发布的第 44 次《中国互联网络发展状况统计报告》显示，我国网民规模在 2019 年 6 月就已经达到 8.54 亿人，在我国网民群体中，占比最高的为学生群体，达 26.0%，其中 10～19 岁的占比为 16.9%，互联网在我国的普及率达 61.2%。② 2015 年政府工作报告中明确了"提速降费"举措，此举推动了移动互联网流量大幅增长，中国互联网的发展从小到大、从大到强。回顾这 25 年，中国互联网发展经历了以 PC 互联为主的初级发展阶段，以及移动互联网主导的人人互联阶段，如今进入以人工智能新兴技术、实体经济深度融合为主导的万物互联新阶段。③ 在互联网与各行各业融合的浪潮中可以窥见，中国互联网产业已经成为全球互联网产业的主力军之一，从"应势而动"到"顺势而为"，经过 25 年的发展，中国与发达国家的信息化差距在迅速缩小，中国已成为举世瞩目的网络大国。④

（二）网络媒体的发展历程

20 世纪以来，伴随着世界上第一台数字计算机的出现，网络媒体也应运而生。网络媒体又称互联网媒体，以电脑、电视、手机等媒介为终端，能够将声音、文字、图像等数字化信息集于一体，这在极大限度上打破了

---

① 李江：《中国互联网早期发展中互联网创新能力的溯源与探究》，硕士学位论文，浙江传媒学院，2015。
② 整理自中国互联网络信息中心第 44 次统计报告。
③ 张莉：《中国互联网发展进入万物互联新阶段》，《中国对外贸易》2019 年第 8 期。
④ 于朝晖：《第六届世界互联网大会在浙江乌镇召开》，《网信军民融合》2019 年第 11 期。

时空的枷锁，逐渐实现了信息的共时性传播。①

　　1987 年，美国的《圣荷塞信使报》开传统媒体上网的先河。在此之后，借助互联网进行信息的多渠道、多样化传播成为常态。1994 年，中国正式接入互联网，这为我国网络媒体的发展提供了技术基础。1994～1995年，中国网络媒体进入萌芽期，这一时期的网络媒体主要作为纸媒的延伸渠道进行信息传播。1995 年 1 月，《神州学人》创办网站，成为我国首家网络新闻媒体，同年 10 月 20 日，《中国贸易报》开通网络版，我国网络新闻事业踏上征程。② 1996～1998 年，网络媒体开始探索未来发展道路。1997 年，《人民日报》网络版正式接入国际互联网，同年，网易公司作为中国第一家提供新闻与资讯服务的门户网站于广州成立，随后搜狐网、新浪网等一系列新的网络媒体开始崭露头角，并与后来的腾讯网一度形成四大门户网站并驾齐驱的格局。1999～2004 年，中国网络媒体逐渐发展壮大，开启多种探索模式。这一时期网络媒体被纳入国家发展战略，门户网站开始向专业化、独立化方向发展。2005～2009 年，网络媒体中出现各种细分领域，诸如 QQ、B 站等垂直类媒体开始逐渐占据一定的市场份额。2010～2021 年，移动化社交媒体迅猛发展，先后经历多次技术变革，衍生出诸多新兴媒体行业，借助"互联网＋"概念的提出，传统媒体积极寻求媒体融合的道路，全天候信息传播已成普遍现状。

　　近年来伴随着互联网络的普及，网民规模逐渐增加，相应的新式网络媒体也以破竹之势迅猛发展起来。从 PC 端到移动终端，网络媒体正在以其多样化的传播媒介、多元化的传播内容、全球性的传播范围塑造着新时代网民的行为准则。

　　1. 网络媒体的特点

　　在"互联网＋"时代，网络媒体拥有丰富化媒介、海量化信息、即时化互动、迅速化传播、相对开放式言论等传统媒体不可比拟的优势与特点。在事件发酵过程中，网络媒体以其强大的社会地位赋予功能，借助多样化的传播渠道和传播方式将多元化信息向外扩散，从而使社会声音在不

---

　　① 卢维林：《基于媒介发展史角度的手机媒体探讨》，《东南传播》2011 年第 2 期。
　　② 彭兰：《中国网络媒体的第一个十年》，清华大学出版社，2005。

同意见的相互博弈中形成特定的舆论导向，进而对整个社会网民的思想及行为产生难以估量的影响。

网络媒体的自身特点决定了其在人类社会化传播过程中需要承担一定的责任，随着互联网的深入发展，社会注意力资源也趋于集中。对此，网络媒体更需要不断完善发展与其相应的传播制度，提高传播准入门槛，使社会信息能够更加严谨、客观地传播到受众群体中，这是大众赋予网络媒体的权力，也是大众应该享有的权利。

2. 网络媒体的广泛应用

贴吧、网站、视频号等媒体平台的出现，极大地改变了人们的生活方式和信息传受方式。抖音、快手等短视频媒体以其碎片化的传播特征改变着人们的信息接收习惯，这印证着麦克卢汉的"媒介即讯息"理论。[①] 2020 年 4 月 6 日，著名央视主持人朱广权与"直播达人"李佳琦通过在线连麦进行了一场时长为 130 分钟的公益直播，为武汉带货，销售额达 4014 万元。截至 2021 年 4 月 8 日 9：00，在清博大数据的公众号搜索引擎上，输入关键词"医院"，搜到公众号 17667 个，[②] 可见网络媒体在新时代医院文化建设中的应用也逐渐普及。此外，短视频媒体的出现赋予了用户传者与受者的双重身份，大众可以借助网络媒体分享日常生活，从而获得关注，进而达到一定的舆论引导和舆论监督的作用。

3. 学界对网络媒体研究态度的转变

在我国网络媒体发展过程中，相关学者对其的态度也发生了变化，即经历了"附魅—祛魅—返魅"的心理路程。[③] 在大众传播之初，西方一些学者认为大众传播拥有绝对的力量，而这些观点也伴随着其他一些成熟的传播理论传入中国并被当时一些国人所认可，如麦克卢汉对电子媒介的积极态度，波兹曼的"媒介即隐喻"等，[④] 这些观点都在于指出媒介技术的发展对人类社会的影响，并强调媒介技术所拥有的强大力量，可见"技术

① 〔加〕麦克卢汉：《理解媒介：论人的延伸》，何道宽译，商务印书馆，2000。
② 黄桃园、李朝、金小淋：《网络新媒体在医院文化建设中的应用》，《现代医院》2021 年第 7 期。
③ 肖峰：《技术的返魅》，《科学技术与辩证法》2003 年第 4 期。
④ 王瑶琦：《媒介环境学派与技术决定论关系辨析》，《记者摇篮》2021 年第 7 期。

决定论"的影响之深。与此同时,与技术决定论相对立的"社会决定论"也很快兴起,这也意味着"祛魅"阶段的到来。在互联网时代,"社会技术互动论"得到普遍认可,[①] 这标志着学者对媒介的态度进入了一个新的阶段——返魅,即强调人类在技术面前的充分能动性与媒介技术在社会传播中所发挥的作用,尤其是"赛博人"的出现,说明媒介技术似乎正在试图通过与人体进行融合的方式来达到"1 + 1 > 2"的效果,这一系列改革也迫使人们不得不开始思考并寻求人与媒介技术之间的平衡点。[②]

网络媒体作为一种新兴行业,其在发展过程中形塑着当今社会的信息传受方式、受众的思考习惯和媒体从业人员的能力。相比之前的报刊精英化,如今网络媒体的普众性和言论相对开放性等特征,在一定程度上是对"精英控制论"的打破,但与此同时,它的发展也带来了真假难辨的信息环境。

二 互联网与大学生的媒介化生存

(一) 媒介化社会的内涵

目前,人们对"媒介化社会"的概念内涵众说纷纭,缺乏相对权威的版本。媒介化社会是对媒介和社会互动关系模式的一种表述。从芝加哥学派的研究中可以窥见并追溯"媒介化社会"观念的起源。帕克主张的"传播创造并维系社会"观念与媒介化社会一样,均是从社会关系建构的视角来看待传播,但当时的观念很难逐步深化为专门化的理论。随着时代和技术的发展,如今的媒介化社会理论在认识论和方法论上相较之前都有了很大进步。

从浅层意义来说,学者童兵认为传播媒介是指在人类的传播活动中用来表达的具有含义的静态或动态的一切物体排列。其中包括六种传统媒体(广播、电视、报纸、期刊、新闻纪录影片、通讯社电稿),以及移动网络、互联网络、新型广播电视和综合媒介四种新型媒体,人们将

---

① 李颖:《从技术与社会的互动中看当前新媒体技术的发展——以 5G 和人工智能技术为例》,《中国传媒科技》2021 年第 6 期。

② 邵文静、张夏雨:《智能时代下人与技术的关系——从"媒介即人的延伸"到"赛博人"》,《视听》2020 年第 12 期。

以互联网和信息高速公路为主体的新兴媒介称为"第四媒体",将移动网络称为"第五媒体"。而第四媒体和第五媒体高度普及的社会被称为"媒介化社会"①。

从深层意义上讲,有研究者认为,"媒介化社会"包含两个层面的含义:一是媒体与社会形成微妙的张力关系;二是媒介对现实社会的影响远远超过历史上任何时期。② 因此,在考察"媒介化社会"这一概念时,应该重点关注不同社会群体或个人的社会结构变动、经济水平变化、文化差异变迁等问题,将传播活动、话语策略等相关因素都纳入考量范围。学者谢进川对"媒介化社会"界定如下:社会因为受到了传媒发展的影响、渗透,显示出对传媒的依赖性、适应性,甚至在某种程度上必须如此依赖和适应的特征。③ 它有一系列的表现:传媒的影响力逐渐增大、覆盖面逐渐广泛,同时,人们对传媒的依赖性也不断增强,甚至在当前,人们对社会事件的报道,对舆情的管理及对事情的解决都离不开媒体的作用,有时要实现管理的目的还必须与传媒相互协调配合。谢进川对媒介化社会的归纳和总结尽管仍是从传媒与社会关系变迁的角度进行的,但他确实找到了一个较为通俗易懂而又直观可感的切入点。

从其他视角出发,有的学者从场域的角度来理解媒介化社会则更加清晰开阔,这表明媒介已经成为公众相关场域的他律性因素。行动者们借助媒介为自己的话语权力赋能,从而博得利益,整个过程中都遵循着媒介技术的传播逻辑。④ 总之,媒介化社会指代的是一种趋势,大众传媒正在逐渐超越信息交流这一初始功能,形成一股强大的力量,影响人们的政治生活和社会价值观,重构人们的日常生活,甚至情感世界和意识形态,且这种影响力已经达到无法忽视的地步。

(二) 大学生的媒介化生存

大众传媒时代,"媒介即人的延伸",人们将大众传媒作为感知社会和

---

① 童兵:《媒介化社会新闻传媒的使用与管理》,《新闻爱好者》2012 年第 21 期。
② 张涛甫:《媒介化社会语境下的舆论表达》,《现代传播 (中国传媒大学学报)》2006 年第 5 期。
③ 参见谢进川《媒介政治社会学分析》,中国传媒大学出版社,2017。
④ 胡翼青、郭静:《自律与他律:理解媒介化社会的第三条路径》,《湖南师范大学社会科学学报》2019 年第 6 期。

世界的工具，媒介成为"人"的延伸，人们潜移默化地以一种全新的生活方式生存，即"媒介化生存"①。进入信息社会以后，媒介逐渐渗透至生活中的每一个领域，人的衣食住行等日常生活都离不开媒介，媒介对人类社会的影响力逐渐增强。

1990 年以后出生的大学生是伴随着互联网成长起来的"数字居民""数字原住民"，并且互联网的平等性、开放性、共享性、海量信息、个性化内容等特性迎合了大学生的需求。媒介信息渐渐渗透到大学生的思维、学习、生活中，对大学生的学业、未来的工作甚至国家建设的影响逐步显现。同时，网络中歪曲价值观的传播内容也容易影响国家的发展和社会的稳定。

当前社会，人们对于大学生网络使用情况的关注度越来越高，也有不少调研活动助力研究大学生的媒介化生存现状。

2018 年麦可思研究院公开发布的一份中国在校大学生手机使用调查报告显示，感觉自己对手机存有依赖的大学生占比达到 82%。在日均使用手机时长的统计中，有 13% 的大学生日均使用手机达到 9 小时以上，而日均使用手机 7~9 小时的大学生占比达 14%，日均使用时长累计平均值则为 5.2 小时。此报告也表明手机这一媒介终端对大学生学习生活的影响：24% 的被调查大学生认为手机对学习有"积极作用"，在课堂中学生们倾向使用手机辅助学习；但也有 68% 的大学生认为手机对他们的课堂学习有消极影响。利用手机聊天、玩游戏、看电子书等是他们经常在课堂上进行的活动，这些行为在一定程度上会分散学习的注意力。这份调查报告显示大学生对于当前手机媒介使用的依赖性，以及其中存在的消极和积极作用。

另外，《2018 年中国自媒体行业白皮书》显示，在手机短视频用户中，18~24 岁用户数量占比最大，往下依次为 25~30 岁及 31~35 岁用户。自媒体的碎片化、垂直化内容使得年轻人"刷视频"更加便利。相关研究表明，细分化、垂直化、零碎化的自媒体短视频内容引起了年轻人的兴趣，沉迷于短视频的年轻人可以在任何场景下拿出手机"刷视频"。② 此外，数

---

① 马飞峰、倪勇：《媒介化生存的社会学反思》，《青年记者》2017 年第 8 期。
② 王建亚、张雅洁、程慧平：《大学生手机短视频过度使用行为影响因素研究》，《图书馆学研究》2020 年第 13 期。

据显示，大学生是网络成瘾的主要群体，表示身边网络沉迷现象普遍的大学生占比高达90%。①

CTR（央视市场研究）于2019年发布的《2019年大学生媒介与消费趋势研究》报告显示：在网络社交活跃度方面，在一周内使用社交软件的大学生占比达79.8%，其关注的内容首先是时事，其次是时尚、美食、文化，说明社交媒介也是大学生关注社会、获取知识的重要来源。②另一研究报告显示，在以95后为主要群体的当代大学生中，63.37%的大学生表示媒介是他们了解知识、处理工作的重要工具，又或者是一种必要的生活方式。

可见，媒介化生存方式是顺应时代发展的必然，大学生的媒介化生存是广大网民媒介化生存的一个缩影，且大学生群体因识读能力强、时间自主性强、物理生存空间较为局限（限于校园）等特征而表现出更强的媒介依赖性。

第二节　互联网推动公民文化、公共参与的学术探讨

网络媒体的发展、媒介化社会的到来，对大学生群体产生了极大的影响。当代大学生的生活和学习方式，与十年前、二十年前的大学生相比，可谓天差地别。或许，这种纵向对比更能体现出互联网带来的重要变化。媒介化生存不是预言，而是现实。但在媒介化生存中，互联网对于包括大学生在内的公民，在其公民文化形成、公共参与中到底发挥什么样的作用，学者们众说纷纭。

一　推动说

推动说认为互联网能够跳出传统社会物理空间的限制，克服传统线下交流的弊端，促进网络交往，推动公共事务的发展。

---

① 曹荣瑞、江林新、廖圣清等：《上海市大学生网络使用状况调查报告》，《新闻记者》2012年第4期。
② 任世秀：《大学生适应性对手机媒体使用偏好的影响》，硕士学位论文，天津师范大学，2021。

中国学者韦路、李锦容认为青少年通过互联网沟通和互动不需要金钱上的支出，操作也十分简便，这种低成本和便利性提升了青少年的参与意愿，在一定程度上增强了青少年参与的主动性。① 成敏认为，互联网的出现改变了我国网民的生活，同时给社会带来了变革。在"互联网＋"时代，公共参与正在实现四大转变：第一，主体从人民当家演化为公众参与；第二，理念从义务本位转变为权利本位；第三，内容从国家事务拓展到社会事务；第四，视域从现实生活延伸至虚拟世界。② 赵联飞认为，互联网自身的开放性和去中心性等特点，恰好与80后流行的"互喻文化"相互呼应。互联网对80后产生了巨大影响，在80后群体开展微信和微博公共参与活动的过程中起到了一定的促进作用，进而转化为其成长过程中必不可少的元素。③

童佩珊、卢海阳借助2015年中国社会状况综合调查数据，进行了主题为"政府绩效评价和公众非制度化参与"的研究，对互联网的使用如何影响政府公共关系行为进行了分析。研究结果显示：互联网对公共领域和集体行动起到积极作用，对公共非制度化参与的行为倾向具有显著的正向影响。④ 李斌在《网络政治学导论》中提到，网络作为公共参与的新平台，使公民的参与程度和参与影响力变得更加自由和强大。⑤ 黄少华、郝强提出，互联网的崛起正在改变和重塑人类社会的生产方式、组织方式、沟通方式、生活方式和行为方式，引发社会结构的变革与转型。网络空间已越来越成为公民进行自由表达、理性沟通和政治参与的公共平台。四川汶川地震、青海玉树地震、西南地区旱灾等重大自然灾害发生后，中国网民充分利用互联网传递救灾信息，发起救助行动，表达同情关爱，这些都充分展示了互联网不可替代的作用。网民的许多在线行为，都打上了公民参与的烙印，他们对公共议题的关注、表达、讨论、动员和行动参与，都在深

① 韦路、李锦容：《网络时代的知识生产与政治参与》，《当代传播》2012年第4期。
② 成敏：《"互联网＋"时代的公共参与》，《中学政治教学参考》2017年第3期。
③ 赵联飞：《70后、80后、90后网络公共参与的代际差异——对微信和微博中公共参与的一项探索》，《福建论坛》（人文社会科学版）2019年第4期。
④ 童佩珊、卢海阳：《互联网使用是否给政府公共关系带来挑战？——基于政府绩效评价和非制度化参与视角》，《公共管理与政策评论》2020年第4期。
⑤ 参见李斌《网络政治学导论》，中国社会科学出版社，2006。

刻地影响着公共生活的面貌，改变着国家与社会的关系。① 王建虎、于影丽提出，网络社会的迅速发展，网络政治、网络经济、网络文化的和谐稳定发展对网络公民的网络参与意识、网络参与能力提出了新的要求。接下来应该注重对网络公民的培育：在网络政治动员中培育网民的公民意识；在网络政治参与中锻炼网民的公民技能；在网络文化共建中强化网民的公民责任；在网络社会治理中树立网民的公民道德。②

国外学者 L. 麦肯纳（L. Mckenna）等通过实证研究得出结论，博客在推动公民政治参与上发挥了很大的作用。③ M. 卡斯特尔（M. Castells）认为，互联网已经深入个人生活的方方面面，其中包括人们的政治生活、社会事务、公共活动等，并且随着网络的发展，这种现象将更为普遍。M. L. 贝斯特（M. L. Best）和 K. W. 韦德（K. W. Wade）借助实证研究方法发现，互联网技术的发展和进步同国家的民主化进程存在相关性。网络使用越广泛的国家，其政治民主水平越高。研究者对地区的地理位置、经济水平和发展水平进行变量控制后，该结论依然成立。④ C. R. 凯兹（C. R. Kedzie）认为，集体特征的互联网技术有助于推动公共参与、民主生活的进程。他通过分析 144 个国家的相关数据，研究民主与新媒体之间的关系。他使用线性回归比较传统预测因子，包括经济发展水平、教育水平、人类发展和健康、不同种族和文化，以及代表互联网信息通信技术的指标，得出结论：人们不能拒绝民主和网络传播正相关的假设。⑤ 这些学者认为互联网自身的开放性、便捷性对公共参与来说是一种"催化剂"，公共参与主体借助互联网平台突破了时空局限，能够随时随地获取和发布涉及自身利益的公共信息，并在网络上形成或大或小的舆论，从而形成一定的网络

---

① 黄少华、郝强：《社会信任对网络公民参与的影响——以大学生网民为例》，《兰州大学学报》（社会科学版）2016 年第 2 期。

② 王建虎、于影丽：《网络公民的诞生及其培育》，《继续教育研究》2015 年第 10 期。

③ McKenna，L.，& Pole，A.，*Do Blogs Matter? Weblogs in American Politics*（American Political Science Association，2004）.

④ Best，M. L.，& Wade，K. W.，"The Internet and Democracy：Global Catalyst or Democratic Dud?," *Bulletin of Science，Technology & Society* 29（2009）：255 – 271.

⑤ Kedzie，C. R.，"Communication and Democracy：Coincident Revolutions and the Emergent Dictators," http://www. rand. org/pubs/rgs_dissertations/RGSD127. html.

影响力。

美国学者亚伦·史密斯通过研究美国成年人的社交网络行为发现，社交媒体等虚拟空间的交往活跃度与公共参与的积极性高度相关，最终得出人们的公共参与行为会在社交网络的影响下有所增加的结论。从2008年到2012年，美国社交网站用户数量占网民在线人口的比例从33%上升到69%，而且社交网站上的政治活动数量明显增长，SNS用户发布政治新闻且加入谈论政治或社会问题的社交组织的占比也显著增长，SNS用户还会围绕这些社会或政治问题采取行动。① 一些研究者通过实证研究也证实了两者之间确实存在联系，他们证实"基于社交媒体之上的网络交往，对于社会资本和政治参与具有积极作用"②。

詹姆斯·E.凯茨和罗纳德·E.莱斯在《互联网使用的社会影响：上网、参与和互动》一书中总结了"互联网影响下的'乌托邦观'"，如表2-1所示。

表2-1　互联网影响下的"乌托邦观"

登录上网	克服地理、社会阶层、种族与民族、年龄、性别、时区、年代、意识形态等方面的差异；为参与者提供更多机会；鉴别新天才，丰富文化；鼓励更强的容忍
参与	对物理上的或暂时的社区边界限制的克服；复兴社区；积极开展志愿活动；产生共享信息与社区观；对超越本地的能动性（或积极性）的激发；丰富文化产品；弥补离线关系
社会互动与表达	是社会的、多样的、频繁的；弥补与加强离线互动；允许形成友谊；与家人、朋友的关系的维持或保持；帮助年轻的用户发展其身份，并使其社会化为成人角色；照顾婴儿，管理保育员与课堂；创作作品与通信；允许表达新的创造性艺术

资料来源：〔美〕詹姆斯·E.凯茨、罗纳德·E.莱斯《互联网使用的社会影响：上网、参与和互动》，郝芳、刘长江译，商务印书馆，2007，第24～25页。

二　阻碍说

阻碍说认为互联网的出现对于公民文化和公共参与产生了负面影响。

① Smith，Aron，"Civic Engagement in the Digital Age: Online and Offline Political Engagement，" http://www.Pewinternet.org/2013/04/25/civic-engagement-in-the-digital-age.

② Gibson，R.，Howard，P.，& Ward，S.，Social Capital，Internet Connectedness and Political Participation: A Four-country Study（Ph. D. diss.，Montreal: International Political Science Association，2000）.

　　郭威、陈阳认为，网络表达的非理性也造成了诸多不良后果，网络的存在使原本就欠缺的公民文化，其欠缺性更为凸显。所谓"网络暴民"就是公民文化欠缺的集中体现。人是互联网技术的使用者，网络上的内容集中表现了人们在意识上的种种变化。我国的公民文化尚未形成系统，公民意识仍然"时有时无"，互联网成为公民意识的表达之所。这种公民意识的表达，实则为公民文化的总体呈现。①

　　刘学、耿曙使用北京大学中国国情研究中心"公民文化与和谐社会"的调查数据，从"反事实因果模型"角度，运用工具变量析离出干扰变量的影响后，系统考察"中国城镇居民的日常互联网使用"对其"群体性请愿、示威、游行等非制度化公共参与"行为和"参加政治会议、向领导表达观点、投票等制度化公共参与"行为的影响。结果出人意料：日常互联网使用并不会必然促进"非制度化参与"行为，与此同时，互联网使用对"制度化参与"行为反而呈现抑制的倾向。也就是说，经常使用互联网可能会消解公民对政治制度化参与的冲动，其不但不会激起抗议抗争，反而很可能强化对政治的冷漠。② 任莐分析"帝吧出征 FB 事件""魏则西事件"指出，虽然这两起网络热议事件发生的原因、过程、结果各不相同，但其实质上都反映了中国网络公民文化的现状：公民身份意识觉醒且参与热情高涨，但是理性不足。提高当前的网络公民文化水平，不仅需要管理者改善经济环境、加强法治建设、提高管理能力，更需要网民自觉增强道德责任感，积极参与网络公民文化建设。③ 刘霖杰、董钊敏、崔晶认为，新媒体环境下大学生参与社会公共生活逐渐增多，在信息轰炸中，不仅存在各方面的新闻消息，更夹杂着各不相同的价值观念，这对大学生的影响不可低估。④

　　西方学者泰勒（Tyler）在研究互联网的政治影响时，对其持批判的态

---

① 郭威、陈阳：《互联网革命、公民文化启蒙与大学教育》，《黑龙江教育》（理论与实践）2018 年第 Z1 期。

② 刘学、耿曙：《互联网与公共参与——基于工具变量的因果推论》，《社会发展研究》2016 年第 3 期。

③ 任莐：《中国网络公民文化的现状、困境与路径选择——以 2016 年三起网络热议事件为切入点》，《贵州省党校学报》2017 年第 2 期。

④ 刘霖杰、董钊敏、崔晶：《新媒体环境下大学生公共参与的思想政治教育研究》，《教育现代化》2017 年第 47 期。

度，他认为互联网对公共参与会产生消极的作用。互联网上的娱乐化倾向严重，泛娱乐化会使网民分散精力，更多的时间用来网络狂欢，只有较少的时间用来参与社会公共事务和活动。[①]

詹姆斯·E. 凯茨和罗纳德·E. 莱斯总结了"反乌托邦"观。"反乌托邦"观认为，按人口统计变量划分的群体之间的数字鸿沟越严重，不同群体越不能平等获得数字信息与通信技术（以及它们所带来的利益），这不利于在政治经济方面本就处于劣势的少数群体。互联网的成本与复杂性限制了少数民族、穷人和老年人获得信息和通信资源，尽管这些人在现实中最需要互联网（见表 2 - 2）。

表 2 - 2　关于互联网影响的"反乌托邦"观

登录上网	缩小参与者的范围；煽动种族分裂；限制言论；限制经济机遇；降低自尊；压制政治呼声；侵蚀文化传统；产生网络巴尔干（半岛）化[①]；限制利益；不方便；因为代表性的缺失而不利于政治合法性；减少个人与市民隐私
参与	破坏当地与本土文化；剥削人民；降低生活质量；减少社会参与；支离社区，导致追求狭隘利益与网络巴尔干（半岛）化；限制社会联系（孤立与混乱）；激起过度的社会联系（成瘾）；招致网络骚扰甚至杀身之祸；挑拨种族冲突与民族冲突；激起他人的仇恨
社会互动与表达	由跨国公司垄断；助长儿童色情；助长贩卖儿童；引发情感诈骗；发展出导致混乱的多重自我；扼杀创造性；导致死记硬背的学习；降低智力产品的质量；暗许剽窃；缺乏艺术完整性；滋长成瘾行为（性、赌博、互动、暴力游戏、非暴力游戏、白日梦）

资料来源：〔美〕詹姆斯·E. 凯茨、罗纳德·E. 莱斯《互联网使用的社会影响：上网、参与和互动》，郝芳、刘长江译，商务印书馆，2007，第 17 ~ 18 页。

①"网络巴尔干（半岛）化"（cyber-balkanization），指志趣相同的人自成一个个小团体、小圈圈，且互相排挤或敌对的分裂情况。

三　中立说

中立说是指不认为互联网对公民文化和公共参与产生绝对正面或者绝对负面的影响，而辩证地看待其影响的观点。持中立说观点的学者及其观点如下。

崔利利提出，网络参与作为公民参与公共政策制定的一种新方式，对

---

① Tyler, T. R. , "Is the Internet changing social life? It seems the more things change, the more they stay the same," *Journal of Social Issues* 58. 1（2002）：195 - 205.

于政策制定既可能产生积极影响，也可能产生消极影响。探索在网络语境下如何趋利避害，使公共政策制定更加科学、合理、民主，符合社会全体成员的需要，具有重要的现实意义。①

李瑞福认为，在"互联网＋"时代，网络技术尤其是现代移动通信技术的发展，既为公共参与创造了便利条件，又对公共参与提出了严峻挑战。互联网是一种有效的公共参与渠道和手段，近些年所涌现的网络民调、网络咨询、网络问政、网络决策、网络监督等，都是网络公共参与的有效形式。从整体上看，人们的公共参与素养同时代发展的要求还存在一定差距，因此应将培养人们的网络公共参与素养提上日程。②

穆建亚提出，网络已经渗透到社会的各个领域，成为人们一种重要的生活方式。同时，网络也成为公民参与社会公共事务的平台和彰显公民自我身份的场所，这就为公民教育提供了新的实践领域——"网络公民教育"。网络公民教育突破了传统公民教育的局限，有利于公民实践的全面开展。但网络也是一把双刃剑，由于网络本身的虚拟性与非在场性，网络社会中的互动和交往缺少现实的约束，容易导致公共意识和公共理性的丧失，造成一些负面的网络舆论。③

薛冰提出了网络参与对公共政策公信力提升的积极影响：第一，网络参与有助于明确公共政策公共性价值取向；第二，网络参与能避免政策参与主体的单一性；第三，网络参与有助于规范公共政策程序。同时，薛冰也提出了网络参与对公共政策公信力提升的消极影响：第一，网络参与群体的有限性在一定程度上削弱了公共政策的公共性；第二，假民意造成公共决策的失误，进而影响其有效性。④

韩璐、董晓珍根据 SOR 模型和行为动机理论，对数字经济系统三要素及个体动机对公众参与治霾行为影响的理论研究框架进行构建，同时运用结构方程模型，以济南地区为研究对象，探讨了针对公众参与治霾行为的数字经济所产生的直接和间接影响。实证研究结果显示：对于公众的公共

---

① 崔利利：《公民网络参与对公共政策制定的影响》，《理论导刊》2010 年第 8 期。
② 李瑞福：《"互联网＋"时代公共参与的教育引导》，《中学政治教学参考》2018 年第 19 期。
③ 穆建亚：《大学生网络公民教育：意义、内容与路径》，《中国电化教育》2015 年第 3 期。
④ 薛冰：《网络公民参与与公共政策的制定》，《学习论坛》2010 年第 2 期。

参与行为和私人参与行为，数据和网络环境均有显著的积极作用；新媒体使用对于公共参与行为却具有显著抑制的负面效果。[①]

周恩毅、胡金荣认为，伴随着互联网的出现和发展，现实公共领域的虚拟转型在不断推进。由于中国网民数量的与日俱增和网络舆论空间的生成，网络公共领域应运而生。中国网民可以通过在虚拟社区论坛等网络公共领域发表各类言论以产生网络舆论，从而影响现实中政府的决策，这一过程恰恰与政策网络理论参与模式相符合。但是通过这种方式进行的公民参与也存在很多的问题。例如，"数字鸿沟"所导致的精英参与霸权，网络政治参与过程缺乏相关的规范和法律的约束，各类网络垃圾信息的涌现，以及网络公民参与对于理性与非理性的纠结等。[②]

国外学者 S. 维瑟斯（S. Vissers）、E. 昆特利尔（E. Quintelier）等通过对 6000 多名青年的调查发现，他们是网络媒体上最活跃的用户群之一，也是最容易受多种观点影响的群体。然而，网络对于他们参与社会公共事务的影响效果并不显著。[③]

M. C. 尼斯贝特（M. C. Nisbet）、D. A. 薛佛乐（D. A. Scheufele）发现，互联网中不同信息的使用对民主参与只产生了很微小的影响。随着网络使用时间的增多，网民参与政治的时间相对减少，参与要求也会降低。[④]

詹姆斯·E. 凯茨和罗纳德·E. 莱斯指出"反乌托邦"观和"乌托邦"观均存在偏颇。他们发现美国人使用互联网主要是为了拓展和改善他们的日常生活。他们也发现了一些对互联网错误的认识和意料之外的使用。这些使用经常体现在自我表达和寻求社会互动上，不过这些活动也推动了新型的社会合作与整合。互联网使人们的兴趣聚焦和浓缩，进而在某

---

① 韩琭、董晓珍：《数字经济与公众参与治霾行为：影响机理及实证检验》，《山东财经大学学报》2021 年第 3 期。

② 周恩毅、胡金荣：《网络公民参与：政策网络理论的分析框架》，《中国行政管理》2014 年第 11 期。

③ Vissers, S. , & Quintelier, E. , News Consumption and Political Participation among Young People. Evidence from a Panel Study（Ph. D. diss. , European Consortium for Political Research General Conference, 2009）.

④ Nisbet, M. C. , & Scheufele, D. A. , "Political Talk as a Catalyst for Online Citizenship," *Journalism & Mass Communication Quarterly* 81（2004）：877 - 896.

种意义上将我们与其他人或群体孤立开来，与此同时，它也把人们引荐给其他人和群体，从而产生统合性的情感联系和社会联系。故而，可以得出结论：互联网能够同时促进专业化、助长差异化，也能够对新型的互动与组织产生激励作用。从另一个角度来说，互联网不仅会让我们更加注重自身，同时能够创造出一定的社会资本，有利于个人和社区的利益发展，它使人们能使用文化属性来认识自己并建构意义。互联网的这一面被一些人视为"一项身份工程"。当人们容易获得这种双刃工具时，与以往的社会时代相比，人们的身份更易多重化、更易个性化，人们也更善于自我反思，并更易接纳创新。①

E. G. 梅塞尼（E. G. Mesthene）在《技术与社会变化》中总结了三种技术观。一是技术"善"论。即进步的原动力是技术，其能很好地解决人类生存发展的根本问题，对社会形态和人类命运起决定作用。该结论被广大科学家、技术人员所认同，以欧洲唯物主义思想家培根、空想社会主义思想家圣西门为代表。二是技术"恶"论。该观点从本质上对技术进行了彻底的否定，认为技术对于社会具有巨大的破坏作用。此论的认同者以对技术资本的剥削性进行分析批判的社会主义思想家为代表，如法国学者卢梭等，现代社会的艺术家、人文学者也多认同此观点。三是技术"中性"论。技术只是中性的工具和手段，本身并没有好坏之分，技术服务的目的和产生的影响，与人如何使用技术有关，梅塞尼属于中性论的代表。②

第三节 网络空间：网络公共传播行为发生的场域

无论是推动说、阻碍说，还是中立说，都离不开对网络空间场域的关注。皮埃尔·布尔迪厄（Pierre Bourdieu）认为场域就是关系，理解场域离不开两个概念——资本和惯习。本节将从场域、资本和惯习分析网络空间，并对推动说、阻碍说、中立说进行场域视角的解析。

---

① 〔美〕詹姆斯·E. 凯茨、罗纳德·E. 莱斯《互联网使用的社会影响：上网、参与和互动》，郝芳、刘长江译，商务印书馆，2007，第25页。

② Mesthene, E. G., *Technology and Social Change*（Chicago：Quadrangle Books, 1972）.

一 网络空间与场域、资本、惯习

(一) 网络空间与场域

场域 (field) 源于物理学概念，指物体周围传递重力或电磁力的空间，后来被引入格式塔心理学，出现了"心理场"术语。法国社会学家皮埃尔·布尔迪厄将"场域"概念引入社会学研究。他将场域界定为：从分析的角度来看，一个场域可以被定义为在各种位置之间存在的客观关系的一个网络，或一个构型。正是在这些位置的存在和他们强加于占据特定位置的行动者或机构之上的决定性因素之中，这些位置得到了客观的界定，其根据是这些位置在不同类型的权力或资本（占有这些权力就意味着把持了在这一场域中利害攸关的专门利润的得益权）的分配结构中实际的和潜在的处境，以及它们与其他位置之间的客观关系（支配关系、屈从关系、结构上的对应关系等）。[①]

场域的内核是关系。皮埃尔·布尔迪厄认为，一个场域的动力学原则，就在于它的结构形式，同时还特别根植于场域中相互面对的各种特殊力量之间的距离、鸿沟和不对称关系。[②]

网络空间是一种新兴场域，它的结构形式处于不稳定的状态，具有较强的"流动性"。社交媒体兴起时，学者们提出"去中心化"的概念，认为互联网将打破传统的精英传播语境，人类迎来人人皆有麦克风的时代。然而，随着海量信息的持续涌入和商业力量的不断渗透，传播又呈现出某种中心化的特点，"再中心化"概念出现。对于网络空间，"塑造它的形状比保持它的形状更为容易"[③]。

(二) 网络空间与资本

资本包括经济资本、社会资本、文化资本和符号资本。布尔迪厄将场

---

① 〔法〕皮埃尔·布尔迪厄、华康德：《实践与反思：反思社会学导引》，李猛、李康译，中央编译出版社，1998，第 133～134 页。
② 〔法〕皮埃尔·布尔迪厄、华康德：《实践与反思：反思社会学导引》，李猛、李康译，中央编译出版社，1998，第 139 页。
③ 〔英〕齐格蒙特·鲍曼：《流动的现代性》，欧阳景根译，中国人民大学出版社，2017，第 33 页。

域比作游戏，将资本比作游戏中的牌。"正像不同牌的大小是随着游戏的变化而变化，不同种类资本之间的等级次序也随着场域的变化而有所不同。"① 有的牌在所有场域皆有效，有的牌换了场域则作用发生变化。在网络空间，传统的资本等级次序受到了挑战。例如互联网诞生之前，公共领域的发声主体主要是拥有较多文化资本的精英群体，文化资本占据重要的位置。在互联网时代，即使是不占有文化资本的个体，也有发声的平台和机会。

（三）网络空间与惯习

惯习是"一种社会化了的主观性，是一种持续的、不断变化的、开放的性情倾向系统"②。惯习具有稳定性和形塑性两大特征。稳定性指的是人们在一定时期内的行为受其固有心理图式的影响，不易改变。形塑性指的是在特定环境下，人们会因某种强烈的内驱力或外在力量而改变自己的行为模式，形成新的惯习。

在网络空间，由于传播技术的推动、"众声喧哗"环境的影响，人们传统的交流惯习受到了某种程度的撼动。例如，某个线下沉默者可能成为线上"键盘侠"。

二 基于场域理论视角的学者争议解析

（一）争议共同点

无论是推动说、阻碍说，还是中立说，学者们都承认网络空间作为一个新兴的场域，需要关注和研究。网络场域是一种特殊的"中介场域"，它连接着政治场域、经济场域、文化场域等，对整个社会具有重要影响。

（二）推动说解析

推动说主要聚焦于技术赋权带来的参与便利与参与热情。以场域理论解释推动说，即：资本等级次序向着有利于公众参与的方向变化，同时人们的惯习因为互联网的推动向着积极参与的方向转变。

---

① 〔法〕皮埃尔·布尔迪厄、华康德：《实践与反思：反思社会学导引》，李猛、李康译，中央编译出版社，1998，第135页。

② 〔法〕皮埃尔·布尔迪厄、华康德：《实践与反思：反思社会学导引》，李猛、李康译，中央编译出版社，1998，第171页。

（三）阻碍说解析

阻碍说主要聚焦于个体公共参与意识的薄弱和网络泛娱乐趋势的冲击。以场域理论解释阻碍说，即：网络场域中各路力量的对比、各方资本的较量反而容易消解个体的参与力量和参与热情，导致人们不愿意在网络上就公共议题发表见解；人们尚未形成可以"移植"到网络场域的理性参与的惯习。

（四）中立说解析

中立说有两类：两面说和无变化说。两面说同时指出了互联网对公共参与的推动和阻碍。无变化说则指出人们的公共参与行为受互联网影响甚微。无论是两面说还是无变化说，都是在更复杂的情境下考察互联网的影响。以场域理论解释中立说，即：网络场域的"游戏"规则尚未确立，游戏中的资本"牌"的等级次序未定，人们在网络场域中的惯习也有待观察，推动还是阻碍，定论尚早。

对于学者争议，本研究没有"预先赞成"哪一种观点。基于"没有调查就没有发言权"的理念，本研究将采取实证调查的方式，深入了解大学生的网络公共传播行为。在调查时兼顾大学生对资本认知及利用情况的调查，以及公共参与惯习的调查。

第三章　理论基础与研究设计

互联网的出现，网络交流的便利性，是否有助于公众参与公共话题的交流？学者们众说纷纭。无论如何，网络空间场域是不可忽视的因素，公众的诸多行为皆发生于此。在网络空间场域下进行相关的理论梳理和研究设计，是本章的主要思路，同时本章亦兼顾个人意识场域（如"公民身份认同"）对网络公共传播行为的影响。

第一节　理论基础

无论是福柯权力观强调的多主体和影响力，还是赋权理论强调的个人赋权和社会参与，抑或社会资本理论强调的弱连接和共惠原则，都让具备集体在场性和交流便利性特征的网络空间，带给人更多的遐想和期待，这些理论似乎为互联网而来。

一　福柯的权力观

（一）福柯的权力观基本内容

米歇尔·福柯（Michel Foucault）的《规训与惩罚》这一著作的问世，标志着他研究方向的改变。在他的研究方向从考古学转向人类族谱的同时，其关注对象也从话语转向权力。福柯在20世纪70年代经历了一系列社会活动之后，开始致力于研究人是如何被塑造为主体的。人们通过训练自身成为符合整个社会需要的"主体"，同时以此来衡量他人的"主体性"。福柯在《主体与权力》中表明"我研究的总主题不是权力，而是主体"。基于此，在把握福柯权力观的基本内容时，需要着重对福柯理论之中权力的关系、权力的特点、权力的运作和发生进行探索研究。

权力在三种关系的交织中展开：权力关系、交往关系与客观能力。这三种关系在彼此不稳定的合作中实现权力运作的目的。福柯把权力关系形象地描述为"伙伴"间的"游戏关系"，清晰勾勒出权力的特征：一个个体（群体）对另一个个体（群体）施展权力。这不是一个静态的场景，它意味着一整套行为，即一种行为对另一种行为发生的作用。①

福柯的权力观包括四个要点。其一，权力是无主体的，权力不属于某一个人或者组织、机构，即不以物质的形式存在，是肉眼不可见的。其二，权力是一种关系，从传播的角度来看，权力存在于交错性的社交网络中。由于权力没有一个固定的主体，所以它并不固定地归属于谁，同时也不能被个体据为己有。个体始终处于权力关系网络中，既是控制者也是被控制者，这与以往的统治者与被统治者的权力关系有所区别，即被统治者只能接受统治者的控制，而自己无法去控制他人。个体在权力的关系中则将控制与被控制融为一体，例如家庭关系中的父亲，在对儿女的管教和培养关系之中拥有法定的抚养权，但当面对上一辈老人时，父亲在其中又属于被控制的角色。可见权力并没有一个固定的归属，它随时可能伴随身份的转变而实现控制与被控制的转换。权力是各种力量关系对抗的场域，它不停运转，不断流动。其三，权力没有一个固定的中心。传统权力观认为存在一个居于中心地位的主体或实体机构（如国家政府机构）掌握着核心的权力。福柯认为这种理解过于简单，应从局部最细微的形式和制度之中去分析权力，在发挥权力的终点抓住权力。由此可见，福柯关注的权力是非中心的、多元化的。其四，在对权力的分析中影响较大的是规训性的权力。② 规训性的权力通过最细微、最精致的层面对人体进行操作和驯服，通过一层一层从上到下的监督和规范化的检查来训练个体，从而将个体变成一个缺乏思考、按照一定行为规范行动的对象，宛若一个提线木偶。但是这种权力的运转并不是通过暴力管教和意识形态的输入方式，而是依靠层层的监督和规范的监察进行系统的运作。这是

① 李敬：《传播学视域中的福柯：权力，知识与交往关系》，《国际新闻界》2013 年第 2 期。
② 〔法〕米歇尔·福柯：《必须保卫社会》，钱翰译，上海人民出版社，1999，第 26～28 页。

一种轻便、细微且迅捷的权力技巧，它成本低、代价小，相较于传统的暴力型权力方式更为有效。

福柯对于权力的观点与以往西方社会一直关注的权力由谁实施、对谁实施有所不同，他认为相比权力由谁实施，权力如何发生和运作更为重要。

（二）新媒介发展与公众权力

以互联网技术为依托的微博、微信等社交新媒体，将原本单一的传播模式打破，加入了新的传播方式，为受众发声提供了更多的媒介渠道。与以往的传播方式相比，互联网媒体在传播维度上拥有了更多可能性。网络媒体传播渠道的多样化，在转移了受众注意力的同时，也使得受众对媒体的忠诚度和信任度发生了微妙的变化。传统媒体的权威性被撼动，最直观地表现为传统媒体的日渐式微。与此同时，公众获得了技术赋权，来自用户自制的内容无处不在。公众不再满足于"你传我听"，而是"我传我听""我选我听""我定我听"。

新媒体的发展使部分话语权由传统媒介转向受众，促进了社会话语权力"蛋糕"的重新分配。公众的权力从拉斯韦尔的"5W"模型中可见一斑。新媒体时代公众媒介权力的改变，具体体现在以下方面。

其一，传播主体"Who"方面。新媒体技术的发展在各方面赋予了公众更强大的传播权力来改变大众传播格局，在自媒体爆发式增长和"守门人"把关规则不再适用的今天，人人都有麦克风。微博、微信等新媒体的兴起，掀起了一股全民传播的浪潮。上至古稀，下至垂髫，都学会用手机记录生活、传播信息。大众媒体通过自媒体寻找新闻源，进行二次加工、分发已成常态，"溢散效应"与"扳机效应"每天都在上演。

其二，传播内容"What"方面。抖音、快手、火山、微信、微博、QQ、知乎、豆瓣、小红书等手机 App 的开发应用，无不是将庞大的用户内容生产作为运作支撑，其在促进了 UGC 的生产形式兴盛的同时，也动摇了传统媒体机构的内容生产垄断，打破了以往报纸、广播、电视点对面传播的形式，即"我传你看"。在内容方面，生活、娱乐、体育、财经等信息通过互联网链条迸发，海量的信息以各种呈现形式、通过多种媒介渠道冲击着人们的生活，甚至催生一些专门以内容创作为生的职业，比如 UP 主、主播。在互联网时代，社会产生信息洪流的同时出现信息茧房、隐私泄露和大数据杀熟等现象，伴随着公众权力的扩大，相关社会问题的出现也值得我们警惕和思考。

其三，在传播对象"Whom"方面。传统的点对面的传播模式早已不再适用，在传播的链条中点对点、面对面进行信息的交流获取早已成为常态，传播链条的两端不再是以往明确的传统媒体和受众，而有可能是自媒体、微信公众号、个人等主体和机构。传受一体化早已成为网民的"个人标签"，传者、受者已无明确身份界限，每个网民都可以在信息网中发挥传声筒和听筒的双重作用。每一个"Whom"都有自己的把关行为及对信息的接收规则主张，并加以传播。实际上"Whom"即"Who"。

其四，在传播渠道"Which channel"方面。此方面明显表现为渠道的普及化、易接触化、简便化。新媒体时代，想要借助媒体发声不再困难，微博、B站等新媒体平台随处可见爆料、举报、求助等信息，有的触达率超过报纸、广播等传统媒体的刊播量。公众对此更易接收，这些信息也更易引起意见领袖的注意，通过自下而上的反向议程进行逆传播。传播不再是以往专业机构特有的技术优势，社会进入全民传播的新时代。

其五，在传播效果"What effect"方面。早期传播学四大先驱及后继学者对传播功能的定义，以及他们所提出的子弹论、有限效果论、沉默的螺旋、议程设置等经典理论所揭示的传播效果，已然不能完全适用于现今的传播环境。新媒介所构建的新的媒介系统，以公众为主体，以民主性、参与性、互动性为核心，以技术为基础来进行新的权力体系的布局，即在传统的政府、市场、社会、公众场域中，新媒体极大地增强、扩大了公众权力，对于公众话语权的重视、建立、加强都是传播效果的显性体现。

以上5W分析是在福柯权力观框架下对互联网技术环境下权力分配的延展性解读。公众权力的增加也会催生新的问题。突出表现在两个方面。其一，部分意见领袖的媒介使用功利性目的越来越明显，在话语表述中缺乏诚信。依靠内容生产从公众中脱颖而出的意见领袖，常常出于功利目的散布不当言论，甚至利用自身影响力进行商业欺骗。其二，部分公众滥用话语权，倾向于宣泄情绪甚至制造网络暴力。后真相时代，由情绪主导事实，情绪先于真相，公众极易被片面言论带偏情绪，忽视真相，人云亦云，最终导致网络暴力的发生。可见，传播技术是一把双刃剑，它推动公众话语权的获取与发展，但也不可避免地带来媒介素养缺乏导致的失范现象。

二 赋权理论

（一）赋权

赋权（empowerment）最初是一个社会学概念，由美国哥伦比亚大学学者所罗门（Solomon）于 1976 年出版的《黑人的赋权：社会工作与被压迫的社区》一书中提出。所罗门建议社会工作干预致力于给黑人增加权能，解除社会中的"制度性种族主义"所施加的强迫与流离，增进案主个人自我效能与社会改革的力量。可见，赋权就是把权力赋予那些缺少权力的个人或集体，使其能够掌控自己的命运，它强调主动获取，而非单纯的被动接受，因此也有研究者将 empowerment 翻译成"增权"。

近年来，赋权理论在许多学科领域被学习和运用。研究者将赋权定义为"个人、组织与社区借由学习、参与、合作等过程或机制，获得并掌控与自身事务相关的能力，以提升个人生活、组织观念与社区生活品质"。有能力提高与他人、团体、社区的合作水平来解决自己的问题是该理论的必备前提；能够赋予社会成员管理自我、社区及相关事务的权力，并在管理和解决问题中与他人分享知识和技能是该理论的核心特点。正是基于这一特点，赋权理论在诸如社区研究、媒介素养研究、青少年健康研究、女性研究等领域中都被广泛采纳吸收。

学者傅忠道认为，"无权者"在赋权过程中，意识和能力得到提升，除能控制自己的处境外，更能对"权"的定义和社会公正有更深切的了解，能够从个人利益出发，到达利他、争取社会公正的较高层次的目标。[①]无论是从个人还是社会的角度出发解释赋权的效果都不能完全解读赋权的真正意义，赋权的真正意义是通过互动产生解决问题的方案。

赋权的客体基本是弱势族群或团体，赋权实际上不是讨论给人们增加

---

① 转引自孔维琛《赋权理论视角下的邻避运动与抗争传播——以番禺事件为例》，硕士学位论文，中国青年政治学院，2015。

多少权力，而是通过对弱势群体的赋权，让他们都能够参与到社会当中，增强自身的社会参与度，拉近与社会发展的距离。作为一种公平机制，赋权为"无权者"提供了发声的机会，从而使之能够通过协商来实现自我管理和自主治理。

（二）赋权的传播学视角

在传播学领域，赋权是在第三世界国家发展传播研究及实践陷入困境的背景之下提出的。该理论以关注边缘人群的权力为起点，以参与式发展为核心，为传播促进社会进步提供了新的视角。

在传播范式经过现代化范式（现代化范式的实践说明了发展传播作为推进人类共同进步的一种策略，却产生了剥夺，带来了贫困）及新范式的发展后，赋权范式被提出。表 3 – 1 为现代化范式的发展传播与赋权范式的参与式发展传播比较。

表 3 – 1　现代化范式的发展传播与赋权范式的参与式发展传播比较

	现代化范式的发展传播	赋权范式的参与式发展传播
利益/目标	国家和地区发展，人民发展，社会进步	民众赋权、社会公正、建设能力和公平
信念	不发达是由于政治、经济、文化、地域和个人发展不充分	不发达的原因是缺少政治、经济和文化资源；部分民众缺乏权力和控制；多种标准
偏向	文化无知觉，环境不可持续发展，标准化	文化接近，社会生态学，多样性
背景	宏观和微观框架	地方和社区框架
分析层次	国家的、地区的、个人的	个人、群体或组织，社区
变革代理机构的角色	专家、赞助者，非共享者	合作者、辅助者、参与者，社区和个人发展的推动者，风险承担者，行动主义者
传播模式	线性的，自上而下的，信息扩散	非线性的，参与的，传递信息也建设组织
研究类型	通常是量化研究，一些使用焦点小组研究、背景研究或评价研究	量化研究和质化研究、纵向研究、劳动密集型参与行动研究
范本	预防不发达；专家诊断，责备受害者，调整个人以适应主流规范；运用大众媒体传播标准化信息和娱乐；讯息是说教的和说服的	激活社会支持系统，社会网络、互助和自助行动；所有行动者的参与，赋予社区话语权；强调危机意识，形成社区和组织权力，用传播强化人际关系

续表

	现代化范式的发展传播	赋权范式的参与式发展传播
期望的成果	经济增长、政治发展、改善基础设施	提供所有成员获得物质、心理、文化及信息资源的能力；提供个人和群体竞争力、领导技巧、实用生活传播技巧；磨砺个人危机知晓能力；为地方组织和社区赋权

资料来源：王锡苓、孙莉、祖昊《发展传播学研究的"赋权"理论探析》，《今传媒》2012年第4期。

（三）新媒介发展与公民的技术赋权

公众利用新媒介实现自我赋权实际上就是利用媒体与社会互动的过程。伴随着互联网、智能手机的出现，新媒体不断获得发展，新媒介赋权公众进入研究视野。包括新闻传媒在内的各部门各组织共同构建起一个社会支持系统，从外部施加推力促使公众参与进来实现赋权。① 公众可以利用新媒体完成信息的获取、收集、分析、评价等。

新媒介赋权并不是在新媒介诞生之时就存在，它往往要借助外力和内在驱动力才能完成媒介赋权——外力推动的他者赋权，以及内在驱动的自我赋权。他者赋权更多的是一个媒体的传播行为，比如在网站、微博、微信等新媒体平台上进行内容提供和分发，通过用户以外的传播行为进行信息的议程设置，来有意识地提供政策分发、生活娱乐、技巧知识等内容，从而发挥提供信息支持的作用。此外媒体还会借助舆论援助、实物捐赠等手段给予用户可实际感受的帮助，并拉近与受众的距离，旨在吸引更多的用户，提高受众的黏性。自我赋权是基于传播技术的变革发展，借助网络技术与数字技术，做到传受一体化，这是以往的大众传播时代无法想象也无法具体实施的，技术的发展和能够利用技术的发展是实现自我赋权的一个硬性条件，也是基础。如今是一个人际传播、组织传播和大众传播过程相融合的新媒介传播时代，用户通过对新媒介的接触与使用，获取相关信息、扩展社会关系网络、获取社会资源而实现自我赋能。

以技术视角研究公众赋权，"为何是新媒介能够赋权公众而不是传统媒

---

① 张波：《新媒介赋权及其关联效应》，《重庆社会科学》2014年第11期。

介"这一问题就可以得到解释。以新传播科技的普及和传受关系的变革为基础，在以个人为中心点进行人际传播、社会传播的媒介网中，公众往往从自身立场行使话语权，媒介技术的发展在公众赋权中起到了重要的推动作用，在一定程度上，媒介技术因素决定了这一传播过程的走向和最终赋权效应。

尽管如此，对于人的主体性及利用媒介进行传播，这个过程中的复杂性不应被技术论过度简化。对于新媒介赋权不应仅从技术层面去探讨，更应深入公众借助新媒介展开的日常生活去考察。对于新技术赋权过程出现的信息茧房、隐私泄露等问题，赋权并不是稳定地存在，而是有可能出现"不赋权"甚至"失去权力"等现象。公众在拿起手中的麦克风为自己发声时，看似是将自己置于媒介的"镁光灯"下，获得被关注的可能性，但也面临着"全景监狱"下隐私泄露的风险，隐私权受到威胁。抖音、今日头条等媒体平台利用算法机制推荐给用户私人定制的内容，这些从短期来看属于赋权现象，从长远来说则面临着减权的风险，它们使用户无法观察到社会全貌，陷入信息茧房。

另外，新媒介技术为公民提供的选择功能是相同的，公众在纵向维度上跟未接触新媒体的以前的自己相比或许是增权，但在横向维度上和那些媒介素养较强、传播技巧较为熟练的公民相比，则会出现知识鸿沟和数字鸿沟加大的问题。从这个角度理解，以上这些新媒体技术的发展所带来的赋权其实在部分地发挥赋权的反作用。

三 社会资本理论

（一）社会资本概念及其理论发展

社会资本理论最早由经济学家提出，他们注意到经济的发展除了人力资本、固定资本的影响外，还有一种基于社会网络的资本，于是社会资本的概念被提出。法国社会学家皮埃尔·布尔迪厄是第一位在社会学领域对社会资本作出系统化表述的学者。他指出，"社会资本是显示或潜在的资源集合体，这些资源与拥有或多或少制度化的共同熟悉和认可的关系网络有关，也就是说，与一个群体中的成员身份有关"[①]。布尔迪厄认为，关系

---

① Bourdieu, Pierre, "The Forms of Social Capital," in Richardson, John G. (ed.), *Handbook of Theory and Research for the Sociology of Education* (CT: Greenwood Press, 1986), p. 248.

在社会资本中非常重要，他重点分析了经济资本、文化资本、社会资本及符号资本的相互转化。他关注个体为创造社会资源而对社会能力所做的精心构建，认为个人可以通过参与群体活动增加社会收益。他还认为社会资本的积累和投资依赖于行动者可有效动员的关系网络的规模，同时依赖于与他有关系的个人拥有的经济、文化和符号资本的数量和质量，所以，社会资本的生产和再生产预设了对社会交往及人际互动不间断的努力，这意味着时间和精力的投入，并直接和间接消耗经济成本。[①]

詹姆斯 . S. 科尔曼（J. S. Coleman）将社会资本的研究从微观领域扩展到宏观领域。科尔曼从功能视角出发，认为社会资本的定义"应该从其功能而来，它不是单独的实体，而是具有各种形式的不同实体，特征主要有两个：第一，它们由构成社会结构的各个要素组成；第二，它们会为结构内部的个体提供行动的便利"[②]。他认为社会系统是社会学的核心概念，要对其进行解释阐述。社会系统的规模可大可小，少则两个人，多至整个社会都可称为一个系统。在科尔曼看来，社会系统中有"行动者"和"资源"，行动者通过资源的交换实现各自的利益。同时，科尔曼还分析了影响社会资本创造、保持和消亡的因素。首先，必须有一个封闭的社会网络。只有保持网络的封闭性才能保证信任、规范、权威的建立和维持，在封闭的网络中人们的团结力更强，更能保证成员能够动员网络资源。其次，要求社会结构的稳定性。社会资本存在于组织之中，稳定的组织结构是社会资本得以动员的保障，社会组织的瓦解会令社会资本消亡殆尽。最后，需要定期交流。社会资本具有公共物品的性质，需要互相帮忙的人越多，创造的社会资本的数量越大。如果没有交换需要，无法保持期望与义务，社会资本会逐渐贬值。[③]

A. 波茨（A. Portes）认为，社会资本是个人通过自己的成员身份在网络中或者更加宽泛的社会结构中获取稀缺资源的能力。获取能力不是个人

---

① 刘嘉娣：《微信朋友圈互动研究——基于社会资本理论的视角》，硕士学位论文，暨南大学，2016。

② 〔美〕詹姆斯·S. 科尔曼：《社会理论的基础》，社会科学文献出版社，1990，第354页。

③ 张玉璞：《基于社会资本理论的上海外卖员移动媒体使用效果研究》，硕士学位论文，上海理工大学，2018。

固有的，而是个人与他人关系中包含的一种资产。波茨认为，社会资本是嵌入的结果，他把嵌入区分为理性嵌入和结构性嵌入。理性嵌入即双方的互惠预期。当行动双方成为更大网络的一部分（即结构性嵌入）时，信任就会随着相互期待而增加，更大的社区强制推行各种约束因素，波茨称之为"可强制推行的信任"。按照波茨的理论思路，社会资本可以被构想为一个有过程的需要自我与社会结构之间进行互动的存在，是一个因果互惠的结果。

社会学家林南（Nan Lin）基于社会网的研究提出了社会资源理论，并在此基础上综合性地给出了社会资本理论，将社会资本定义为投资在社会关系中并希望在市场上得到回报的一种资源，是镶嵌在社会网络中并且可以通过有目的的行动获得的流动的资源。林南认为新资本理论的注意力已经在作为个体的行动者身上得以体现，结构和行动及其互动具有深远内涵，并在建构社会资本中成为主要动力。[1] 以社会网络中每个节点之间关系的强弱来划分，美国学者罗伯特·帕特南（Robert Putnam）将社会资本分为桥接型社会资本（bridging social capital）和结合型社会资本（bonding social capital）两个维度，从而建构了社会资本的两维度模型：前者基于弱关系，即关系较为疏远、拥有不同背景的人在社会网络中形成联系时产生的社会资本；后者基于强关系，即关系较为亲密的人，如家人、同学之间互相给予感情和物质支撑时产生的社会资本。[2]

从传播学的角度来看，社会资本的核心就是行动者或者社会主体在社会网络之中通过与另一端进行连接，从而获取、积累、交换促进双方发展的资源。连接的过程必然涉及信息传播，所以社会资本的主体即为传播主体，社会资本的积累过程可以理解为信息的交流互换过程。传播构建社会网络，社会网络作为信息的载体使传播双方在其中进行连接交叉。社会资本理论在人际传播、组织传播、大众传播领域也应用广泛。

---

① 〔美〕林南：《社会资本——关于社会结构与行动的理论》，张磊译，上海人民出版社，2005，第18、211页。
② 〔美〕罗伯特·帕特南：《独自打保龄：美国社区的衰落与复兴》，刘波译，北京大学出版社，2011，第1页。

（二）赛博空间、社会资本与公民参与

赛博空间是基于互联网和数字技术、以即时通信平台为载体的一种网络空间的存在形式。赛博空间内生存的赛博人是指技术与人的互嵌体，结合了机器人与生物人的双重逻辑。赛博人就是通过技术将"表现的身体"（即电脑屏幕前的身体）与"再现的身体"（电子环境中由语言和符号标记构成的身体）随时分离或融合的传播主体。[①] 譬如坐在教室里看似认真听课的学生可能正在玩手机游戏，面对面聚餐的伙伴可能正在微信群里抢红包。赛博人的假说揭示了当代人的生活世界中普遍存在的双重性，它将物理身体与精神主体的分离、实体空间与虚拟世界的分化交织在一起，成为主体双向空间共存的新型社会关系。

在新媒体应用十分广泛的今天，公民在网络空间（即赛博空间）内参与着个人、组织及社会的事项议程。信息交换、观点表达、社会关系的维持和娱乐等都以电子数据的形式通过网络进行，而其中公众使用社交媒体的动机也因媒介技术的发展变得愈加复杂，这些参与其中的传播过程就包含着与他人或者机构、组织的联系交织，其本身也在建构着属于自己的社会资本。公众在赛博空间中可以随时随地看到世界各地的景观，不用亲临现场，身处不同的地方也可以无障碍沟通交流。

社会资本虽然没有一个统一的定义，但是在传播学的解读中都有这样一个核心，即通过个人与个人的联系，在社会网络之中获取资源促进个人的发展。只有社会网络存在，才会有社会资本的概念。社会网络依赖公民的相互联系得以建立，公民是在社会之中进行资源积累，也就是参与社会资本创造。研究者须从人的角度出发研究，因为人的行动组成了社会网络，人作为社会资本的化身，为社会资源的获取和交换提供了载体。社会网络越来越依赖数字技术与网络技术，所以更多时候，在接触社会时，人们习以为常地认为赛博空间中的"社会"就是人们生活的社会。

如果打一个比方来说明赛博空间、社会资本和公民参与的关系，其实社会中每一位公众作为一个中心点，都有着与自己相互连接的其他赛博人，由点成线，由线变面，由面织网，其中每一个点向外发散的连接

[①]　阴卫芝：《技术"裹挟"下的媒介伦理反思》，《新闻与写作》2019 年第 4 期。

线，其实就是我们所说的社会资本，能够发散的线越多，个人所能够积累的社会资源就越丰富，能够促进自身以及所连接点的发展机会就越多。随着互联网技术的发展与普及，节点呈爆炸式增长，这些节点相对于整体来说是独立的、去中心化的、个体的，但又是相互连接、构成整体的一分子。

第二节 研究框架与研究维度

一 研究框架

网络公共传播是网络传播与公共参与的交叉概念，是网络公共领域的传播，它既有网络传播的特点，又具有公共性。在把握这个概念时，既要区别于泛泛的网络传播，又要区别于特定的公共参与，后者包括请愿、投票等参与行为。结合文献回顾及笔者观察，本研究从信息获取和意见表达两大维度测量大学生的网络公共传播行为。同时，结合福柯的权力观、赋权理论和社会资本理论，考察大学生网络公共传播现状，探讨影响网络公共传播行为的相关因素，如人口统计学信息、公民身份认同、网络媒介素养教育等，并探讨网络公共传播行为存在的问题及其成因，以及如何通过开展媒介素养教育提升大学生网络公共传播水平。

因此，本研究涉及的五大研究变量为人口统计学信息、公民身份认同、网络使用与认知、网络公共传播行为与网络媒介素养教育。本研究的理论框架见图 3-1。

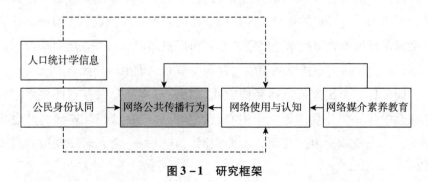

图 3-1 研究框架

二 变量与研究维度

（一）人口统计学信息

通常的人口统计学信息主要是性别、年龄、职业、教育水平、收入等。本研究调查对象为大学一年级至大学五年级（医学本科多为五年）的学生，年龄、教育水平的测量没有统计意义。故本研究的人口统计学信息主要从性别、年级、专业、学校类别、长期居住地、父母文化水平等方面进行数据采集。

（二）公民身份认同

公民身份包含了公民应当享有的一系列权利及必须践行的一系列社会责任的集合，代表一种最高的公民理想，它超越了民族与国家的界限，认同与尊重文化的多元与差异，表现为一种普遍的平等与自由。[①] 美国心理学家威廉·詹姆斯（William James）将自我认识的对象分为三方面：物质自我、社会自我、心理自我。物质自我，偏向"物理自我"，指个人的生理特征，如年龄、身高、体重、外貌、体格等。社会自我，指个体在群体中的地位、角色，以及与他人的关系等。心理自我，指个体的智力、情绪、性格、气质、兴趣爱好、价值观和人生观等。[②] 公民身份认同主要涉及社会自我以及心理自我中的价值观、人生观等。政治学者查特尔·墨菲（Chantal Mouffe）认为，公民身份认同不仅是许多身份认同中的一种，而且在所有身份认同中高于其他种类。[③]

中国学者在分析大学生的公民素养时，通常将全球意识、政治效能感、社会责任感作为三个重要的研究维度。[④] 本研究将公民身份认同划分为四个维度：公民意识、公共参与、政治效能感、成长社会化感知。

---

① 俞冰、杨帆、许庆豫：《高校学生公民身份教育效果的环境影响因素》，《清华大学教育研究》2017年第3期。

② 转引自高亚兵《大学生心理健康教育》，浙江大学出版社，2018，第69页。

③ Mouffe，Chantal，"Democratic Citizenship and the Political Community," *Dimensions of Radical Democracy：Pluralism，Citizenship，Community* (1992)：1.

④ 俞冰、杨帆、许庆豫：《高校学生公民身份教育效果的环境影响因素》，《清华大学教育研究》2017年第3期。

1. 公民意识

公民"通常指具有一个国家的国籍，并根据该国的宪法和法律规定，享有权利并承担义务的人"。公民意识是社会意识的一种存在形式，是社会政治文化的重要组成部分，集中体现了公民对社会政治系统及各种政治问题的态度、倾向、情感和价值观。[①] 公民意识表现为人们重视国家公权力的合理分配和使用，既重视自身的自由权利、尊严和价值，也维护他人的自由权利、尊严和价值。它体现了社会成员对自己最基本的社会身份的认同，广泛表现在社会成员参与政治、经济、法律、道德等社会生活的各个方面。公民意识包括国家和法治意识、权利和义务意识、民主和平等意识、公德意识四个方面。

2. 公共参与

意识能够成为"真正的意识"，还需要实践进行检验，即公共参与。公共参与是公民个体和社会组织通过协商、合作等方式，共同参与社会公共事务管理、公共产品服务提供及公共政策制定与执行的行为过程。[②]

3. 政治效能感

政治效能感的研究兴起于20世纪50年代，1954年它被定义为"个人认为自己的政治行动对政治过程能够产生影响的感觉"[③]。1974年学者明确指出它的两个维度——个体对自身能力的信念和个体对外部系统性能的信念。自此，众多学者将内在政治效能感和外在政治效能感作为衡量政治效能感的两大维度。内在政治效能感主要包括个人对其政治消息灵通性、政治过程理解力、政治职位胜任感和政治事务行动力的自我感觉，[④] 即个人对自身政治能力的感知。外在政治效能感主要指对公民的需求会影响政治当局的信念。[⑤]

---

① 何伟：《新时代我国大学生公民意识现状及培育路径探析》，《青年与社会》2020年第20期。

② 尹文嘉、王惠琴：《社会治理创新视域下的公众参与：能力、意愿及形式》，《广西师范学院学报》（哲学社会科学版）2014年第2期。

③ Campbell, Angus, Gurin, G., & Miller, W. E., "The Voter Decides," *American Sociological Review* 19.6 (1954).

④ Niemi, R. G., Craig, S. C., & Mattei, F., "Measuring Internal Political Efficacy in the 1988 National Election Study," *American Political Science Review* 85.4 (1991)：1407–1413.

⑤ Balch, G. I., "Multiple Indicators in Survey Research：The Concept Sense of Political Efficacy," *Political Methodology* (1974)：1–43.

在理解外在政治效能感时，常常容易混淆的概念是政治信任。政治信任主要涉及民众对政治过程的公平感受。[①]

V. A. 钱利（V. A. Chanley）、T. J. 鲁道夫（T. J. Rudolph）、W. M. 拉恩（W. M. Rahn）[②] 和S. S. 霍（S. S. Ho）[③] 等研究发现，外在政治效能感与个人政治参与之间呈正相关。当人们有高水平的外在政治效能感，或当他们预期政府将积极响应他们的需求时，他们更有可能参与政治。另外，内在政治效能感与这种交流努力无关。

4. 成长社会化感知

社会是"人们经过长期的社会生活、通过积累和选择而形成的生活共同体，是社会关系的体系"[④]。社会学家费孝通认为，"社会化就是指个人学习知识、技能和规范，取得社会生活的资格，发展自己的社会性的过程"[⑤]。人的社会化是一个从"强制"到"自我控制"的过程。[⑥] 大学生社会化指大学生通过接受教育、学习知识、参加社会实践、掌握生活技能和社会规范，逐渐成为一个"独立成熟的社会人"的过程。大学生社会化的重要内容之一是公民意识的培养。[⑦]

本研究中的"成长社会化感知"维度主要考察成长环境对大学生独立性、社会性及利他倾向的影响。

（三）网络使用与认知

网络使用与认知主要包括网络使用情况、上网目的、网络使用自我效能感、网络媒体信任和网络公共空间感知。

---

① Miller, J. C. , *The Relationship of Grade-level*, *Socioeconomic Status and Gender to Selected Student Variables*（Florida Atlantic University, 1990）.

② Chanley, V. A. , Rudolph, T. J. , & Rahn, W. M. , "The Origins and Consequences of Public Trust in Government: A Time Series Analysis," *Public Opinion Quarterly* 64（2000）: 239 – 256.

③ Ho, S. S. , et al. , "The Role of Perceptions of Media Bias in General and Issue-specific Political Participation," *Mass Communication and Society* 14（2011）: 343 – 374.

④ 王思斌：《社会学教程》，北京大学出版社，2010，第47页。

⑤ 《社会学概论》编写组编《社会学概论》，天津人民出版社，1984，第54页。

⑥ 陆洋：《人的社会化：自我控制的社会生成和心理生成》，《西南民族大学学报》（人文社科版）2017年第5期。

⑦ 马红：《人的社会化视角下大学生公民意识的培育》，《中国成人教育》2013年第11期。

1. 网络使用情况

主要包括网龄、每日上网时长、上网设备、可接受断网时长、常用网络应用等。在大学生网络依赖、网瘾研究中，这些测试内容是重点，而在本研究中主要将其作为一个基本面进行了解。

2. 上网目的

上网目的主要考察大学生为何上网。随着在线教育的发展，以及各种学习软件的出现，在线学习成为大学生非常重要的上网目的。提供资讯、信息的价值是互联网在诞生之初就具备的重要价值，且有挤占挤压传统媒体信息传播空间之势，同时这也是大学生上网的重要目的。本研究将学习知识、了解信息的上网目的统称为"了解新知"。同时，在线社交也成为大学生社会交往的重要形式，甚至出现了"错失恐惧"现象，个体错失恐惧程度越深，社交网络成瘾越严重。① 另外，随着购物、支付、出行软件的上线和广泛使用，享受便利生活也成为大学生上网的重要目的。最后，随着短视频、网游、网络文学等娱乐方式的发展，娱乐消遣成为人们上网的重要目的，也是大学生上网的重要驱动力。国内部分学者对大学生上网追求娱乐消遣的行为表示担忧，提出了"休闲异化"。②

3. 网络使用自我效能感

网络使用自我效能感主要指个体对自己网络使用能力的自我评价和感觉。1978 年，K. M. 纽厄尔（K. M. Newell）指出，之前学者们的研究所关注的层面主要是人们的知识获取或行为反应类型，却忽略了控制知识和行为之间的相互关系过程。③ 阿尔伯特·班杜拉（Albert Bandura）将自我效能感定义为"人们对影响自己的事件的自我控制能力的知觉"，他指出，效能是一种生存能力，它将认知、社会、行为等子技能进行整合，服务于多种目的。获得成功需要坚持不懈的努力，因为成功通常是在生成、测试

---

① 马建苓、刘畅：《错失恐惧对大学生社交网络成瘾的影响：社交网络整合性使用与社交网络支持的中介作用》，《心理发展与教育》2019 年第 5 期。

② 朱德琼：《网络虚拟社会中大学生休闲异化及其扬弃路径》，《河海大学学报》（哲学社会科学版）2019 年第 4 期。

③ Newell, K. M., "Some Issues on Action Plans," in Stelmach, G. E. （ed.）, *Information Processing in Motor Control and Learning*（New York：Academic Press, 1978）.

了多种行为方式和策略之后才能实现。能力的充分发挥，既需要技能，也需要有效运用技能的自我效能信念。自我效能的判断，有别于对反应—结果的预期，前者是个人对是否具备达到某一行为水平能力的评判，后者是对这种行为可能带来的结果的判断。[①] 例如，运动员相信自己撑竿跳能跳过 6 米的高度，是一种自我效能的判断，而预期这一行为所带来的奖牌、自我满足、赞扬等则为对反应—结果的预期。

阿尔伯特·班杜拉将自我效能的功能总结为四个方面：选择行为；努力地付出和坚持不懈；思维方式和情感反应；作为行为的产生者而不仅仅是行为的预告者。[②] 我国学者有多个解释版本，总体上不离此核心要义。例如，张鼎昆、方俐洛、凌文辁将自我效能感的作用总结为：影响个体的行为选择，效能判断决定个体愿意付出何种程度的努力，以及在遇到障碍或经历某种不愉快时，将坚持多久；影响人们的思维模式和情感反应模式。[③] 自我效能感的产生离不开自我效能信息，以及对自我效能信息的加工。自我效能信息包括四个方面。①来源于亲身经历的效能信息。它基于亲身获得的成就，是最有影响力的效能信息来源。②替代性效能信息。它是个体通过看到或想象其他与自己相似的人的成功而获得的信息。③说服性效能信息。如果他人太高的评价不超过现实性范围，言语说服就是一种重要的正向效能信息。④生理性效能信息。如情绪状态、身体机能状况等。仅有上述四个方面的信息，还不能产生自我效能感，需要对信息进行综合加工，这就可以解释为什么同样的自我成就，不同的人往往产生程度不同的自我效能感。

网络使用自我效能感主要考察大学生对网络行为的自我控制能力的知觉。针对学者们普遍关注的青少年网络沉迷、群体极化现象，本研究在设计本变量维度时主要考虑三个方面。

---

① 〔美〕阿尔伯特·班杜拉：《思想和行动的社会基础：社会认知论》，林颖等译，华东师范大学出版社，2018，第 419 页。

② 〔美〕阿尔伯特·班杜拉：《思想和行动的社会基础：社会认知论》，林颖等译，华东师范大学出版社，2018，第 422~442 页。

③ 张鼎昆、方俐洛、凌文辁：《自我效能感的理论及研究现状》，《心理学动态》1999 年第 1 期。

（1）网络使用主体性。主要指的是大学生对自己能有效把控个人上网时间和上网目标的自信程度。此指标主要与来源于亲身经历的效能信息有关。

（2）网络使用理性度。主要指的是大学生对自己能够理性辨识信息和理性表达的自信程度。此指标与四种效能信息都有相关性。

（3）网络使用表达力。主要指的是大学生对自己网络呈现能力、表达能力的自信程度。此指标与除生理性效能信息之外的其他三种效能信息密切相关。

4. 网络媒体信任

网络媒体信任主要考察大学生对网络媒体公信力、可信度的认知。1936 年 M. V. 查恩利（M. V. Charnly）对报纸新闻报道准确性的研究，20 世纪 50 年代 C. 霍夫兰（C. Hovland）等所做的关于信源可信度影响说服效果的实验研究，是西方学者关于媒体信任的早期探索。2003 年"非典"爆发，媒体缺位导致的公众恐慌触发了我国学者对媒体公信力的研究。2005 年我国学者发表了有关大众媒体公信力概念、构成维度的研究成果，[1]拉开了传统大众媒体公信研究的序幕。互联网媒体中既有商业媒体又有官方主流媒体，既有机构媒体又有自媒体，因而对互联网媒体公信力的衡量不能沿袭传统大众媒体公信力的衡量方式，后者主要从机构性质、级别、所持有的新闻态度等角度进行衡量，而网络媒体有了更多中介因素，如信息转发者的身份、与接收者的亲疏关系等。

在新媒体环境下，公信力的提法也渐渐被"信任度"取代。不仅传统媒体（电视、报刊、广播）的信任度受到网络媒体的极大冲击，不同类型网络媒体的信任度也存在差异。关于网络媒体的信任度，有的学者结合公共事件主题进行分析，有的学者从群体细分出发进行分析，且一般采取比较研究的方法。学者薛可等比较了社交媒体和传统媒体在自然灾难（以雅安地震为代表）报道中的信任度，[2]发现在自然灾难报道中，社交媒体信

---

① 喻国明：《大众媒介公信力理论初探（上）——兼论我国大众媒介公信力的现状与问题》，《新闻与写作》2005 年第 1 期；喻国明：《大众媒介公信力理论初探（下）——兼论我国大众媒介公信力的现状与问题》，《新闻与写作》2005 年第 2 期。

② 薛可、王丽丽、余明阳：《自然灾难报道中传统媒体与社交媒体信任度对比研究》，《上海交通大学学报》（哲学社会科学版）2014 年第 4 期。

任度不及传统媒体。宋欢迎等通过对全国 103 所高校的调研发现，网络被大学生评为最信赖的媒介，信任度远远高于传统大众媒介。[①] 杨维东通过对 11871 份问卷的综合分析得出，互联网信息信任度受年龄、职业、受教育程度、收入水平等因素影响。[②]

可见，学者们在讨论网络媒介信任时没有统一的排序，本研究对此参数的考察也是一种探索性考察，主要考察大学生对八种网络媒体的信任程度：①中央媒体（如央视、新华社、《人民日报》）官网官微；②政务类门户网站、微博或微信公众号；③商业门户网站新闻内容板块（如凤凰网、新浪网、腾讯等）；④新闻聚合客户端（如今日头条、一点资讯等）；⑤自媒体平台（如新浪微博、非官方的微信公众号、荔枝电台、抖音、快手等）；⑥专业论坛或网站（如天涯社区、凯迪社区、铁血社区等）；⑦微信朋友圈、QQ 群等熟人网络社交圈；⑧国外网媒。其中，①②可以归为官媒政务新媒体，③④可以归为商业机构媒体，⑤⑥⑦可以归为自媒体，⑧单独划为一个类别即国外网媒。

5. 网络公共空间感知

托克维尔在考察美国社团发展时谈到报刊的作用。他指出只有说服每个必要的协作者相信个人利益，并要求他们将一己之力与其他人的力量"自愿"地联合起来，才能使许多人携手共同行动。在他所处的时代，他认为"只有报刊"能在同一时间点将同一思想送达无数人的脑海。他不否认报刊往往引导公民集体进行一些"非常欠妥的活动"，但是，"如果没有报刊，就几乎不能有共同的行动"，因此报刊功大于过。[③] 共同行动的实现离不开当时的报刊，报刊最重要的作用是形成舆论。在德国学者伊丽莎白·诺尔－诺依曼（Elisabeth Neolle-Neumann）看来，舆论是双重意义上的"社会皮肤"——既是个人感知社会"意见气候"、调节自己环境适应行为的"皮肤"，又是维护社会整合性的"容器"型"皮肤"，防止由于

---

① 宋欢迎、张旭阳：《多媒体时代中国大学生媒介信任研究——基于全国 103 所高校的实证调查分析》，《新闻记者》2016 年第 6 期。

② 杨维东：《浅议互联网时代的媒介信任——基于"网民互联网信息信任度调查"的分析》，《传媒》2015 年第 20 期。

③ 〔法〕托克维尔：《论美国的民主》，董果良译，商务印书馆，1988，第 64 页。

"意见过度分裂"而引起社会解体。① 这些论述，与哈贝马斯的"原则上对所有人开放"的公共领域精神具有某种相似性。

与报刊相比，互联网媒介更具有超时空传播的特点。它以去中心化、交互性、即时性延伸和扩展了传统公共领域。空间是网络公共空间建构的基础，公众是政治主体，网络技术是条件，公共性是目的。②

随着互联网的普及，网络公共空间将成为和传统公共领域同等重要的"跨区域的公共领域"，它提供了新的公众组织形式。③ 被传媒和公共舆论构建的公众，是一个具有想象性、流动性的群体。

网络公共空间感知主要从表达自由度、交流功能性、群体理性度、参与活跃性四个方面进行网络公共空间感知的测量。

（1）表达自由度感知：网络作为交流的空间，其自由度如何。网络不是法外之地，网络公共空间有着法律边界。除此之外，在每个人心中，自有一个意识边界，本研究试图研究大学生的表达自由度感知。

（2）交流功能性感知：作为去中心化、交互性空间，网络公共空间在舆论监督、民主参与方面发挥的作用如何。

（3）群体理性度感知：亚里士多德强调理智德性，康德强调理性的人，哈贝马斯强调交往理性，在哲学家看来，理性是一种美德，但理性并非人人都有、时时存在。社会心理学研究发现，即使是偏理性的人，在某些情境下也可能做出不理性甚至情绪化的行为。大量从众实验（如"米尔格拉姆实验"④）都证明了这一点。凯斯 R. 桑斯坦（Cass R. Sunstein）在《极端的人群：群体行为的心理学》一书中专门谈到"互联网与极端主义"。他认为："如果互联网上的人们主要是同与自己志趣相投的人进行讨

---

① Noelle-Neumann, Elisabeth, *The Spiral of Silence：Public Opinion—Our Social Skin*（Chicago：University of Chicago Press, 1984）.

② 赵宬斐、何花：《网络公共空间视域中的公众政治生态及政治品质塑造》，《南京政治学院学报》2016 年第 5 期。

③ 户晓坤：《新媒介公共文化空间建构与青年学生公共精神培育》，《思想理论教育》2017 年第 8 期。

④ 〔美〕泰勒、佩普劳、希尔斯：《社会心理学》（第 10 版），谢晓非等译，北京大学出版社，2004，第 241～243 页。

论，他们的观点就会得到加强，因而朝着更为极端的方向转移。"① 而今社交媒体的发展导致的交往圈层化，让桑斯坦的"如果"变成了普遍现实。近年频繁出现的网络暴力就是群体理性度不足的重要表现。本参数考察大学生对网络公共空间的总体理性度感知。

（4）参与活跃度感知：网民规模是一个静态数字，参与活跃度则考察的是一种网络交流的流动状态。泛娱乐化、网络狂欢是近年网络呈现的景观，表明了网民在娱乐方面的活跃度。本参数考察在公共事务参与方面，人们的参与度如何，大学生对此如何看待。

（四）网络公共传播行为

网络公共传播行为主要指的是在网络环境下，针对公共事务和公共话题，以关注、发文、转帖、评论等为主要形式的网络传播行为。

网络公共传播行为主要可以分为两类：信息获取和意见表达。

1. 信息获取

主要指对信息的关注和读取。

信息获取需要四个条件：一是时间，二是设备，三是识读水平，四是兴趣。

对于大学生来说，设备和识读水平都不是问题。最重要的是时间和兴趣。从大环境来看，自由时间的拥有是一个趋势，《认知盈余：自由时间的力量》的作者克莱·舍基（Clay Shirky）指出，人们平衡消费和创造、分享的能力以及彼此联系的能力，正在把人们对媒介的认识从一种特殊的经济部门，转变为一种有组织的廉价而又全球适用的分享工具。全球受教育人口累积起来的每年超过一万亿小时的自由时间，加上公共媒体的产生和发展，使得以前被排除在外的普通市民能够利用自由时间参与自己喜欢或关心的活动。② 就大学生群体而言，除了上课、学习、做实验，还拥有一定的自由时间。信息获取的兴趣成为较为关键的要素。本研究将结合感兴趣的领域、感兴趣的渠道及媒体信任进行考察，即信息获取领域、信息

---

① 〔美〕凯斯·R. 桑斯坦：《极端的人群：群体行为的心理学》，尹宏毅、郭彬彬译，新华出版社，2010，第 103 页。

② 〔美〕克莱·舍基：《认知盈余：自由时间的力量》，胡泳、哈丽丝译，中国人民大学出版社，2011，第 31 页。

获取渠道、网络媒体信任[①]。

（1）信息获取领域

沃尔特·李普曼在 1922 年的经典著作《公众舆论》（也翻译为《舆论学》）第一章"外部世界与我们头脑中的景象"中，请读者注意"楔入在人和环境之间的虚拟环境"[②]。这种虚拟环境就是媒介营造的虚拟环境，它来自现实，又不完全等于现实。后来肖和麦库姆斯用犯罪问题、毒品问题、环境问题、选举问题等证实了"媒介议程设置公众议程"这一假设，媒介通过议程设置告诉公众"想什么""怎么想"。[③] 我国学者从宏观、微观两个层面描述了媒体对公众可能产生的影响：媒体关注的议题影响公众关注此议题，或者促使公众将注意力转向特定话题；媒体报道的侧重点影响个人思考的角度。[④] 可见，对于公众来说，媒体不仅仅是信息集合者、信息传输者，它对公众如何理解信息还有重要的影响。

本研究中的信息获取领域，主要指媒介议程下大学生关注的信息领域，包括：①时政，国家政治生活中新近或正在发生的事实，如政治会议、领导人出访、军事演习等；②教育科技，主要指教育措施、科技发展；③环境保护，主要指环境污染防范与治理；④社会安全，涉及突发事件、灾难的预防与应对；⑤医疗健康，涉及疾病的预防与治疗、食品安全；⑥经济发展，主要指经济政策与经济问题。

对于身处信息海洋的大学生来说，他们在媒介议程中会呈现一定的选择性：选择性注意与选择性理解。本研究在考察大学生关注领域的同时，考察他们关注特定领域的频率或活跃度。

（2）信息获取渠道

20 世纪 80 年代，L. B. 贝克（L. B. Becker）和 D. C 怀特尼（D. C. Whitney）指出不应将媒介作为一个整体对待，应区别人们对于不同媒介的

---

① "网络媒体信任"相关内容前已详论，兹不赘述。

② 〔美〕沃尔特·李普曼：《公众舆论》，阎克文、江红译，上海人民出版社，2006，第 11 页。

③ 〔美〕麦库姆斯：《议程设置：大众媒介与舆论》，郭镇之、徐培喜译，北京大学出版社，2008，第 4～11 页。

④ 邹欣：《议程设置的博弈：主流新闻媒体与大学生舆论引导研究》，中国传媒大学出版社，2015，第 27 页。

依赖，区分新闻的不同的媒介来源是探讨新闻效果的重要变量。[①] 我国学者发现公共信息接触影响着不同类型的政治参与，如政府自媒体的公共信息接触能够推动互联网政治讨论和制度化政治参与的发生。[②]

随着互联网的发展，网络媒体的类别出现多样化，"多即不同"（"More is different"，出自物理学家菲利普·安德森），商业化媒体与官方主流媒体、门户网站与社交媒体，按照组织属性、互动形式、内容生产方式等均可划分为不同的媒体。本研究将获取信息的渠道分为八种，具体分类同"网络媒体信任"中的媒体分类，在此不赘述。

在考察大学生获取信息的渠道偏好的同时，考察他们在渠道上获取信息的频率或活跃度。

2. 意见表达

（1）意见表达领域

意见表达领域主要考察大学生倾向于在哪些主题的公共事务或话题上发表意见，频率如何。领域及活跃度分类同"信息获取领域"。

（2）意见表达渠道

意见表达渠道考察大学生倾向于在哪些类型媒体的 UGC 区域进行互动、意见表达。学者研究发现不同媒体对用户的表达激发程度是不一样的，如大学生群体在 SNS 社交网络中的公开表达意愿高于在 BBS 网络论坛中的公开表达意愿。[③]

本研究将表达渠道分为四类：①知名门户网站新闻频道、知名新闻客户端讨论区；②政务新媒体（政府部门的官方网站、微信、微博、客户端）留言区；③QQ 群、微信群及其他小众网络论坛；④个人 QQ 空间、微博发文区、微信朋友圈。在考察大学生意见表达渠道偏好的同时，考察他们在这些渠道中的活跃度。

---

① Becker, L. B., & Whitney, D. C., "Effects of Media Dependencies: Audience Assessment of Government," *Communication Research* 7. 1 (1980): 95 – 120.

② 张凌：《公共信息接触如何影响不同类型的政治参与——政治讨论的中介效应》，《国际新闻界》2018 年第 10 期。

③ 虞鑫、王义鹏：《社交网络环境下的大学生公开意见表达影响因素研究》，《中国青年研究》2014 年第 10 期。

（3）意见表达方式

意见表达方式，即大学生通过何种方式与信息发布方、其他网民进行互动交流。根据参与式观察，本研究认为大学生意见表达方式主要包括以下五种：

①点赞（或显示"在看"）。这是最简单、最常见的互动方式，在目前的算法中，点赞率高的信息有望出现在较为显眼的位置。点赞也是一种热点助推。

②转发。按转发对象规模可以分为一对一转发和一对多转发。一对一转发是一种基于私人交往的转发，如大学生转发给自己的某个同学、朋友、家人。一对多转发是面向多于一人的受众进行转发，比如转发至QQ群、微信群、朋友圈、微博、BBS等。本研究主要考察的是后一种转发，因为它更符合公共传播的特点——公开性。

③跟帖跟评。俗称"盖楼"，跟在别人的评论后面进行评论。

④发文（文字或文字加图片）。主动发布一则与公共事务、公共话题有关的信息或评论。如果是信息，就相当于公民新闻。发文可以是纯文字，也可以是文字加图片。

⑤自制视频（多媒体）。在尊重知识产权的前提下进行多媒体作品制作，用来发表意见、交流思想。

在考察大学生意见表达方式的同时，考察他们使用这些表达方式的频率或活跃度。

（4）意见表达角度

学者们在讨论群体极化、网络暴力时常常谈到包括大学生在内的青年网民的非理性表达，甚至有学者专门定义了"大学生的网络非理性行为"①，其中包括"恶意评价他人或热点问题"。

本参数主要考察大学生在公共话题参与中话语表达的内容倾向，包括以下四种：①主要是批评；②主要是支持；③主要是提出认识问题的新角度；④主要是提出解决问题的对策。

本参数只作为行为基本面的一般了解，不进入后续的变量分析。大学

---

① 路葵：《大学生网络非理性行为探析》，《当代青年研究》2014年第2期。

生从什么角度提出意见，取决于太多不可测的因素，如信息或事件本身、个人情绪、群体氛围等。

（5）意见表达顾虑

通过与一些大学生的前期交流，本研究将顾虑锁定在以下五方面。其一，网络暴力：担心被人攻击甚至谩骂。其二，个人水平有限：担心观点没有水准。其三，群体看法：担心周围的人看到产生看法。其四，不被看见：担心自己的话语很快消弭于信息海洋。其五，不被重视：担心政府部门视而不见。

（6）意见表达效果预估

意见表达效果预估如下。其一，只有舆论效果。仅仅推动了公开的讨论，甚至引发了舆情。其二，既有舆论效果，又有社会行动效果。指的是推动了公开的讨论，甚至形成了舆论，进而推动了公共事务的改善。其三，既无舆论效果，也无社会行动效果。同时，针对没怎么参与的人设置了"没怎么参加，无从谈效果"的选项。

（五）网络媒介素养教育

网络媒介素养教育既是因又是果，与前几个变量形成较为复杂的关系。

网络公共传播行为与网络媒介使用有关，也与网络媒介素养教育有关，故已有网络媒介素养教育情况被纳入网络公共传播行为相关因素进行考察，本研究主要对网络素养教育的内容和形式（包括中小学阶段和大学阶段）进行考察。

同时，为了解大学生对网络媒介素养教育的态度和偏好，本研究设置了一些探索性的测试内容，如愿意接受什么样的媒介素养教育形式，希望学到哪方面的内容等，为后续的媒介素养教育路径研究积累实证基础。

第三节　调研设计

基于研究目的与研究维度，调研设计兼顾了解基本面的定量研究，以及有助于解释研究对象的定性研究，前者采用问卷调查的方式，后者采用深度访谈的方式。

一 问卷调查

(一) 问卷设计的原则

问卷设计是调查统计的重要环节，问卷设计的合理性关乎统计结果的科学性。对于如何设计问卷，中外学者均给出诸多建议。

1978 年，R. A. 迪尔曼（R. A. Dillman）提出了设计问卷的四个建议：①在问卷开头给一个简短的问卷调查说明；②结构清晰且能满足研究需求；③题项首选封闭式问题，问题表述通俗易懂；④题项不宜过多，答卷时间在 20 分钟内为宜。① 随后学者们又进行了补充，例如要求同一量表里的问题须具备相关性和同质性等。关于问卷中常用的李克特量表，D. R. 伯蒂（D. R. Berdie）认为人们往往难以清晰辨别五级以上的选项，故五点量表较为可靠。②

学者吴明隆提醒问卷设计者可以在问卷中穿插几道反向测试题，以检测调查对象是否认真填答，达到"测谎"作用。③ 学者风笑天强调"概念操作化"的重要性。④

本研究以他们提出的这些原则为指导进行问卷设计。

(二) 问卷设计过程

问卷设计的过程是一个动态调整的过程，共分为"问卷提纲与题项确立—问卷信效度检验—问卷预调查—问卷定稿"四个阶段。

1. 问卷提纲与题项的确立

研究框架和研究维度是问卷设计的基石，本章第二节对此进行了详细描述。基于研究维度，问卷设计提纲包括五个部分：人口统计学信息调查，即个人基本情况调查；公民身份认同调查；网络使用与认知调查；网络公共传播行为调查；网络媒介素养教育调查。问卷测试维度与内容见表 3 - 2。

---

① Dillman, R. A., *Mail and Telephone Surveys* (New York: Wiley, 1978).
② Berdie, D. R., "Reasessing the Value of High Response Rates to Mail Surveys," *Marketing Research* 1 (1989): 52 - 64.
③ 吴明隆：《问卷统计分析实务——SPSS 操作与应用》，重庆大学出版社，2010。
④ 风笑天：《社会研究：设计与写作》，中国人民大学出版社，2014，第 80 ~ 86 页。

表 3 – 2 问卷测试维度与内容

变量	维度	指标	题目序号	参考
人口统计学变量	个人、家庭、学校	性别、年级、专业、学校类别、长期居住地、父母文化水平	A1/A2/A3/A4/A5/A6/A7/A8	武文颖①
公民身份认同	公民意识	国家和法治意识、权利和义务意识、民主和平等意识、公德意识	B1	马得勇②；王雁、王鸿、谢晨等③
	公共参与	投票、参政议政、慈善	B2	郭瑾④；李雪丽⑤
	政治效能感	外在政治效能感、内在政治效能感	B3	周翔、刘欣、程晓璇⑥；S. M. Jang, J. K. Kim⑦；J. Abrahams、R. Brooks⑧；
	成长社会化感知	家庭教育感知、中小学教育感知	B4	自制
网络使用与认知	网络使用情况	网龄、每日上网时长、上网设备、可接受断网时长、常用网络应用	C1/C2/C3/C4/C5	CNNIC
	上网目的	了解新知、便利生活、交流参与、娱乐消遣	C6	自制
	网络使用自我效能感	网络使用主体性、网络使用理性度、网络使用表达力	C7	武文颖⑨；Emilio Álvarez-Arregui 等⑩
	网络媒体信任	公信力	C8	杨维东⑪
	网络公共空间感知	表达自由度感知、交流功能性感知、群体理性度感知、参与活跃度感知	C9	孙大为⑫
网络公共传播行为	信息获取	信息获取领域、信息获取渠道、网络媒体信任	D1/D2	吴先超、陈修平⑬；王菁⑭
	意见表达	意见表达领域、意见表达渠道、意见表达方式、意见表达角度、意见表达顾虑、意见表达效果预估	D3/D4/D5/D6/D7/D8	王雁、王鸿、谢晨等⑮；
网络媒介素养教育	知晓度	听说、了解	E1	自制
	已接受教育情况	教育接受形式、教育接受内容	E2/E3	自制

续表

变量	维度	指标	题目序号	参考
网络媒介素养教育	教育接受意愿	教育必要性认知、教育形式偏好、教育内容偏好、	E4/E5/E6	自制

注：①武文颖：《大学生网络素养对网络沉迷的影响研究》，科学出版社，2017，第206页。

②马得勇：《2018年网民社会意识调查——网民时事与态度调查（2018-2）》，http://www.cnsda.org/index.php?r=projects/view&id=83249950，最后访问日期：2024年1月11日。

③王雁、王鸿、谢晨等：《大学生网络政治参与：认知与行为的现状分析与探讨——以浙江10所高校为例的实证研究》，《浙江社会科学》2013年第5期。

④郭瑾：《90后大学生的社交媒体使用与公共参与——一项基于全国12所高校大学生调查数据的定量研究》，《黑龙江社会科学》2015年第1期。

⑤李雪丽：《青年农民工的新媒体使用与公共事务参与——基于富士康的田野调查》，硕士学位论文，郑州大学，2019。

⑥周翔、刘欣、程晓璇：《微博用户公共事件参与的因素探索——基于政治效能感与社会资本的分析》，《江淮论坛》2014年第3期。

⑦Jang, S. M., & Kim, J. K., "Third Person Effects of Fake News: Fake News Regulation and Media Literacy Interventions," *Computers in Human Behavior* 80（2018）：295-302.

⑧Abrahams, J., & Brooks, R., "Higher Education Students as Political Actors: Evidence from England and Ireland," *Journal of Youth Studie* 22.1（2019）：108-123.

⑨武文颖：《大学生网络素养对网络沉迷的影响研究》，科学出版社，2017，第204~205页。

⑩Álvarez-Arregui, Emilio, et al., "Ecosystems of Media Training and Competence: International Assessment of its Implementation in Higher Education," *Media Education Research Journal* 4（2017）：105-114.

⑪杨维东：《浅议互联网时代的媒介信任——基于"网民互联网信息信任度调查"的分析》，《传媒》2015年第20期。

⑫孙大为：《当代大学生网络民主参与特征实证研究》，《思想理论教育导刊》2012年第12期。

⑬吴先超、陈修平：《人格特质在网络政治参与中的作用研究——基于武汉市大学生的问卷调查分析》，《华中科技大学学报》（社会科学版）2019年第5期。

⑭王菁：《呈现与建构：大学生微博政治参与和国家认同——基于全国部分高校和大学生微博的分析》，《中国青年研究》2019年第7期。

⑮王雁、王鸿、谢晨等：《大学生网络政治参与：认知与行为的现状分析与探讨——以浙江10所高校为例的实证研究》，《浙江社会科学》2013年第5期。

2. 问卷信效度检验

问卷采用SPSS 22.0统计软件进行数据收集、分析。问卷的效度和信度是从内容上进行检验的。问卷的维度界定、题项设定均是在研究相关文献基础上结合本研究主题进行分析讨论的结果。在问卷设计准备期，研究者组织部分大学生就某些维度和题项进行探讨，力求问卷符合两方面的要求：一是符合大学生的日常场景；二是维度和题项覆盖与网络公共传播行为相关的各方面问题。问卷初稿设计出来后，接下来进行信度和效度检验。

（1）信度

信度检验的目的是检测问卷中的量表是否全面且具有较高的内在一致性。本研究采用了克隆巴赫 α 系数检验法，在 SPSS 22.0 软件中选择"可靠性分析"，然后在"项目"中选择所有量表题项 109 项进行分析。通常克隆巴赫 α 系数在 0~1：大于 0.8，极好；0.6~0.8，较好；低于 0.6，较差。本问卷量表的克隆巴赫 α 系数为 0.925，可见问卷可信度较高（见表 3-3）。

表 3-3　信度检验

克隆巴赫 α 系数	项数
0.925	109

（2）效度

基于测量问卷有效性的目的，利用 SPSS 的"因子分析"功能进行了 KMO 和巴特利特球形度检验（见表 3-4）。问卷 KMO 值为 0.938，大于常规界定的 0.6 及格值，问卷具备有效性，能够反映大学生公共传播行为相关问题。

表 3-4　KMO 和巴特利特球形度检验

KMO		.938
巴特利特球形度检验	近似卡方	164674.971
	自由度	5886
	显著性	.000

3. 问卷预调查

问卷预调查采用线上、线下两种方式，线上是邀请 10 位在校大学生进行填写，就问卷题项的通俗性、逻辑性进行评价并给出建议。线下预调查采用了座谈的方式，邀请 8 位在校大学生进行现场填写与反馈。同时采用德尔菲法邀请谙熟问卷调研方法和公共传播领域知识的高校专家就问卷设计问题提出意见和建议。

大学生预调查对象就某些题项的通俗化表达提出了意见。专家建议增加反向题项的设置，不妨考虑改变目前个别题项的正向表达，以过滤长问卷中的倦怠答题者。根据专家和大学生的反馈，我们对问卷进行了改进，然后进行效度、信度再检验，结果同上。

4. 问卷定稿

经过前三个环节的运作，进入定稿环节，主要是题项的确认、文字的校对等事项。问卷见附录1。

（三）问卷实施

本研究通过在高校教师群体中进行邀请调研和学生滚雪球的方式，于2019年10月至2020年1月进行了主要样本的样本锁定和信息采集，后期根据平衡样本结构的需要，又进行了少量样本的数据采集。在搜集过程中，通过样本统计跟踪，进行性别、地域（大学所在地）、年级、专业四个方面的均衡控制，共回收2245份问卷，通过答题完整性及反向测试题筛选，删除39份问卷，保留2206份有效问卷。样本地域分布见表3-5，涉及高等院校78所。样本的人口统计学统计结果见第四章。问卷回收后，借助SPSS 22.0统计软件进行数据录入和统计分析。

表3-5 有效样本地域分布

单位：份

省份	样本量	省份	样本量	地区	样本量	省份	样本量	地区	样本量
北京	47	黑龙江	39	山东	166	重庆	44	青海	30
天津	41	上海	33	河南	382	四川	102	宁夏	36
河北	73	江苏	131	湖北	93	贵州	45	新疆	23
山西	35	浙江	45	湖南	87	云南	33		
内蒙古	26	安徽	89	广东	189	西藏	15		
辽宁	52	福建	38	广西	46	陕西	107		
吉林	34	江西	82	海南	15	甘肃	28		
				总计	2206				

二 访谈

对于以描述总体特征为主要目的的研究来说，问卷调查可能是最为理想的方式，[①] 但其在解释过程、阐释意义方面存在一定的短板，这也是定

---

① 风笑天：《社会研究：设计与写作》，中国人民大学出版社，2014，第69页。

量研究普遍存在的问题。与定量研究对应的是定性研究，定性研究关注人如何建构意义，意义又是如何借助符号、语言被表达出来的。① 本研究拟在定量研究基础上，借助访谈进行定性研究，以考察大学生网络公共传播行为的更多面相和更深层次的行为逻辑。

（一）访谈问题

访谈是通过向被研究对象提出问题来获取资料的方法，② 即研究者营造出一种适宜谈话的氛围，鼓励被研究对象说出对所研究问题的感受、看法、意见等。

本次访谈框架总体上与问卷框架一致，不同的是将问题变为开放式的问题，访谈提纲见附录2。

（二）访谈样本

访谈样本从问卷样本中筛选，在筛选时考虑性别、年级、专业、地域的平衡以及研究对象本人的配合意愿。32 名大学生最终成为访谈对象，其中：男生 15 名，女生 17 名。具体样本情况见附录3。

（三）访谈实施

访谈实施经历了"预约访谈—正式访谈—访谈录音整理"三个阶段。

预约访谈主要是和被研究对象约定访谈的具体时间和形式，并告知访谈对象可能占用的时长，以便于做相应的时间安排。本次访谈预约时长 25 分钟左右，实际占用时间从 20 分钟到 36 分钟不等。

正式访谈就是双方正式交流，同时进行录音。访谈中尽量做到两个方面：提纲中的问题一定问到；深入挖掘反馈背后的语境，多问"为什么""怎么样""什么时候""印象最深的一次""最近一次"等。访谈时间：2021 年 1 月 11 ~ 24 日。

访谈录音整理属于后期工作，借助语音转文字软件（对方普通话较为标准的情况下适用）和人工进行文字整理。32 份访谈录音整理出 112674 字。

访谈文字整理出来后，通过 NVIVO 12 软件进行编码整理，一份访谈建一个 Word 文档进行节点编辑。具体见第五章。

---

① Potter, W. J., *An Analysis of Thinking and Research about Qualitative Methods* (Mahwah, NJ: Lawrence Erlbaum Associates, 1996).

② 李琨：《传播学定性研究方法》（第 2 版），北京大学出版社，2016，第 95 页。

第四章 大学生网络公共传播行为现状与影响因素：基于问卷分析

问卷分析是基于结构性问卷采集的信息进行定量分析，主要包括描述性统计分析、差异分析与相关性分析、回归分析。问卷分析的目的是了解现状及相关影响因素。

第一节 问卷调查描述性统计结果

本研究借助 IBM SPSS Statistics 22 分析软件，将问卷数据录入 SPSS 软件，完成赋值。例如，问卷中设计态度调查从"非常不满意"到"非常满意"，分别赋值 1~5；从"非常不信任"到"非常信任"，也分别赋值 1~5；频率调查从"从未如此"到"每天如此"，分别赋值 1~4；等等。再通过软件进行描述性分析，得到的统计结果如下。

一 人口统计学信息描述性统计结果

（一）性别、年级、专业、学校类别统计

本研究通过在高校教师群中进行邀请调研和学生滚雪球的方式，进行样本选择和问卷发放，最终共回收 2206 份有效问卷。学校的类型覆盖本科和专科，样本的院校分布如下：重点本科受访者（985 大学、211 大学）590人，占 26.7%；普通本科受访者 1151 人，占 52.2%；专科受访者 465 人，占 21.1%。样本的性别分布为：男生 1089 人，占 49.4%；女生 1117 人，占50.6%。样本的年级分布情况如下：大一学生 622 人，占 28.2%；大二学生585 人，占 26.5%；大三学生 507 人，占 23.0%；大四或大五学生 492 人，

占 22.3%。专业分布中，理工医专业（理学、工学、农学、医学）835 人，占 37.9%；人文专业 695 人，占 31.5%；社科专业 311 人，占 14.1%，经管专业 365 人，占 16.5%。样本分布见表 4－1。

表 4－1 样本性别、年龄、专业、院校类型

单位：人，%

		人数	占比
性别	男	1089	49.4
	女	1117	50.6
年级	大一	622	28.2
	大二	585	26.5
	大三	507	23.0
	大四或大五	492	22.3
专业	理工医	835	37.9
	人文	695	31.5
	社科	311	14.1
	经管	365	16.5
学校	重点本科	590	26.7
	普通本科	1151	52.2
	专科	465	21.1

（二）家庭情况描述性统计

家庭情况主要从长期居住地、父亲文化水平、母亲文化水平三个方面进行统计。统计结果见表 4－2。

长期居住地分为四类：①北上广深；②省会城市（广州除外）；③其他城市/县城；④集镇村庄。统计数据显示，北上广深 103 人，占 4.7%；省会城市 436 人，占 19.8%；其他城市/县城 992 人，占 44.9%；集镇村庄 675 人，占 30.6%。其他城市/县城和集镇村庄的受访对象比例较高。

鉴于家庭教育对大学生的公民意识影响深刻，本研究在样本采集时添加了父母文化水平的参数。父亲的文化水平分布如下：初中、高中/中专/技校的占比最大，为 60.7%；大专及以上占 27.0%；小学及以下占 12.3%。母亲的文化水平分布如下：初中、高中/中专/技校的占比最大，

为 59.4%；大专及以上占 20.1%；小学及以下占 20.4%。

将选项赋值如下：1 = 小学及以下，2 = 初中，3 = 高中/中专/技校，4 = 大专，5 = 本科及以上。进行均值计算比较（见表 4 - 3）。总体上，父亲群体的文化程度平均值比母亲群体高 0.30。

表 4 - 2　调查对象家庭情况统计

单位：人，%

		人数	占比
长期居住地	北上广深	103	4.7
	省会城市（广州除外）	436	19.8
	其他城市/县城	992	44.9
	集镇村庄	675	30.6
父亲文化程度	小学及以下	272	12.3
	初中	768	34.8
	高中/中专/技校	571	25.9
	大专	236	10.7
	本科及以上	359	16.3
母亲文化程度	小学及以下	451	20.4
	初中	772	35.0
	高中/中专/技校	539	24.4
	大专	229	10.4
	本科及以上	215	9.7

表 4 - 3　父母文化程度均值统计

	父亲文化程度	母亲文化程度
平均值	2.84	2.54
中位数	3.00	2.00
最小值	1	1
最大值	5	5

二　公民身份认同描述性统计

公民身份认同包括公民意识、公共参与、政治效能感、成长社会化感知四个维度。

（一）公民意识

公民意识的考察借助7个题项进行（见表4-4最左列）。其中，（5）（6）是反向测试题。本维度采用量表的方式进行检测，每个子问题分别有五个选择：1＝非常不同意，2＝不同意，3＝不确定，4＝同意，5＝非常同意。

描述性统计见表4-4。从中可以看出（2）（3）（4）都是平均值较高的选项（M＝4.43，M＝4.42，M＝4.43），且总体上数值都高于中立值3。为了进一步验证这种平均值均高于3的程度是否具有统计学的意义，本研究选择了单样本T检验的方式，比较各项平均值和3之间的差异是否具有显著性，分析结果见表4-5。除了（5）不具有显著差异性，其他题项和测试指标的平均值皆与检验值3具有显著差异性，总体上大学生的主体身份认同感偏向同意，即具有一定的认同感。

表4-4　公民意识均值分布

题项	平均值	中位数	标准方差	最小值	最大值
（1）作为一个公民，我了解自己的基本权利义务	4.31	4.00	.729	1	5
（2）大学生应该了解国家大政方针、社会民生	4.43	4.00	.649	1	5
（3）个人行为应该考虑到社会整体利益	4.42	4.00	.652	1	5
（4）作为一个公民，要多帮助他人，多做善事	4.43	5.00	.671	1	5
（5）在公共场合，多管闲事会招致麻烦（反向赋值）	3.04	3.00	1.067	1	5
（6）听别人的意见，比自己做决定轻松安全（反向赋值）	3.38	4.00	1.100	1	5
（7）现在所学专业是我个人经过深思熟虑进行选择的结果	3.57	4.00	1.075	1	5

表4-5 公民意识单样本 T 检验

题项	检验值 = 3					
	t	自由度	显著性（双尾）	平均差	差值的95%置信区间	
					下限	上限
（1）作为一个公民，我了解自己的基本权利义务	84.520	2205	.000	1.311	1.28	1.34
（2）大学生应该了解国家大政方针、社会民生	103.578	2205	.000	1.432	1.40	1.46
（3）个人行为应该考虑到社会整体利益	102.255	2205	.000	1.419	1.39	1.45
（4）作为一个公民，要多帮助他人，多做善事	100.360	2205	.000	1.435	1.41	1.46
（5）在公共场合，多管闲事会招致麻烦（反向赋值）	1.915	2205	.056	.044	.00	.09
（6）听别人的意见，比自己做决定轻松安全（反向赋值）	16.221	2205	.000	.380	.33	.43
（7）现在所学专业是我个人经过深思熟虑进行选择的结果	24.852	2205	.000	.569	.52	.61

（二）公共参与

公共参与方面，问卷设置了6个题项（见表4-6最左列）。该问题采用梯级递进的方式测试参与频度：1 = 从未如此，2 = 偶尔如此，3 = 经常如此，4 = 总是如此。描述性统计见表4-6。题项平均值 M 在2.5至3之间，处于"偶尔如此"和"经常如此"之间，平均值较高的选项是投票（可能部分投票带有强制性，比如学校组织的投票），平均值最低的选项是主动提建议。

为了检验各项平均值与"2 = 偶尔如此"之间的差异是否具有显著性，本研究继续采用单样本 T 检验进行研究。表4-7显示，所有题项平均值与2之间的差异具有显著性，表明在总体上，大学生的公共参与偏向"经常如此"。

表4-6 公共参与均值分布

题项	平均值	中位数	标准方差	最小值	最大值
（1）在政府征询意见时，我愿意积极参与	2.73	3.00	.920	1	4

续表

题项	平均值	中位数	标准方差	最小值	最大值
（2）我积极履行自己的投票权利（校内外选举）	2.96	3.00	.850	1	4
（3）我向学校、院系或班级提出建议	2.52	2.00	.921	1	4
（4）我主动参加各种公益性活动（捐款捐物、献血、植树造林、义工、支教等）	2.80	3.00	.854	1	4
（5）我通过多种渠道关注时政和民生方面的信息	2.91	3.00	.807	1	4
（6）我喜欢和别人（老师、同学、朋友、网友）探讨时政话题或公共事件	2.80	3.00	.840	1	4

表4-7　公共参与单样本T检验

题项	检验值=2					
	t	自由度	显著性（双尾）	平均差	差值的95%置信区间	
					下限	上限
（1）在政府征询意见时，我愿意积极参与	37.407	2205	.000	.733	.69	.77
（2）我积极履行自己的投票权利（校内外选举）	52.975	2205	.000	.959	.92	.99
（3）我向学校、院系或班级提出建议	26.640	2205	.000	.523	.48	.56
（4）我主动参加各种公益性活动（捐款捐物、献血、植树造林、义工、支教等）	43.889	2205	.000	.798	.76	.83
（5）我通过多种渠道关注时政和民生方面的信息	52.793	2205	.000	.907	.87	.94
（6）我喜欢和别人（老师、同学、朋友、网友）探讨时政话题或公共事件	44.785	2205	.000	.801	.77	.84

（三）政治效能感

在政治效能感方面，从表4-8可以看出，内、外在政治效能感的平均值M分布在3至3.5之间（$3.20 \leqslant M \leqslant 3.43$），即处于"不确定"到"同意"阶段，其中最低平均值题项为"我有办法让政府决策层知道我对政府部门的意见或建议"。表4-9的单样本T检验显示各题项平均值与中立值3之间有显著差异，表明政治效能感总体高于"不确定"且有一定的显著性，即大学生具有一定的政治效能感。

表4-8 政治效能感均值分布

测量内容	题项	平均值	中位数	标准方差	最小值	最大值
外在政治效能感	（1）政府部门重视我对政府的态度和看法	3.41	3.00	.997	1	5
	（2）我向政府机构或其他公共部门提出合理建议时，会被有关部门采纳	3.23	3.00	.972	1	5
内在政治效能感	（3）我有办法让政府决策层知道我对政府部门的意见或建议	3.20	3.00	1.007	1	5
	（4）如果让我当政府官员，我也能胜任	3.29	3.00	.953	1	5
	（5）我有能力对政治或其他公共事务提出建设性的意见	3.43	3.00	.909	1	5

表4-9 政治效能感单样本 T 检验

题项	检验值＝3					
	t	自由度	显著性（双尾）	平均差	差值的95%置信区间	
					下限	上限
（1）政府部门重视我对政府的态度和看法	19.491	2205	.000	.414	.37	.46
（2）我向政府机构或其他公共部门提出合理建议时，会被有关部门采纳	11.108	2205	.000	.230	.19	.27
（3）我有办法让政府决策层知道我对政府部门的意见或建议	9.175	2205	.000	.197	.15	.24
（4）如果让我当政府官员，我也能胜任	14.077	2205	.000	.286	.25	.33
（5）我有能力对政治或其他公共事务提出建设性的意见	22.451	2205	.000	.434	.40	.47

（四）成长社会化感知

在成长社会化感知方面（见表4-10），大学生总体上对家庭、中小学校给予的人格培养评价较高，平均值在4以上，处于"同意"与"非常同意"之间。

表4-10 成长社会化感知均值分布

变量	题项	平均值	中位数	标准方差	最小值	最大值
家庭教育感知	（1）我的家庭教育鼓励我多关心他人、关心社会	4.16	4.00	.785	1	5
	（2）我的家庭教育鼓励我独立思考，不要人云亦云	4.20	4.00	.785	1	5
中小学教育感知	（3）我接触的中小学教育鼓励我多关心他人、关心社会	4.22	4.00	.757	1	5
	（4）我接触的中小学教育鼓励我独立思考，不要人云亦云	4.19	4.00	.782	1	5

三 网络使用与认知情况

（一）网络使用情况

网络使用情况主要从网龄、每日上网时长、上网设备、可接受断网时长、常用网络应用等方面进行数据采集，统计见表4-11。

受访者的网龄普遍在4~9年，占比为67.6%（其中4~6年网龄者占33.2%；7~9年网龄者占34.4%）。其他网龄分布如下：10年及以上网龄者占24.4%，1~3年网龄者占8.0%。调查对象普遍为95后00初，他们被称为"互联网原住民"。他们在小学甚至幼儿园时期初步接触网络，中学时代普遍触网，对互联网使用时间长、经验丰富。每日上网3~6小时的受访者占比最高，为63.8%（3~4小时为33.6%；5~6小时为30.2%），上网7小时及以上的受访者占25.3%。

可接受断网时长（除了必要的睡眠和学习时间）调查结果显示，13.4%的人可接受2小时以内不上网，18.5%的人可接受2~4小时不上网，20.4%的人可接受5~8小时不上网，20.7%的人可接受9~12小时不上网，26.9%的人可接受24小时及以上时长不上网。

表4-11 网龄、每日上网时长与可接受断网时长分布

单位：人，%

		人数	占比
网龄	1~3年	177	8.0

续表

			人数	占比
网龄		4～6 年	732	33.2
		7～9 年	759	34.4
		10 年及以上	538	24.4
每天上网时长		1～2 小时	239	10.8
		3～4 小时	741	33.6
		5～6 小时	667	30.2
		7～8 小时	371	16.8
		9 个小时及以上	188	8.5
可接受断网时长		2 小时以内	296	13.4
		2～4 小时	409	18.5
		5～8 小时	451	20.4
		9～12 小时	456	20.7
		24 小时及以上	594	26.9

上网设备选择方面，智能手机是首选，占 98.10%，其次为笔记本电脑，占 55.26%。台式电脑和平板电脑分别占 11.20% 和 19.04%。另外有 0.77% 的人补充了题项中没有提及的上网设备——电视和 Kindle。统计结果见图 4-1。

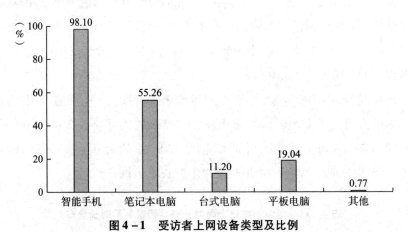

图 4-1 受访者上网设备类型及比例

在常用网络应用调查方面，参照中国互联网络中心的网络应用分类，本研究将网络应用分为即时通信（QQ、微信）、搜索引擎等 19 项。在网络应用的解释中，结合大学生的生活学习进行举例说明。例如，在线教育选项以慕课为例，便于受访者理解。按照梯度设计进行频率调查：1 = 几乎没有，2 = 偶尔有（每月 1 ~ 2 次），3 = 经常如此（每周 2 ~ 3 次），4 = 几乎每天如此。统计结果见表 4 – 12。受访对象较常使用的网络应用是即时通信（QQ、微信）（M = 3.75）、网络支付（M = 3.54）、搜索引擎（M = 3.49）、网络音乐（M = 3.40）。而与本课题密切相关的应用"网络新闻（如新闻门户网站、新闻客户端等）"位居第五（M = 3.11），且标准方差（SD = 0.955）比前四类应用高，表明离散程度也高于前四种。以标准方差进行统计，还可以看到微博（SD = 1.107）、短视频（如抖音、快手等）（SD = 1.176）和网上银行（SD = 1.001）、网络游戏（SD = 1.135）、网络直播（SD = 1.015）五类网络应用的标准方差均大于 1，表明此五类应用的离散程度较高。

表 4 – 12　网络应用使用分布

网络应用	平均值	中位数	标准方差
即时通信（QQ、微信）	3.75	4.00	.691
网络支付	3.54	4.00	.745
搜索引擎	3.49	4.00	.794
网络音乐	3.40	4.00	.796
网络新闻（如新闻门户网站、新闻客户端等）	3.11	3.00	.955
网络视频（如爱奇艺、腾讯视频等）	2.94	3.00	.932
在线教育（如网络公开课、慕课等）	2.87	3.00	.929
微博	2.85		1.107
网络购物	2.83	3.00	.828
网络文学	2.63	3.00	.999
短视频（如抖音、快手等）	2.62	3.00	1.176
网上银行	2.54	2.00	1.001
网络游戏	2.45	2.00	1.135
网上订外卖	2.32	2.00	.902
网络约车或快车	2.05	2.00	.890
网约出租车	1.94	2.00	.885
旅行预订	1.91	2.00	.849
网络直播	1.86	2.00	1.015
互联网理财	1.74	1.00	.970

（二）上网目的

在上网目的调查中，结合大学生的学习生活情况设置了6个选项：学习知识；了解新事物；便利生活（出行、理财、支付、消费）；参与讨论表达意见；与同学、朋友、家人、网友交流；娱乐、打发时间。然后按照态度量表从"非常不同意"到"非常同意"，分别赋值1~5，统计得到表4-13。从表中可以看出，互联网已经渗透到大学生生活的方方面面，而且参与讨论表达意见（M=4.09，SD=0.895）和学习知识（M=4.12，SD=0.885）的目的相比其他目的稍显弱势。

表4-13　上网目的均值分布

维度	题项	最小值	最大值	平均值	标准方差
了解新知	（1）学习知识	1	5	4.12	.885
	（2）了解新事物	1	5	4.28	.825
便利生活	（3）出行、理财、支付、消费	1	5	4.34	.846
交流参与	（4）参与讨论表达意见	1	5	4.09	.895
	（5）与同学、朋友、家人、网友交流	1	5	4.32	.866
娱乐消遣	（6）娱乐、打发时间	1	5	4.18	.907

（三）网络使用自我效能感

关于网络使用自我效能感的评价，本研究结合其他研究者的参数和大学生的生活学习状态，设置了7个题项（见表4-14左二列），并按照态度量表从"非常不同意"到"非常同意"分别赋值1~5，对每个题项进行测量，统计结果见表4-14。从中可以看出题项（5）赞同率最高，平均值为4.03。其次为题项（3），平均值为4.02。其后题项（4）（6）（7）（1）（2）依次递减，平均值分别为3.93、3.90、3.79、3.76、3.09。

从均值分布可以看出，整体上受访对象自我效能感呈现这样一种关系：网络使用理性度＞网络使用表达力＞网络使用主体性。

表4-15的单样本T检验表明：均值与中立值3均存在显著差异性。

表4-14 网络使用自我效能感均值分布

变量	题项	最小值	最大值	平均值	标准方差
网络使用主体性	(1) 我能平衡好娱乐(如玩网游)和网络学习	1	5	3.76	.900
	(2) 我常常因为沉迷网络、耽误学习而懊悔(反向赋值)	1	5	3.09	1.178
网络使用理性度	(3) 面对海量网络信息,我重视信息来源的权威性并辨别真假	1	5	4.02	.820
	(4) 我知道网络信息的推荐原理,并能决定是否继续关注相关推荐	1	5	3.93	.846
	(5) 作为一个网民,我能够理性、客观地看待国内外大事、突发事件及民生问题	1	5	4.03	.793
网络使用表达力	(6) 在网络上,我具备理性表达的思维能力和写作水平	1	5	3.90	.827
	(7) 我具备一定的多媒体(如短视频、表情包等)制作能力,以便形象、生动地表达我的观点	1	5	3.79	.916

表4-15 网络使用自我效能感单样本 T 检验

题项	检验值=3					
	t	自由度	显著性(双尾)	平均差	差值的95%置信区间	
					下限	上限
(1) 我能平衡好娱乐(如玩网游)和网络学习	39.583	2205	.000	.759	.72	.80
(2) 我常常因为沉迷网络、耽误学习而懊悔(反向赋值)	3.777	2205	.000	.095	.05	.14
(3) 面对海量网络信息,我重视信息来源的权威性并辨别真假	58.518	2205	.000	1.022	.99	1.06
(4) 我知道网络信息的推荐原理,并能决定是否继续关注相关推荐	51.795	2205	.000	.933	.90	.97
(5) 作为一个网民,我能够理性、客观地看待国内外大事、突发事件及民生问题	60.733	2205	.000	1.025	.99	1.06
(6) 在网络上,我具备理性表达的思维能力和写作水平	51.085	2205	.000	.899	.86	.93

题项	检验值 = 3					
	t	自由度	显著性（双尾）	平均差	差值的95%置信区间	
					下限	上限
(7) 我具备一定的多媒体（如短视频、表情包等）制作能力，以便形象、生动地表达我的观点	40.524	2205	.000	.791	.75	.83

（四）网络媒体信任

网络媒体信任是指测试受访者在面对突发事件报道时偏向信任哪些网络媒体、信任程度如何。突发事件主要指的是群体性事件、腐败事件、事故灾难等。渠道的分类同"信息获取渠道"的分类。信任评价分为非常不可信、不可信、不确定、可信、非常可信 5 个级别，赋值分别从 1 到 5。从表 4 - 16 可以看出 Top5 分别为中央媒体（如央视、新华社、《人民日报》）官网官微（M = 4.24），政务类门户网站、微博或微信公众号（M = 3.99），商业门户网站新闻内容板块（M = 3.37），新闻聚合客户端（M = 3.19），自媒体平台（M = 3.08）。从标准方差看，政务类门户网站、微博或微信公众号的标准方差最大（SD = 0.934），信任离散度最高，第二、第三高离散度的分别为中央媒体（如央视、新华社、《人民日报》）官网官微（SD = 0.927）、新闻聚合客户端（方差 SD = 0.924）。

表 4 - 16　网络媒体信任均值分布

	最小值	最大值	平均值	标准方差
(1) 中央媒体（如央视、新华社、《人民日报》）官网官微	1	5	4.24	.927
(2) 政务类门户网站、微博或微信公众号	1	5	3.99	.934
(3) 商业门户网站新闻内容板块（如凤凰网、新浪网、腾讯等）	1	5	3.37	.896
(4) 新闻聚合客户端（如今日头条、一点资讯等）	1	5	3.19	.924
(5) 自媒体平台（如新浪微博、非官方的微信公众号、荔枝电台、抖音、快手等）	1	5	3.08	.899
(6) 专业论坛或网站（如天涯社区、凯迪社区、铁血社区等）	1	5	2.99	.856

续表

	最小值	最大值	平均值	标准方差
(7) 微信朋友圈、QQ 群等熟人网络社交圈	1	5	2.98	.814
(8) 国外网媒	1	5	2.93	.877

（五）网络公共空间感知

对于此问题，本研究将其细化为 5 个题项（见表 4 - 17），同意程度分为从"非常不同意"到"非常同意"5 个级别，赋值 1 ~ 5。调查结果见表 4 - 17，同意程度从高到低依次是（2）（1）（3）（5）（4），平均值分别为 3.93、3.73、3.31、2.92、2.42。表 4 - 18 的单样本 T 检验显示，无论是平均值大于 3 的题项还是平均值小于 3 的题项，其与中立值 3 均存在显著差异。

表 4 - 17　网络公共空间感知均值分布

变量	题项	最小值	最大值	平均值	标准方差
表达自由度	(1) 网络是比较自由的意见表达空间	1	5	3.73	.888
交流功能性	(2) 网络在舆论监督和民主参与方面发挥重要作用	1	5	3.93	.800
群体理性度	(3) 大多数网民的公共参与是理性、客观的	1	5	3.31	1.028
	(4) 网络暴力（言论攻击、人肉搜索）在某种程度上阻碍人们畅所欲言（反向赋值）	1	5	2.42	1.120
参与活跃度	(5) 由于过度使用网络，人们无暇关心政治和公共事务（反向赋值）	1	5	2.92	1.073

表 4 - 18　网络公共空间感知单样本 T 检验

题项	检验值 = 3					
	t	自由度	显著性（双尾）	平均差	差值的95%置信区间	
					下限	上限
(1) 网络是比较自由的意见表达空间	38.810	2205	.000	.733	.70	.77

续表

题项	检验值 = 3					
	t	自由度	显著性（双尾）	平均差	差值的95%置信区间	
					下限	上限
（2）网络在舆论监督和民主参与方面发挥重要作用	54.793	2205	.000	.933	.90	.97
（3）大多数网民的公共参与是理性、客观的	14.089	2205	.000	.308	.27	.35
（4）网络暴力（言论攻击、人肉搜索）在某种程度上阻碍人们畅所欲言（反向赋值）	-24.474	2205	.000	-.583	-.63	-.54
（5）由于过度使用网络，人们无暇关心政治和公共事务（反向赋值）	-3.493	2205	.000	-.080	-.12	-.03

四 网络公共传播行为描述性统计结果

（一）信息获取

1. 信息获取领域

时政和社会民生信息在问卷中被细化为 6 个领域：①时政（国家政治生活中新近或正在发生的事实，如政治会议、领导人出访、军事演习等）；②教育科技（教育措施、科技发展）；③环境保护（环境污染防范与治理）；④社会安全（突发事件、灾难的预防与应对）；⑤医疗健康（疾病的预防与治疗、食品安全）；⑥经济发展（经济政策与经济问题）。研究设定 4 个活跃度等级：几乎没有；偶尔有（每月 1~2 次）；经常有（每周 2~3 次）；几乎每天如此。4 个活跃度等级从低到高赋值从 1 到 4。统计结果见表 4-19。总体上社会安全领域平均值较高（M=2.77），其次为时政领域（M=2.68）和医疗健康领域（M=2.68），往下递减依次为经济发展领域（M=2.64）、教育科技领域（M=2.63）、环境保护领域（M=2.60）。从标准方差的分布来看，6 个领域的标准方差均小于 1，总体上离散程度较低。

表 4-19 信息获取领域均值分布

类别	最小值	最大值	平均值	标准方差
（1）时政（国家政治生活中新近或正在发生的事实，如政治会议、领导人出访、军事演习等）	1	4	2.68	.807

类别	最小值	最大值	平均值	标准方差
（2）教育科技（教育措施、科技发展）	1	4	2.63	.788
（3）环境保护（环境污染防范与治理）	1	4	2.60	.779
（4）社会安全（突发事件、灾难的预防与应对）	1	4	2.77	.787
（5）医疗健康（疾病的预防与治疗、食品安全）	1	4	2.68	.786
（6）经济发展（经济政策与经济问题）	1	4	2.64	.792

2. 信息获取渠道分布

信息获取渠道设定 4 个活跃度等级：几乎没有、偶尔有（每月 1～2 次）、经常有（每周 2～3 次）、几乎每天如此。4 个等级赋值依次从 1 到 4。

调研结果见表 4 - 20。该表显示，关注平均值从高到低依次为（7）（1）（5）（2）（3）（4）（6）（8），均值分别为 2.93、2.91、2.83、2.76、2.60、2.38、1.97、1.97。

由此可见，中央媒体、微信朋友圈和 QQ 群等熟人社交渠道、自媒体平台是大学生主要的信息获取渠道。地方传统媒体的受关注度不高。互联网兴起之初备受关注的 BBS 论坛，如今不再是大学生获取公共信息的热门渠道。

表 4 - 20　信息获取渠道均值分布

类别	最小值	最大值	平均值	标准方差
（1）中央媒体（如央视、新华社、《人民日报》）官网官微	1	4	2.91	.844
（2）政务类门户网站、微博或微信公众号	1	4	2.76	.889
（3）商业门户网站新闻内容板块（如凤凰网、新浪网、腾讯等）	1	4	2.60	.910
（4）新闻聚合客户端（如今日头条、一点资讯等）	1	4	2.38	.972
（5）自媒体平台（如新浪微博、非官方的微信公众号、荔枝电台、抖音、快手等）	1	4	2.83	.939
（6）专业论坛或网站（如天涯社区、凯迪社区、铁血社区等）	1	4	1.97	.991
（7）微信朋友圈、QQ 群等熟人网络社交圈	1	4	2.93	.862
（8）国外网媒	1	4	1.97	.956

（二）意见表达

1. 意见表达领域分布

意见表达领域中的领域分类同"信息获取领域"，包括时政、教育科技、环境保护、社会安全、医疗健康、经济发展。参与率分为几乎没有、偶尔有（每月1~2次）、经常有（每周2~3次）、几乎每天如此，赋值依次从1到4。统计结果见表4-21，参与率从高到低依次为社会安全（M=1.95）、环境保护（M=1.88）、医疗健康（M=1.88）、教育科技（M=1.87）、经济发展（M=1.85）和时政（M=1.82）。总体上频率徘徊在"几乎没有"和"偶尔有"之间。从标准方差值来看，离散度相近。

表4-21 网络意见表达领域均值分布

类别	最小值	最大值	平均值	标准方差
（1）时政（国家政治生活中新近或正在发生的事实，如政治会议、领导人出访、军事演习等）	1	4	1.82	.781
（2）教育科技（教育措施、科技发展）	1	4	1.87	.769
（3）环境保护（环境污染防范与治理）	1	4	1.88	.762
（4）社会安全（突发事件、灾难的预防与应对）	1	4	1.95	.797
（5）医疗健康（疾病的预防与治疗、食品安全）	1	4	1.88	.787
（6）经济发展（经济政策、经济问题）	1	4	1.85	.778

2. 意见表达渠道分布

网络参与渠道分为4种（见表4-22），频率分为几乎没有、偶尔有（每月1~2次）、经常有（每周2~3次）、几乎每天如此，赋值依次从1到4。统计结果如表4-22所示。在4种渠道中，个人QQ空间、微博发文区、微信朋友圈频率较高（平均值2.03），其次为QQ群、微信群及其他小众网络论坛（平均值2.00）。由此可见，带有社交性质的网络空间更能带动大学生参与网络公共议题。

表 4 - 22 网络意见表达渠道均值分布

类别	最小值	最大值	平均值	标准方差
（1）政务新媒体（政府部门的官方网站、微信、微博、客户端）留言区	1	4	1.87	.807
（2）知名门户网站新闻频道、知名新闻客户端讨论区	1	4	1.82	.785
（3）QQ 群、微信群及其他小众网络论坛	1	4	2.00	.795
（4）个人 QQ 空间、微博发文区、微信朋友圈	1	4	2.03	.816

3. 意见表达方式

对于网络公共参与的活跃度，主要考察网络参与的意见表达方式和频率。意见表达方式主要包括点赞（或显示"在看"）、转发、跟帖跟评、发文（文字或文字加图片）、自制视频（多媒体）5 种。频率从"几乎从不"到"几乎每天如此"，分为 4 个等级，赋值从 1 到 4。调查结果见表 4 - 23。频率从高到低依次为点赞（或显示"在看"）（M = 2.61）、转发（M = 2.12）、跟帖跟评（M = 1.94）、发文（文字或文字加图片）（M = 1.91）、自制视频（多媒体）（M = 1.54）。

表 4 - 23 网络意见表达方式及频率均值分布

	最小值	最大值	平均值	标准方差
（1）点赞（或显示"在看"）	1	4	2.61	.899
（2）转发	1	4	2.12	.784
（3）跟帖跟评	1	4	1.94	.802
（4）发文（文字或文字加图片）	1	4	1.91	.789
（5）自制视频（多媒体）	1	4	1.54	.733

4. 意见表达角度

意见表达角度，主要指受访者倾向于从什么角度进行反馈与参与，包括以下角度：①主要是批评；②主要是支持；③主要是提出认识问题的新角度；④主要是提出解决问题的对策。考虑到受访者可能从未参与，所以还增加了一个选项"极少参与，说不清楚"。统计结果见图 4 - 2。"主要是提出认识问题的新角度"占比最高，为 64.71%；"主要是提出解决问题的对策"占比次之，为41.18%；占比最低的是"主要是支持"，为23.53%。

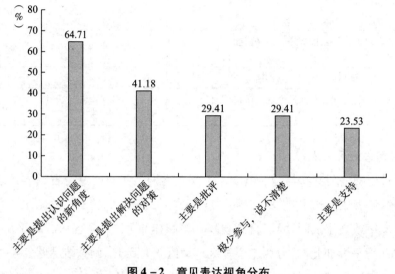

图4-2　意见表达视角分布

5. 意见表达顾虑

意见表达顾虑被细化为5个题项（见表4-24最左列），并按照非常不同意到同意五级赋值1~5。结果见表4-24。从高到低依次为（1）（2）（4）（5）（3），平均值分别为3.65、3.56、3.50、3.44、3.34。可见，受访者最担心参与招致网络攻击和谩骂，其次担心自己的观点有失水准，以及担心发出的信息被淹没、没有效果等。

表4-24　意见表达顾虑均值分布

题项	最小值	最大值	平均值	标准方差
（1）我担心自己的言论会引起别人的攻击甚至谩骂	1	5	3.65	.951
（2）我担心自己的观点没有水准	1	5	3.56	.941
（3）我担心网友或熟人看到后对我产生看法	1	5	3.34	1.036
（4）我觉得就算我留言参与了，也会被海量信息淹没	1	5	3.50	.982
（5）我觉得就算我的留言被决策部门看见了，也不会受到重视	1	5	3.44	1.002

6. 意见表达效果预估

意见表达效果被细分为 4 个方面（见表 4 - 25 最左列）。结果见表 4 - 25。占比最高的为"没怎么参加，无从谈效果"，占比 37.9%；其他依次递减为"既有舆论效果，又有社会行动效果""只有舆论效果""既无舆论效果，也无社会行动效果"，占比分别为 32.2%、19.9%、10.0%。

表 4 - 25　意见表达效果预估均值分布

单位：人，%

	人数	百分比	有效百分比	累积百分比
只有舆论效果	439	19.9	19.9	19.9
既有舆论效果，又有社会行动效果	711	32.2	32.2	52.1
既无舆论效果，也无社会行动效果	220	10.0	10.0	62.1
没怎么参加，无从谈效果	836	37.9	37.9	100.0

五　网络媒介素养教育

（一）媒介素养知晓度

当问及受访者"您有没有听说过'媒介素养'"时，反馈如下：850 名受访者表示"听过且知道意思"，占 38.5%；917 名受访者表示"听过但不了解"，占 41.6%；439 名受访者表示"没听过"，占 19.9%（见表 4 - 26）。

表 4 - 26　媒介素养知晓度分布

单位：人，%

	人数	百分比	有效百分比	累积百分比
听过且知道意思	850	38.5	38.5	38.5
听过但不了解	917	41.6	41.6	80.1
没听过	439	19.9	19.9	100.0
总计	2206	100.0	100.0	

（二）已接受的正式媒介素养教育形式

正式的媒介素养教育指的是政府、学校、媒体单位或其他组织开展的课程、教育讲座或其他实践活动。本项调查中将受访者的中小学阶段也纳入调研范围，得到的结果如图 4 - 3。该图显示，47.06% 的受访者表示中小学阶段没有接受过任何正式的媒介素养教育；29.41% 的受访者表示到调查时间为止，他们在大学阶段没有接受过正式的媒介素养教育。在接受过正式媒介素养教育的反馈中，无论在大学阶段还是中小学阶段，融合于思品课程或其他课程是最常见的形式。在开设专门的媒介素养教育课程方面，大学比中小学要做得多一点。如果受访者选择"其他组织开展的_____"，需自行补充后续的内容，中小学阶段填写反馈包括"专家讲座""网络教育活动""网络安全教育""班会"等；大学阶段填写反馈包括"讲座""慕课""班会""团会""媒体作品大赛"等。

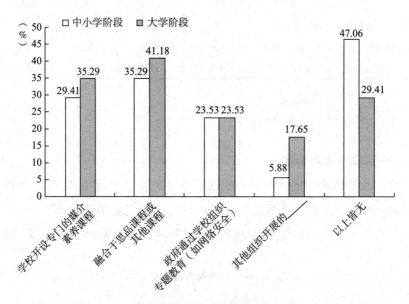

图 4 - 3　受访者已接受正式媒介素养教育形式分布

（三）接受与网络、网络参与有关的正式媒介素养教育主题情况

在上一问题的基础上，本研究将问题聚焦至与网络、网络参与有关的正式教育或培训，得到的反馈如图 4 - 4 所示。在校大学生在中小学阶段已经接受网络学习和网络参与方面的教育（可能不是以媒介素养教育的名义），其表现在大学阶段更为突出。针对"其他主题"选项，受访者补充了自己在中小学阶段接受的"网络安全""多媒体制作""避免网瘾"等主题教育，以及在大学阶段接受的"网络道德""网络信息安全""网络沉迷""网络舆情分析"等主题教育。

（四）大学开展网络媒介素养教育的必要性

关于大学开展网络媒介素养教育的必要性，2206 名受访者中，1954 名受访者认为"有必要"，占 88.6%；84 名受访者认为"没必要"，占 3.8%；"说不清"的受访者为 168 名，占 7.6%（见表 4-27）。

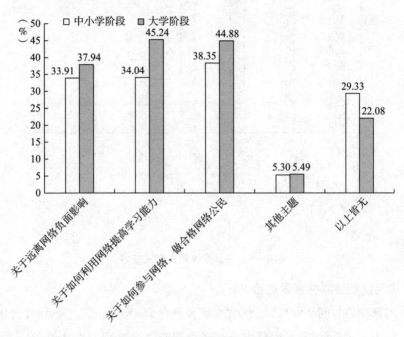

图 4-4　已接受的与网络有关的媒介素养教育主题类别分布

表 4-27　受访者认为网络媒介素养教育开展的必要性

单位：人，%

	人数	百分比	有效百分比	累积百分比
有必要	1954	88.6	88.6	88.6
没必要	84	3.8	3.8	92.4
说不清	168	7.6	7.6	100.0
总计	2206	100.0	100.0	

（五）媒介素养教育形式偏好

当问及"如果媒介素养教育是必须的，您更愿意接受以下哪些方式的教育"时，"融入现有课程中学习"占比最高，达 55.53%；其次为"线

上独立课程学习（如慕课）"，占 51.45%；再次为媒体参观学习，占
47.01%（见图 4 – 5）。选择"其他"题项的受访者补充了"讲座""作业
式学习"等形式。

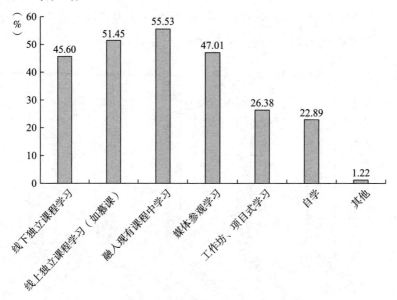

图 4 – 5　媒介素养教育形式偏好

（六）网络媒介素养内容偏好

本研究将与网络参与有关的媒介素养细化为 4 个指标：①网络媒介信息
甄别能力（辨真假）；②网络媒介信息批判能力（客观、独立思考）；③媒
介信息生产的基础能力（一般性图文表达）；④视觉时代的多媒体制作能
力（短视频、表情包等）。然后将必要性分为 5 个等级，从非常必要、必
要、不确定、不必要到非常不必要，依次赋值为 5~1。统计结果见表 4 – 28。
网络媒介信息甄别能力平均值最高（M = 4.33），其下依次为网络媒介信息
批判能力（M = 4.30）、媒介信息生产的基础能力（M = 4.14）、视觉时代
的多媒体制作能力（M = 3.97）。

表 4 – 28　受访者认为网络媒介素养教育内容重要性排序

	最小值	最大值	平均值	标准方差
网络媒介信息甄别能力（辨真假）	1	5	4.33	.822

续表

	最小值	最大值	平均值	标准方差
网络媒介信息批判能力（客观、独立思考）	1	5	4.30	.818
媒介信息生产的基础能力（一般性图文表达）	1	5	4.14	.834
视觉时代的多媒体制作能力（短视频、表情包等）	1	5	3.97	.927

第二节　差异分析与相关性分析

在基本面分析中，部分维度和变量有利于基本面的了解，但不利于进行差异分析或相关性分析。本部分我们将"挑选"一些维度进行人口统计学差异分析和相关性分析。

一　变量计算

在考察相关性、因果性之前，需要先将变量涉及的维度进行汇总运算，利用 SPSS "计算变量"的功能，对各维度、变量进行汇总取均值。汇总的方式是先题项后维度，采用的是求均值的方式。

（一）因变量计算

网络公共传播行为是因变量，在进行变量计算时，先将每个维度下的题项加和再平均，再把小维度加和再平均为较大的维度。

例如，先将信息获取领域中的 6 个题项汇总求均值，然后将信息获取渠道的 8 个题项汇总求均值，最后将两项均值加和平均，就得到汇总变量"信息获取"。用公式表示：

$$信息获取 = （信息获取领域 + 信息获取渠道）/2$$

同理，意见表达领域、意见表达渠道、意见表达方式各自题项汇总求均值，然后将均值加和后除以 3，就得到汇总变量"意见表达"。用公式表示：

$$意见表达 = （意见表达领域 + 意见表达渠道 + 意见表达方式）/3$$

网络公共传播行为的核心是信息获取和意见表达。

（二）自变量计算

公民身份认同的维度包括公民意识、公共参与、政治效能感和成长社会化感知，按照变量计算的方法，同样进行了均值计算，形成"公民身份认同"这一单个数值变量（即每个样本此项只有一个数值）。

网络使用与认知中的上网目的，其中前两个题项（学习知识、了解新事物）进行合并均值计算，产生"了解新知"维度。其次，"参与讨论表达意见"和"与同学、朋友、家人、网友交流"，合并为"交流参与"维度，其他两个题项独立成为维度，分别为"便利生活""娱乐消遣"。

网络使用自我效能感包括网络使用主体性、网络使用理性度、网络使用表达力，进行均值计算后，形成"网络使用自我效能感"这一单个数值变量。

网络公共空间感知包括表达自由度感知、交流功能性感知、群体理性度感知、参与活跃度感知等，进行均值计算，形成单一数值变量"网络公共空间感知"。

已接受媒介素养教育：从形式和内容两方面进行汇总，包括中小学阶段媒介素养教育形式（四类加和平均）、大学阶段媒介素养教育形式（四类加和平均）、中小学网络媒介素养教育内容（四类加和平均）、大学阶段网络媒介素养教育内容（四类加和平均）。在上述4个维度的计算中，均没有将"以上皆无"纳入计算范围，原因是在此题项赋值上（1 = 有，0 = 没有），无论受访者有没有选择，都代表此题项无汇总意义。

（三）独立变量计算

在网络公共传播行为调研中，本研究将意见表达顾虑和意见表达效果预估放在其中进行调查，在后续相关分析和回归分析中，将其作为单独的自变量，测试其与意见表达行为之间的关系。

意见表达效果预估为原子维度（其下没有细分维度）。意见表达顾虑的5个题项分别指向网络暴力、表达水准、群体影响、信息淹没、不被重视5个细分维度。

以上研究的目的首先是获得一个网络公共传播行为的基本面，故在上一节占用较多篇幅进行描述性分析。接下来，我们将进行人口统计学差异分析、相关性分析、因果性分析，探讨影响大学生网络公共传播行为的因素。

二　人口统计学差异分析

进行人口统计学上的差异分析，是问卷分析的重要内容，本研究也不例外。性别、年级、专业、学校类别、长期居住地、父母文化水平不同的大学生，在网络公共传播行为上有无差异，是本部分探索的问题。

（一）性别差异

借助 SPSS 22.0 的"独立样本检验"功能，对网络公共传播行为的性别差异进行检验，结果见表4－29。

表4－29　网络公共传播行为的性别差异

	男	女	T	p
信息获取	2.95±0.68	2.88±0.63	2.921	0.004
意见表达	1.99±0.58	1.89±0.51	4.656	0.000

从表中可以看出，男生在信息获取、意见表达方面均值高于女生（赋值均为1～4）。男生、女生在信息获取方面的均值又均高于意见表达。

（二）年级差异

借助 SPSS 22.0 的"单因素 ANOVA"功能，对网络公共传播行为的年级差异进行检验，结果见表4－30。从中可以看出，网络公共传播行为在年级上没有显著差异（$p > 0.05$）。

表4－30　网络公共传播行为的年级差异

	大一	大二	大三	大四或大五	F	p
信息获取	2.89±0.67	2.94±0.66	2.92±0.64	2.90±0.67	0.678	0.566
意见表达	1.94±0.57	1.95±0.57	1.90±0.51	1.96±0.51	1.261	0.286

（三）专业差异

借助 SPSS 22.0 的"单因素 ANOVA"功能，对网络公共传播行为的专业差异进行检验，结果见表4－31。该表显示，网络公共传播行为在专业上没有显著性差异（$p > 0.05$）。

表 4 – 31　网络公共传播行为的专业差异

	理工医	人文	社科	经管	F	p
信息获取	2.92 ± 0.66	2.92 ± 0.64	2.87 ± 0.69	2.92 ± 0.66	0.472	0.702
意见表达	1.94 ± 0.55	1.95 ± 0.54	1.96 ± 0.54	1.90 ± 0.54	0.705	0.549

（四）学校类别差异

借助 SPSS 22.0 的"单因素 ANOVA"功能，对网络公共传播行为的学校类别差异进行检验，结果见表 4 – 32。该表显示，网络公共传播行为在学校类别上存在显著性差异（$p < 0.05$），从均值看，在信息获取方面，"专科 > 普通本科 > 重点本科"；在意见表达方面，"普通本科 > 专科 > 重点本科"。无论是信息获取方面，还是意见表达方面，重点本科院校（985 大学、211 大学）的大学生都是相对不活跃的群体。

表 4 – 32　学校类别差异

	重点本科 （985 大学、211 大学）	普通本科	专科	F	p
信息获取	2.80 ± 0.62	2.92 ± 0.66	3.03 ± 0.68	15.098	0.000
意见表达	1.87 ± 0.53	1.97 ± 0.55	1.95 ± 0.55	6.737	0.001

（五）长期居住地差异

长期居住地差异，主要考察的是大学生成长环境（尤其是大学之前）对其网络公共传播行为的影响。同样运用"单因素 ANOVA"进行检验，结果见表 4 – 33。该表显示，在信息获取方面，具有地域差异，"省会城市（广州除外）> 北上广深 > 其他城市/县城 > 集镇村庄"（$p < 0.05$）。在意见表达方面，四者无显著差异（$p > 0.05$）。

表 4 – 33　受访者长期居住地产生的差异

	北上广深	省会城市 （广州除外）	其他城市/县城	集镇村庄	F	p
信息获取	2.96 ± 0.84	3.00 ± 0.67	2.93 ± 0.65	2.82 ± 0.63	7.791	0.000
意见表达	1.97 ± 0.69	1.96 ± 0.55	1.95 ± 0.53	1.90 ± 0.53	1.812	0.143

（六）父母文化水平差异

在大学生的成长过程中，父母扮演了重要的角色，父母的文化水平对子女教育有一定的影响。表4-34检验了父母双方文化水平的不同体现在子女网络公共传播行为上的差异性。

该表显示，父亲文化水平在信息获取和意见表达方面均显示出差异性（$p < 0.05$）。在信息获取方面，呈现序列如下："本科及以上 > 高中/中专/技校 > 大专 > 小学及以下 > 初中"。在意见表达方面，"本科及以上 > 高中/中专/技校 > 大专 > 初中 > 小学及以下"。

母亲文化水平在信息获取方面呈现出一定的差异性，在意见表达方面没有显著差异性。在信息获取方面，呈现序列如下："本科及以上 > 高中/中专/技校 > 大专 > 初中 > 小学及以下"。

表4-34　父母文化水平在网络公共传播行为上的差异

		小学及以下	初中	高中/中专/技校	大专	本科及以上	F	p
父亲	信息获取	2.87 ± 0.68	2.86 ± 0.63	2.96 ± 0.65	2.89 ± 0.68	3.00 ± 0.69	3.890	0.004
	意见表达	1.88 ± 0.52	1.90 ± 0.54	1.98 ± 0.56	1.92 ± 0.53	2.00 ± 0.57	3.846	0.004
母亲	信息获取	2.87 ± 0.67	2.90 ± 0.64	2.93 ± 0.65	2.91 ± 0.70	3.03 ± 0.66	2.453	0.044
	意见表达	1.90 ± 0.53	1.94 ± 0.53	1.93 ± 0.55	1.96 ± 0.56	1.99 ± 0.58	1.058	0.376

三　相关性分析

相关性分析，即对前述三种变量（因变量，因、自双重变量，自变量）进行相关性探索（见表4-35）。

该表显示，总体上，网络公共传播行为、公民身份认同、网络使用与认知和媒介素养教育呈正相关。从具体变量或维度上看结果如下。

（1）信息获取行为与其他变量呈正相关。

（2）意见表达行为与公共参与、政治效能感、信息获取行为、意见表达效果预估、中小学媒介素养教育、大学媒介素养教育呈显著正相关，与成长社会化感知（皮尔逊相关系数为 0.01）、公民意识（皮尔逊相关系数为 -0.034）、网络使用自我效能感（皮尔逊相关系数为 -0.007）不存在显著相关性，与交流参与目的、了解新知目的、便利生活目的、娱乐消遣目的、网络公共空间感知呈显著性负相关（皮尔逊相关系数分别为 -0.059、-0.134、-0.106、-0.118、-0.058）。

（3）公民身份认同内部四个维度呈显著正相关。

（4）公民身份认同与网络公共传播行为中的信息获取行为呈显著正相关，与意见表达行为呈复杂的关系：公共参与和政治效能感两个维度显著正相关，另外两个维度一个为负且不显著（公民意识皮尔逊相关系数为 -0.034），另一个为正且不显著（成长社会化感知皮尔逊相关系数为 0.01）。

（5）公民身份认同与网络使用自我效能感、网络公共空间感知呈显著正相关。

（6）网络使用自我效能感除了与意见表达行为相关性不显著，与其他变量或维度呈显著正相关。

（7）网络公共空间感知除了与意见表达顾虑相关性不显著，与意见表达行为呈显著负相关，与其他变量或维度均呈显著正相关。

（8）意见表达效果预估与公民意识、公共参与、政治效能感、成长社会化感知、网络使用自我效能感、网络公共空间感知、信息获取行为、意见表达行为、媒介信任、中小学媒介素养教育、大学媒介素养教育呈显著正相关，同娱乐消遣目的、意见表达顾虑呈显著负相关，同了解新知目的的无相关性，同交流参与目的呈弱正相关，同便利生活目的的呈弱负相关。

（9）意见表达顾虑与意见表达行为、意见表达效果预估呈负相关。

（10）媒介素养教育（中小学、大学）与其他变量或维度总体呈正相关（在便利生活目的、娱乐消遣目的上相关性略低，与意见表达顾虑呈弱负相关）。

相关性分析只是变量关系的初步探索，在此基础上将进行更为详细的影响因素分析。

表 4-35　多变量相关性分析

	公民意识	公共参与	政治效能感	成长社会化感知	了解新知目的	便利生活目的	交流参与目的	娱乐消遣目的	网络使用自我效能感	网络公共空间感知	信息获取行为	意见表达行为	媒介信任	意见表达顾虑	意见表达效果预估	中小学媒介素养教育	大学媒介素养教育
公民意识	1																
公共参与	.370**	1															
政治效能感	.229**	.618**	1														
成长社会化感知	.487**	.452**	.427**	1													
了解新知目的	.330**	.183**	.114**	.355**	1												
便利生活目的	.299**	.122**	.051*	.317**	.853**	1											
交流参与目的	.347**	.208**	.148**	.378**	.849**	.841**	1										
娱乐消遣目的	.177**	.064	.046*	.210**	.650**	.709**	.695**	1									
网络使用自我效能感	.419**	.366**	.309**	.431**	.570**	.522**	.573**	.415**	1								

续表

	公民意识	公共参与	政治效能感	成长社会化感知	了解新知目的	便利生活目的	交流参与目的	娱乐消遣目的	网络使用自我效能感	网络公共空间感知	信息获取行为	意见表达行为	媒介信任	意见表达顾虑	意见表达效果预估	中小学媒介素养教育	大学媒介素养教育
网络公共空间感知	.225**	.119**	.120**	.251**	.233**	.198**	.232**	.127**	.247**	1							
信息获取行为	.217**	.428**	.331**	.276**	.266**	.202**	.267**	.167**	.365**	.190**	1						
意见表达行为	-.034	.234**	.179**	.010	-.106**	-.134**	-.059	-.118**	-.007	-.058**	.171**	1					
媒介信任	.146**	.232**	.264**	.253**	.268**	.226**	.271**	.184**	.279**	.250**	.493**	-.103**	1				
意见表达顾虑	-.017	.035	.025	.099**	.157**	.177**	.165**	.193**	.068*	.027	.163**	-.210**	.231**	1			
意见表达效果预估	.078**	.173**	.154**	.048*	.000	-.025	.016	-.054	.075*	.044	.179**	.297**	.059**	-.058**	1		
中小学媒介素养教育	.126**	.193**	.167**	.112**	.055*	.022	.065*	.005	.134**	.108**	.198**	.134**	.110**	-.021	.113**	1	
大学媒介素养教育	.089**	.128**	.069*	.074**	.065**	.044*	.078**	.043*	.104**	.095**	.139**	.132**	.078**	-.013	.080**	.662**	1

注：** 表示 p <0.01, * 表示 p <0.05。

第三节 回归分析与影响因素探索

相关性分析只能表明两个变量或维度之间具备相关性，要了解变量或维度之间更进一步的关系，需借助回归分析。前述已经分析了四大变量之间具有一定相关性，以下进行逐步回归分析，以探知影响因素。

本节将网络公共传播行为（信息获取行为和意见表达行为）作为因变量，采用逐步回归分析法，以探知更多的细节影响因素。所有回归模型通过 F 检验，说明模型有效。共线性诊断显示 VIF 值均小于 5，不存在共线性问题。D－W 值也在合理范围内，表明模型不存在自相关性。后续分析中不再逐一说明。

一 信息获取行为的影响因素

（一）公民身份认同对信息获取行为的影响

将公民意识、公共参与、外在政治效能感、内在政治效能感、成长社会化感知－家庭、成长社会化感知－学校作为自变量，将信息获取行为作为因变量进行逐步回归分析，经模型识别，最终余下公民意识、公共参与、内在政治效能感、成长社会化感知－家庭一共 4 项在模型中。经逐步回归分析，R^2 值为 0.198，意味着这 4 项可以解释信息获取行为 19.8% 的变化原因。可见，公民意识、公共参与、内在政治效能感、成长社会化感知－家庭会对信息获取行为产生显著的正向影响（见表 4－36）。

表 4－36 公民身份认同对信息获取行为的影响逐步回归分析结果

	回归系数	95% CI	VIF
常数	1.303 ** (11.665)	1.084 ~ 1.522	—
公民意识	0.068 * (2.176)	0.007 ~ 0.129	1.362
公共参与	0.308 ** (12.893)	0.261 ~ 0.354	1.754
内在政治效能感	0.078 ** (4.004)	0.040 ~ 0.116	1.594
成长社会化感知－家庭	0.056 ** (2.660)	0.015 ~ 0.097	1.503
样本量	2206		

	回归系数	95% CI	VIF
R^2		0.198	
调整 R^2		0.196	
F 值		$F\ (4,\ 2201)\ =135.583,\ p=0.000$	

注: D – W 值: 1.922。$^*p<0.05$，$^{**}p<0.01$。括号里面为 t 值。

（二）网络使用与认知对信息获取行为的影响

将信息获取行为作为因变量，将网络使用与认知的所有参数和测试项（除去可接受断网时长，以及网络应用中的购物、理财、出行类应用）作为自变量进行逐步回归分析，经过模型自动识别，最终余下 17 项在模型中（见表 4 – 37）。经逐步回归分析，R^2 值为 0.391，即这 17 项可以解释信息获取行为 39.1% 的变化原因。

分析可知：平板电脑、网络应用 – 网络新闻、网络应用 – 在线教育、网络应用 – 网络直播、网络应用 – 微博、意见表达目的、网络媒体信任 – 官媒政务新媒体、网络媒体信任 – 商业机构媒体、网络媒体信任 – 自媒体、网络使用自我效能感 – 理性度、网络使用自我效能感 – 表达力、网络公共空间感知 – 交流功能性会对信息获取行为产生显著的正向影响。另外，每日上网时长、网络应用 – 即时通信、网络应用 – 网络视频、网络社交目的、网络公共空间感知 – 参与活跃度会对信息获取行为产生显著的负向影响。

表 4 – 37　网络使用与认知对信息获取行为的影响逐步回归分析结果

	回归系数	95% CI	VIF
常数	0.946 ** （7.798）	0.708 ~ 1.184	—
每日上网时长	− 0.037 ** （− 3.506）	− 0.058 ~ − 0.017	1.149
平板电脑	0.067 * （2.344）	0.011 ~ 0.124	1.042
网络应用 – 即时通信	− 0.212 ** （− 10.241）	− 0.252 ~ − 0.171	1.666
网络应用 – 网络新闻	0.119 ** （8.296）	0.091 ~ 0.147	1.526
网络应用 – 在线教育	0.066 ** （4.701）	0.038 ~ 0.093	1.367
网络应用 – 网络视频	− 0.034 * （− 2.464）	− 0.061 ~ − 0.007	1.363
网络应用 – 网络直播	0.043 ** （3.557）	0.019 ~ 0.067	1.226

续表

	回归系数	95% CI	VIF
网络应用 – 微博	0.028 * (2.515)	0.006 ～ 0.050	1.247
意见表达目的	0.072 ** (3.811)	0.035 ～ 0.109	2.315
网络社交目的	– 0.050 * （– 2.545）	– 0.089 ～ – 0.012	2.407
网络媒体信任 – 官媒政务新媒体	0.122 ** (7.131)	0.088 ～ 0.156	1.793
网络媒体信任 – 商业机构媒体	0.104 ** (4.930)	0.063 ～ 0.145	2.395
网络媒体信任 – 自媒体	0.128 ** (5.865)	0.085 ～ 0.171	2.225
网络使用自我效能感 – 理性度	0.072 ** (2.915)	0.024 ～ 0.120	2.606
网络使用自我效能感 – 表达力	0.111 ** (5.307)	0.070 ～ 0.152	2.287
网络公共空间感知 – 交流功能性	0.075 ** (4.370)	0.042 ～ 0.109	1.547
网络公共空间感知 – 参与活跃度	– 0.026 * （– 2.254）	– 0.048 ～ – 0.003	1.205
样本量	2206		
R^2	0.391		
调整 R^2	0.386		
F 值	F (17, 2188) ＝82.484, p＝0.000		

注：D – W 值：1.948。* $p < 0.05$，** $p < 0.01$。括号里面为 t 值。

（三）已接受媒介素养教育对信息获取行为的影响

将中小学媒介素养教育、大学媒介素养教育作为自变量，而将信息获取行为作为因变量进行逐步回归分析。经过模型自动识别，只有中小学媒介素养教育一项在模型中。经逐步回归分析，R^2 值为 0.039，意味着中小学媒介素养教育可以解释信息获取行为 3.9% 的变化原因（见表 4 – 38）。可见，中小学媒介素养教育对大学生信息获取行为有一定的影响，但影响极其有限。

表 4 – 38　已接受媒介素养教育对信息获取行为的影响逐步回归分析结果

	回归系数	95% CI	VIF
常数	2.765 ** (130.008)	2.724 ～ 2.807	—

	回归系数	95% CI	VIF
中小学媒介素养教育	0.596** (9.460)	0.472 ~ 0.719	1.000
样本量		2206	
R^2		0.039	
调整 R^2		0.039	
F 值		$F(12204) = 89.489, p = 0.000$	

注：D－W 值：1.901。$^*p<0.05$，$^{**}p<0.01$。括号里面为 t 值。

二 公共意见表达行为的影响因素

(一) 公民身份认同对意见表达行为的影响

将公民身份认同所涉及的 6 个维度（公民意识、公共参与、外在政治效能感、内在政治效能感、成长社会化感知－家庭、成长社会化感知－学校）作为自变量，将意见表达行为作为因变量进行逐步回归分析。经过模型自动识别，最终余下公民意识、公共参与、内在政治效能感、成长社会化感知－学校 4 项在模型中。经逐步回归分析，R^2 值为 0.080，意味着这 4 项可以解释意见表达行为 8.0% 的变化原因。

分析可知：公共参与、内在政治效能感会对意见表达行为产生显著的正向影响。另外，公民意识、成长社会化感知－学校会对意见表达行为产生显著的负向影响（见表 4－39）。

表 4－39　公民身份认同对意见表达行为的影响逐步回归分析结果

	回归系数	95% CI	VIF
常数	1.971** (19.778)	1.776 ~ 2.167	—
公民意识	－0.121** (－4.457)	－0.174 ~ －0.068	1.320
公共参与	0.207** (9.857)	0.166 ~ 0.249	1.737
内在政治效能感	0.053** (3.063)	0.019 ~ 0.086	1.596
成长社会化感知－学校	－0.072** (－3.999)	－0.108 ~ －0.037	1.412
样本量		2206	
R^2		0.080	
调整 R^2		0.079	

	回归系数	95% CI	VIF
F 值	F (4, 2201) =48.011, p =0.000		

注：D-W值：1.907。* $p < 0.05$，** $p < 0.01$。括号里面为 t 值。

（二）网络使用与认知对意见表达行为的影响

将网络使用与认知的所有参数和测试项（除去可接受断网时长，以及网络应用中的生活便利类，如理财、支付、出行）作为自变量，将意见表达行为作为因变量进行逐步回归分析，经过模型自动识别，最终留下14项在模型中（见表4-40）。经逐步回归分析，R^2 值为0.153，意味着这14项可以解释意见表达行为15.3%的变化原因。

可见，网络应用-网络新闻、网络应用-在线教育、网络应用-网络文学、网络应用-网络直播、网络应用-微博、意见表达目的、网络使用自我效能感-表达力会对意见表达行为产生显著的正向影响。另外，智能手机、网络应用-即时通信、网络应用-搜索引擎、了解新知目的、娱乐消遣目的、网络媒体信任-官媒政务新媒体、网络媒体信任-国外网媒会对意见表达行为产生显著的负向影响。

表4-40　网络使用与认知对意见表达行为的影响逐步回归分析结果

	回归系数	95% CI	VIF
常数	2.188 ** (18.440)	1.955 ~ 2.420	—
智能手机	-0.235 ** (-2.853)	-0.397 ~ -0.074	1.087
网络应用-即时通信	-0.057 * (-2.511)	-0.102 ~ -0.013	2.147
网络应用-搜索引擎	-0.044 * (-2.141)	-0.084 ~ -0.004	2.252
网络应用-网络新闻	0.056 ** (3.833)	0.028 ~ 0.085	1.694
网络应用-在线教育	0.043 ** (3.214)	0.017 ~ 0.070	1.350
网络应用-网络文学	0.051 ** (4.279)	0.028 ~ 0.074	1.209
网络应用-网络直播	0.070 ** (5.944)	0.047 ~ 0.093	1.235
网络应用-微博	0.045 ** (4.284)	0.024 ~ 0.065	1.146
意见表达目的	0.122 ** (5.992)	0.082 ~ 0.161	2.831
了解新知目的	-0.097 ** (-4.124)	-0.143 ~ -0.051	3.131
娱乐消遣目的	-0.066 ** (-3.976)	-0.098 ~ -0.033	1.921

	回归系数	95% CI	VIF
网络媒体信任 – 官媒政务新媒体	−0.088 ** （−6.141）	−0.116 ～ −0.060	1.311
网络媒体信任 – 国外网媒	−0.031 * （−2.343）	−0.056 ～ −0.005	1.118
网络使用自我 效能感 – 表达力	0.077 ** （4.721）	0.045 ～ 0.108	1.450
样本量	2206		
R^2	0.153		
调整 R^2	0.147		
F 值	$F_{(14,\ 2191)} = 28.224,\ p = 0.000$		

注：D – W 值：1.904。* $p < 0.05$，** $p < 0.01$。括号里面为 t 值。

（三）所受媒介素养教育对意见表达行为的影响

将中小学媒介素养教育、大学媒介素养教育作为自变量，将意见表达行为作为因变量进行逐步回归分析。经过模型自动识别，最终 2 项均在模型中。经逐步回归分析，R^2 值为 0.021，意味着中小学媒介素养教育、大学媒介素养教育可以解释意见表达行为 2.1% 的变化原因（见表 4 – 41）。可见，媒介素养教育对意见表达行为产生一定的正向影响，但影响较为有限。这不是说明媒介素养教育不重要，而是说明媒介素养教育尚未发挥应有的作用。

表 4 – 41　已接受媒介素养教育对意见表达行为的影响逐步回归分析结果

	回归系数	95% CI	VIF
常数	1.836 ** （95.197）	1.798 ～ 1.874	—
中小学媒介素养教育	0.207 ** （2.956）	0.070 ～ 0.345	1.781
大学媒介素养教育	0.175 ** （2.742）	0.050 ～ 0.299	1.781
样本量	2206		
R^2	0.021		
调整 R^2	0.020		
F 值	$F_{(2,\ 2203)} = 24.029,\ p = 0.000$		

注：D – W 值：1.896。* $p < 0.05$，** $p < 0.01$。括号里面为 t 值。

（四）其他变量对意见表达行为的影响

将意见表达效果预估、意见表达顾虑（3 个子项）、信息获取行为作为自变量，将意见表达行为作为因变量进行逐步回归分析。经模型自动识别，回归关系见表 4 - 42。通过逐步回归分析得到 R^2 值为 0.155，这 5 个维度可以解释意见表达行为 15.5% 的变化原因。

可见，意见表达效果预估、信息获取行为会对意见表达行为产生显著的正向影响。另外，意见表达顾虑中的网络暴力、表达水准、信息淹没会对意见表达行为产生显著的负向影响。

表 4 - 42　部分双重变量对意见表达行为的影响逐步回归分析结果

	回归系数	95% CI	VIF
常数	1.999** （31.074）	1.873 ~ 2.125	—
信息获取行为	0.136** （8.103）	0.103 ~ 0.169	1.067
意见表达效果预估	0.157** （12.577）	0.132 ~ 0.181	1.044
意见表达顾虑 - 网络暴力	-0.054** （-3.662）	-0.082 ~ -0.025	1.674
意见表达顾虑 - 表达水准	-0.056** （-3.788）	-0.085 ~ -0.027	1.668
意见表达顾虑 - 信息淹没	-0.054** （-4.206）	-0.080 ~ -0.029	1.385
样本量	2206		
R^2	0.155		
调整 R^2	0.153		
F 值	$F_{(5, 2200)} = 80.853$, $p = 0.000$		

注：D - W 值：1.935。$^*p < 0.05$，$^{**}p < 0.01$。括号里面为 t 值。

第四节　基于问卷统计的现状与影响因素分析

如前所述，问卷分析主要是对规模人群的基本面进行扫描，发现普遍特征和共性规律。接下来将围绕描述性统计结果和回归分析结果进行现状分析。本研究将网络公共传播行为大致分为信息获取行为和意见表达行为两部分，现状分析亦从这两方面入手。

一 信息获取行为现状与影响因素

（一）信息获取行为现状

1. 整体：中低活跃度与圈层关注

信息获取行为，主要指的是大学生对涉及公共事件、公共利益的话题或消息（以下称"公共事务信息"）的关注、了解。本研究从信息关注的领域和渠道两方面进行了基本面调研，即分别考察信息获取领域、信息获取渠道，并进行了描述性分析。

在信息获取领域方面，大学生对时政、教育科技、环境保护、社会安全、医疗健康、经济发展等公共事务信息有一定的关注，关注频率基本在"经常有（每周2~3次）"和"偶尔有（每月1~2次）"区间。

在信息获取渠道方面，大学生关注率最高的是微信朋友圈、QQ群等熟人网络社交圈；其次是中央媒体（如央视、新华社、《人民日报》）官网官微，以及自媒体平台。

2. 人口统计学差异

性别。男生比女生更倾向于关注公共事务信息，均值比女生高0.08（$1 \leqslant M \leqslant 4$），且具有显著差异（$P = 0.004$）。

年级。对公共事务信息关注均值从高到低的年级依次为大二、大三、大四或大五、大一。就差异显著性而言，P值大于0.05（$P = 0.566$），差异不具备显著性。

专业。对公共事务信息关注均值相等的专业类型是理工医、人文、经管，社科类专业均值稍低，但因为P值大于0.05（$P = 0.702$），差异不具备显著性。

学校类别。对公共事务信息关注均值从高到低的学校类别依次为专科、普通本科、重点本科（985大学、211大学），且差异具有显著性（$P < 0.001$）。

长期居住地。对公共事务信息关注均值从高到低的长期居住地类型依次为省会城市（广州除外）、北上广深、其他城市/县城、集镇村庄，且差异具有显著性（$P < 0.001$）。

父母文化水平差异。父亲文化水平的差异性体现，从高到低分别为本科及以上、高中/中专/技校、大专、小学及以下、初中，其差异具有显著性（$P = 0.004$）。母亲文化水平的差异性体现，从高到低分别为本科及以上、高中/中专/技校、大专、初中、小学及以下，且差异具有显著性（$P = 0.044$）。

可见，不同的性别、不同的学校类别、不同的成长地、父母不同的文化水平，往往使大学生呈现出不同的信息获取行为。在考察大学生信息获取行为时应慎用"中国大学生"这样的宏大词语。

（二）信息获取行为的影响因素总结

将信息获取行为的影响因素绘制成图，如图 4 – 6 所示。

公民身份认同方面。对信息获取行为变化影响最深的是公共参与，即受访者是否为"在行动上"积极参与公共事务的人。其次是内在政治效能感，即受访者感受到自己改善公共生活的推动力。接下来是公民意识和成长社会化感知 – 家庭。笔者认为，公民意识之所以落后于公共参与，不是因为它不重要，而是因为大学生对于个体"应该"具备什么样的权利义务观，"应该"关注国计民生，"应该"注重大局、集体利益，有一个"应然"的认知，这种想象中的应然，在落到真正的公共传播行为"实然"上时，经常难以匹配。

网络使用与感知方面。网络媒体信任对信息获取行为的变化影响最深，这表明减少网络谣言，提高网络媒体的可信度，有利于提高大学生对公共话题的关注度。上网设备中的平板电脑对信息获取行为的贡献率较高，这可能与平板电脑从以前的娱乐工具变为"学习 + 娱乐"工具有关。上网目的中的意见表达目的，网络应用中网络新闻、微博、在线教育等类型 App 的使用，有利于促进大学生关注公共话题和公共事务。网络使用自我效能感中的理性度、表达力对信息获取行为也有一定的影响，网络公共空间感知中的交流功能性（即认为网络空间具有舆论监督等作用）也有正向影响。另外，对信息获取行为有负面影响的包括"每日上网时长""网络应用 – 即时通信""网络应用 – 网络视频"等，可见，不是上网时间越长，关注公共话题或事件的时间越长。即时通信、网络视频等网络应用的高频使用，也在客观上挤占了关注公共话题或事件的时间和精力。

媒介素养教育方面。中小学媒介素养教育对信息获取行为有一定的影响，大学媒介素养教育的影响微乎其微，在回归分析中被筛选排除。这不

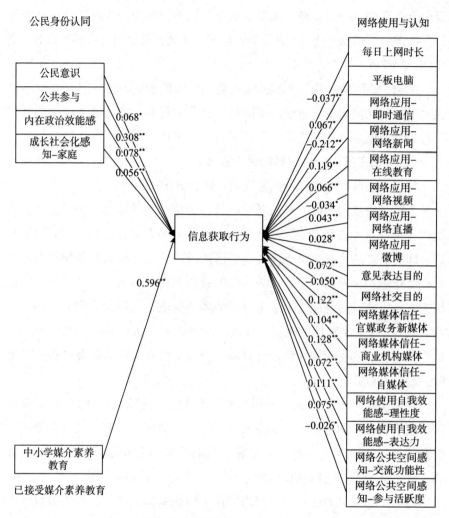

公民身份认同

公民意识

公共参与

内在政治效能感 0.068*

成长社会化感 0.308**
知-家庭 0.078**

0.056**

信息获取行为

0.596**

中小学媒介素养
教育

已接受媒介素养教育

网络使用与认知

每日上网时长

平板电脑

网络应用-
即时通信

-0.037** 网络应用-
网络新闻

0.067* 网络应用-
-0.212** 在线教育

0.119** 网络应用-
网络视频

0.066** 网络应用-
-0.034* 网络直播

0.043** 网络应用-
0.028* 微博

0.072** 意见表达目的

-0.050* 网络社交目的

0.122** 网络媒体信任-
官媒政务新媒体

0.104** 网络媒体信任-
商业机构媒体

0.128** 网络媒体信任-
自媒体

0.072** 网络使用自我效
能感-理性度

0.111** 网络使用自我效
能感-表达力

0.075** 网络公共空间感
知-交流功能性

-0.026* 网络公共空间感
知-参与活跃度

图 4-6 信息获取行为影响因素

是说明媒介素养教育不重要，而是说明中国亟须对大学生进行有效的媒介素养教育。

二 意见表达行为现状与影响因素

（一）意见表达行为现状

1. 整体：低活跃度、圈层性、"简约"性

意见表达行为主要指的是大学生在网络上对公共事务的意见参与和表达。本研究主要从意见表达的领域、渠道、方式三个维度进行研究，即分别对意见表达领域、意见表达渠道，以及意见表达方式进行了描述性分析。同时，对意见表达视角、意见表达顾虑、意见表达效果预估进行了补充测量。

在意见表达领域方面，大学生对社会安全领域的网络话题参与最为活跃，其次为医疗健康/环境保护，再次为教育科技，复次为经济发展，最后为时政。用公式表示为：社会安全＞医疗健康/环境保护＞教育科技＞经济发展＞时政。5项参与频率均值均为1.5~2.0，处于"几乎没有"和"偶尔有（每周1~2次）"之间，活跃度偏低。

在意见表达渠道方面，大学生最喜欢表达公共意见的地方是个人QQ空间、微博发文区和微信朋友圈，其次是QQ群、微信群及其他小众网络论坛。

在意见表达方式方面，大学生首选的表达方式为点赞（或显示"在看"），其次为转发，其后依次为跟帖跟评、发文（文字或文字加图片）、自制视频（多媒体）。总体上趋向于"简约"的表达。

2. 人口统计学差异

不同的性别、学校类别，以及父亲不同的文化水平，往往使大学生呈现出不同的意见表达行为。性别方面，男生比女生更倾向于意见表达。学校类别方面，普通本科的大学生意见表达更活跃，其次为专科大学生，最后为重点本科（985大学、211大学）大学生。父亲文化水平方面，父亲学历在本科及以上的大学生更倾向于表达，其后依次为高中/中专/技校、大专、初中、小学及以下。

年级、专业、长期居住地、母亲文化水平在意见表达方面不存在显著差异。

（二）意见表达行为影响因素小结

将影响意见表达行为的因素进行综合，绘制成图4-7。

公民身份认同方面。内在政治效能感对意见表达行为具有较大的影响力，认为自己具备推进公共议程能力的受访者更容易参与意见表达。同影响信息获取行为一样，公共参与也是对意见表达行为影响较大的因素，可见是否有公共参与行为，与是否有公共传播行为呈高度正相关。公民意识和"成长社会化感知－学校"与意见表达行为呈负相关，笔者认为，之所以出现这种情况，还是因为受访者回答的是"应然"，而非"实然"。

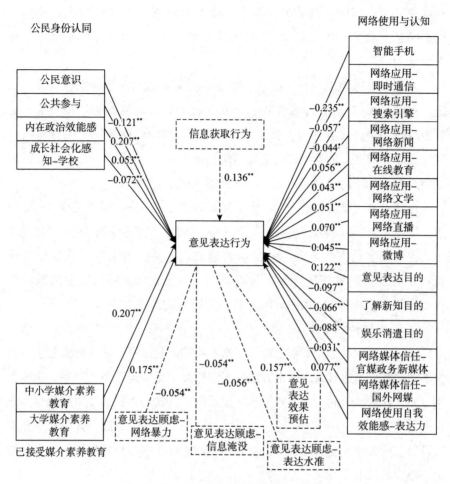

图 4 – 7　意见表达行为影响因素汇总

网络使用与认知方面。意见表达目的对意见表达行为影响较大，这也符合动机与行为的一般原理。网络使用自我效能感 – 表达力的水平，以及网络新闻、在线教育、网络直播、微博等网络应用的使用频率，对意见表达行为有一定的正向影响。另外，智能手机、搜索引擎的高频使用，以及高度的了解新知目的和娱乐消遣目的，对意见表达行为均有一定负向影响。同时，对官媒政务新媒体、国外媒体的信任度会对意见表达行为产生负向影响。

媒介素养教育方面。中小学媒介素养教育对意见表达行为的影响较大，超过大学媒介素养教育的影响力。受访者已接受媒介素养教育（中小学、大学）对意见表达行为具有 15% 的解释力（$R^2\% = 15$），总体上媒介素养教育的影响力偏弱。

同时，通过对一些双重变量或单独变量进行的回归分析发现，意见表达效果预估、信息获取行为对意见表达行为具有一定的正向影响，意见表达顾虑对意见表达行为具有一定的负向影响。

三 行为影响因素总览

本研究在分析总结现状的基础上，将网络公共传播行为的影响因素，按照信息获取行为和意见表达行为的分类分别进行了小结。影响因素总览见表4-43。

表4-43 大学生网络公共传播行为影响因素总览

			信息获取行为	意见表达行为
公民身份认同	公民意识		+	-
	公民参与		+	+
	政治效能感	外在政治效能感	/	/
		内在政治效能感	+	+
	成长社会化感知	学校	/	-
		家庭	+	/
网络使用与认知	网龄		/	/
	每日上网时长		-	/
	上网设备	智能手机	/	-
		笔记本电脑	/	/
		台式电脑	/	/
		平板电脑	+	/
	网络应用（购物、理财、出行类除外）	即时通信	-	/
		搜索引擎	/	/
		网络新闻	+	+
		网络视频	-	/
		微博	+	+
		短视频	/	/
		在线教育	+	+
		网络文学	/	+

续表

			信息获取行为	意见表达行为
网络使用与认知	网络应用（购物、理财、出行类除外）	网络直播	+	+
		网络游戏	/	/
	上网目的	了解新知	/	−
		网络社交	−	/
		意见表达	+	+
		娱乐消遣	/	−
		便利生活	/	/
	网络使用自我效能感	网络使用主体性	/	/
		网络使用理性度	+	/
		网络使用表达力	+	+
	网络媒体信任	官媒政务新媒体	+	−
		商业机构媒体	+	/
		自媒体	+	/
		国外网媒	/	/
	网络公共空间认知	表达自由度	/	/
		交流功能性	+	/
		群体理性度	/	/
		参与活跃度	−	/
媒介素养教育	中小学阶段		+	+
	大学阶段		/	+
意见表达效果预估（单独）			/	+
意见表达顾虑（单独）	网络暴力		/	/
	表达水准		/	−
	群体影响		/	/
	信息淹没		/	−
	不被重视		/	/
信息获取行为（单独）			/	+

说明：1. "＋"表示正向显著影响，"－"表示负向显著影响，"/"表示无显著影响。

2. 公民意识对意见表达行为影响为负，公民参与对意见表达行为影响为正，说明公民参与更能体现调查对象真正的"公民意识"。

3. 将意见表达效果预估、意见表达顾虑、信息获取行为视作单独自变量，测量其对意见表达行为的影响。

第五章 大学生网络公共传播行为现状阐释：基于访谈分析

在问卷调查的基础上，本研究筛选了 32 名问卷调查对象作为访谈对象，对其进行深度访谈，访谈录音整理成 32 个 Word 文件，共 112674 字。访谈数据采集之后，利用 NVIVO 12.0 进行编码。访谈和访谈数据分析的目的有两个：其一，对问卷的调查结果进行现象解释；其二，进一步洞察大学生的网络公共传播行为及其影响因素。

第一节 "他们"与网络

如今互联网已经高度普及，大学生由于学习需要等普遍拥有至少一部手机和一台电脑，他们会花费大量时间浏览、获取信息。德弗勒和鲍尔·基洛奇最早提出媒介依存理论，其核心思想是受众依赖媒介提供的信息去满足个体需求并实现自身目标，[①] 拉扎斯菲尔德和莫顿曾指出大众传播具有"麻醉作用"，认为人们会迷失在大众媒介的信息洪流中。[②] 青少年基于某种学习或娱乐的需要去接触网络，并通过获取的信息得到满足，在这个过程中，他们容易迷失在海量的互联网信息中并产生心理上的依赖。

一 网络生活与生活网络

（一）娱乐化倾向

大学生常用的网络应用分为以下三种类型。

---

① 李沅倚：《新媒介依存症：从"电视人"到"网络人"、"手机人"》，《重庆邮电大学学报》（社会科学版）2013 年第 4 期。

② 郭庆光：《传播学教程》，中国人民大学出版社，2006，第 152 页。

专业类学习应用。如"慕课""学习强国""腾讯会议"等，这类应用主要是为学习、交流专业知识服务的，大学生利用这些应用搜集资料、进行线上课堂学习。对于专业性要求较高的理工科学生来说，除了以上这些应用，他们还会关注一些专业类公众号及论坛，进行学习资料的搜集、整理。如 S13 是一名自动化专业大三学生，他"常用的网站，就是一个叫 CSDN 的看专业知识的论坛"。

娱乐类应用。占据主流的是娱乐类应用，分为社交软件、视频软件、购物软件等。几乎所有接受访谈的学生都安装了至少一种社交软件，使用最多的是微信，主要用来进行私人化社交，这也使许多人将人际交往活动由现实转向了网络，如"和朋友聊会儿天""和同学、老师联系"等"必要的社交"。其次是微博、抖音、论坛等公共性较强的社交性软件，这类应用一是用来社交，即与虚拟网友进行互动，但大多是通过点赞等方式，很少有人愿意主动分享自己的观点；二是用来刷热搜，了解新闻时事，这是大学生获取信息的一种渠道，他们会将其作为私人社交谈资，"如果你不刷微博的话，他们聊什么或者朋友圈里发什么你都不知道，你都不知道他们在说什么"；三是用来经营自媒体账号，被访者 S22 是一名画手，她会将画画教程分享到自媒体账号，"我是玩短视频的，就想要做自媒体嘛，所以我就会在这上面花比较多的时间"。互联网社交在大学生日常生活中占据了重要位置，网络生活与生活网络逐渐密不可分。视频软件是除社交软件以外最受大学生欢迎的，S14 甚至表示"90% 的时间就是（待在）B 站（视频类 App）"。他们主要用视频软件追剧、看综艺、刷短视频。大学生对视频软件的使用并不仅限于娱乐满足，他们还会关注具有专业性且自己感兴趣的知识普及型视频。

新闻类应用。使用这类应用的学生较少。这类应用主要被用来关注时政热点，如澎湃新闻 App、其他官方新闻公众号等。对于大多数大学生而言，他们更倾向于通过微博、抖音等社交应用，而非专业性的新闻应用来了解新闻。相比严肃新闻，他们更"关注娱乐新闻，还有一些比较好笑的事情"。虽然学习型应用和娱乐型应用都颇受大学生欢迎，娱乐消遣和了解新知是其主要上网目的，但从软件类型、软件数量上看，当代大学生的网络使用行为具有很明显的娱乐化倾向。

大学生常用的网络应用见表 5-1。

表 5-1　大学生常用的网络应用

大学生常用的网络应用 （编码者概括）	参考点	原始陈述
专业类学习应用	13	"（使用的）新闻软件偏向专业课（方面）一点，主要是专业课相关的一些资讯网站。" "好像（安装应用里有）7 个就是学习软件。" "常用的网站，就是一个叫 CSDN 的看专业知识的论坛。"
娱乐类应用	29	"QQ 聊天，微信聊天，刷朋友圈，看 B 站，刷微博，在爱奇艺看视频。" "社交类的话主要是微信和微博，视频平台如腾讯视频、爱奇艺，用得也比较多……然后音乐软件的话我平时比较喜欢用网易云音乐。这几个是我常用的网络应用。" "音乐软件、知乎、B 站、微信、QQ 不是人手必备嘛，还有淘宝。"
新闻类应用	5	"还有一些看新闻的 App。"

（二）信息是真是假

大学生普遍认为自己具有较强的网络信息甄别能力，能够辨别出真假信息。他们主要从以下三方面来判断信息真假。

1. 通过经验判断

S15：这个主要还是之前经验的积累吧，我也不会只看一条新闻，我可能会看看很多人说的，然后加上自己以前的这种学习经验，再去判断一下。

2. 内容是否有条理逻辑

S14：比较容易的辨别方式就是你看他发出文章（的）那个语气，（然后）你就能大概知道这个人是在胡说八道，还是真的有理有据。网上的信息嘛，有的人是在发泄情绪，有的人是在讲道理，讲道理的人说话会比较严谨，而且会给你列出他是从哪儿得到的这些信息，一般情况下这种就是比较真实可靠的。

3. 信源是否可靠

S09：我一般上网看信息的话，会参考一下它的信息来源是否可靠，比如说它的发布者是否权威，然后平时说话的可信度是否高，再看一下它发布的信息分析是否全面，最后结合自己的主观经验进行甄别。

但也有相当一部分大学生表示自己的信息甄别能力较弱，在这种情况下他们通常的反应有两种：一种是相信官方信息；另一种是认为其与自己无关，所以无所谓真假。

二　关于断网的想象与回答

大学生网络使用行为具有以下特点。

其一，上网时间长。普遍上网时间在 5～6 小时，更长的话甚至"就是 24 小时减去 8 小时，可能就是除了睡觉啊，上厕所啊……游戏时间至少会有四五个小时吧"。

其二，网龄久。普遍入网时间 10 年以上，很多大学生在小学阶段就开始接触网络，甚至一些 00 后大学生网龄有 16 年之长，因为"就是互联网的原住民，我们出生后就有互联网络"。

其三，断网忍受阈值低。大学生们能忍受不上网时间较长的为一周，较短的就两三个小时。完全出于自身心理因素而不能忍受长时间断网的占 1/3 左右，他们能清楚地意识到自己存在网络依赖心理。S22 说："我真的是不会离开手机的，而且就算是出门，我都要带一个充电宝，我是绝对不会让自己手机断电的那种类型（的人）。"其余 2/3 的学生表示断网忍受阈值与学习、社交等需求有关，如果不存在硬性要求且生活充实，如在旅游、工作等，可以忍受长时间断网。S07 表示："那要看我在什么情况下了。其实（对）现在来说网络像是一个代替品，代替自己出去嘛，从网络上得到的东西确实很多……如果我必须待在家，那可能我一个小时也离不开网。如果我和其他人在一起，我们会共同分享事情，那我觉得两三天甚至一星期（不上网）我都可以接受。"

总体来看，网络生活占据了大学生大部分的时间和精力，他们主动或被动地用网络来进行社交、学习、娱乐等，并存在严重的网络依赖症，但并未达到成瘾的地步，大部分受访对象是可以进行自我控制的。

三　网络只是工具

大学生的目标管理能力与上网自制力不算很强，但也能做到将网络当作一种获取信息的工具，不过分沉溺于互联网中。在 32 名受访对象中，大多数人认为自己的自制力中等偏上，基本能利用网络完成目标，能达到"不会耽误正事儿"的程度。S08 表示："（关于）上网自制力我觉得（自己算是）中等吧，就是不算特别差，（但）也没有很好地控制（自己上网）……总是明知道我可能这个时间段不该去这么做，还是会去做，但也并没有达到一个很沉迷或者说病态的程度。"很明显，他们虽然能够完成目标，但在过程中需要克服一些"困难"，这些困难主要来自软件的推荐机制、设备类型的选择、时间的安排等。

S13 表示推荐机制对其影响很大："因为它总是给你弹一些东西出来，然后你就会被吸引注意力……弹出的东西一看挺有意思的，就去玩两下，整个（玩手机的）时间就会被拉长。"

S03 表示设备类型的选择对其影响很大："要是在手机上的话，我就会漫无目的地刷一会儿。在电脑上的话，就是明确地搜一个东西、看一个东西。"

S09 表示时间安排对其影响很大："如果我手头上正在忙一些很重要的事情的话，那肯定是自制力很强，目标管理能力也比较强。如果我比较闲，那自制力就相对差一点。"

第二节　公共信息获取行为阐释

一　谁影响了他们的信息视野

大学生获取公共信息的行为并不是天生的，家庭、学校、群体共同构建的教育网络影响他们对社会的认知，进而影响他们的信息获取行为。

（一）家庭教育是基础

家庭作为个人社会化的基本单位，对青少年早期性格养成及世界观、人生观、价值观的塑造至关重要，家长的言传身教及家庭氛围会影响青少年人格的养成。在进行访谈时，除个别家庭缺失者，绝大多数学生都承认家庭在自己养成独立自主、关心社会的性格过程中发挥了重要作用。S26表示："我觉得家庭教育比较重要，我父母从小（就）教育我要有独立思考的能力，要关心国家大事。"可以说，良好的家庭教育、家长的潜移默化为青少年公民意识的形成打下了基础。

（二）学校教育是关键

学校是大学生进行社会化的另一重要场所，青少年通过在校学习不断调整自身行为以符合社会要求。肖计划认为学校肩负着帮助青少年实现行为规范社会化和价值观念社会化的责任。[①] 学校环境对青少年产生影响主要有两种途径。一是知识性教育。这主要通过课堂完成。S04 说："我在高中学文科，（文科中的）政治（课程）就需要（文科生）去关心国家大事。"二是观念性教育。这主要通过学习环境的潜移默化完成。S09 说："暨南大学的学术氛围就是强调多元化，我们学校的定位就是华侨最高学府，生源有很多是来自港澳台的，所以我们就经常关注港澳台的新闻。"通过这两种方式，青少年能够形成较为系统的社会认知并产生相应的行为，如关心时政、参与公共事务讨论等。

（三）群体氛围是催化剂

群体环境指的是青少年所处的群体人际网络，分为现实群体和网络群体。大学生通常与他们所处群体中的成员存在某种地缘、兴趣、感情上的联系，因此他们会受到群体成员对某些事物的看法的影响，甚至逐渐趋同，S20 表示："我是非常'佛系'的，我接触的同学也是比较'佛系'的，一般不会去网上发飙、轻率地发表意见。"

二　内容、频率源自"时机"

（一）被动大于主动

大学生大多通过软件推送或热搜话题的方式获取公共信息，很少主动搜索获取（见表 5-2）。S02 说："了解是被动的，我都是看到了推送才会

---

① 肖计划：《论学校教育与青少年社会化》，《暨南学报》（哲学社会科学）1996 年第 4 期。

点进去，没看到我都不知道这个事儿，也没法去了解。"

即使面对推送到眼前的信息，他们也具有很强的选择性接触行为，并不会全部点进去浏览。S16 说："（对于）它发的新闻，就是涉及我自己感兴趣的地方，或者是自己想表达的地方，我才会点进去的。如果我并不是很关心，或者是我根本不了解的东西，我一般就不会多看，直接划走了。还是依据自身的兴趣爱好选择吧。"

表 5 – 2　公共信息获取渠道

公共信息获取渠道	参考点	原始陈述
权威性平台（主动） （官媒、新闻 App 等）	5	"渠道的话就是'观察者网'这么一个 App 啊，它经常会发一些东西，其实主要就是看它吧。" "自己主动，因为这是一个比较有权威性的平台。它这个新闻肯定是有保障的，比较正式。"
其他平台（主动） （微博、微信、知乎、B 站等）	10	"主要是一些社交软件，知乎呀豆瓣呀这种软件，另外就是在视频网站看一下新闻。" "时政新闻的话我其实一般是通过微信公众号（来看），因为微信公众号虽然有一点滞后，但是它会带它自己的分析，这样看起来会比较省力。"
推送机制（被动） （微博、微信、知乎、B 站等）	20	"这一类的（信息看的）比较少，不怎么看。对，除非它直接推送到我面前，然后我会点进去，我自己主动去找来看的话就比较少了。" "像短视频类的软件可能刷到就会关注一下，刷不到的话就不怎么会去关注了。" "平常用微信比较多，可能就通过微信的公众号推送，或者是朋友圈一些同学、老师的转发（来了解）。"
群体讨论获取（被动）	6	"我和我室友会经常聊一些社会问题，有些（信息）是从她们口中知道的。" "就浏览一下 QQ 群里的信息、微信群里的信息，还有微博话题，了解一些社会上的事情。"

（二）时间与频率

在谈及公共信息关注频率时，除极少数完全不关心或心血来潮才浏览一次的人，大多数大学生表示自己形成了固定的新闻浏览时间。

S05 表示"早上或无聊的时候会浏览新闻"，"频率就是有时候无聊的话会打开新闻看一下，每天早上醒来会先看一下当天的新闻什么的，然后再看当天什么时候有时间也会浏览一下，知道一下当时发生的社会上的事情，就是社会民生还有国家相关方面的"。

S19 表示自己早晚都会浏览新闻，"早上看的次数比较多，晚上有时间也看"。S21 表示"每天热搜都会看"。

（三）涉入度是动力

通过分析发现，涉入度与新闻内容的关注度成正比，即越与自身具有接近性或利益相关的新闻，越容易被大学生关注。

首先，与自己专业相关的新闻会得到极大关注。

S20（一名准备考研的学生）：因为考研，肯定是需要时政方面的一些支持，所以在这方面是有关注的。

S29（一名医学专业的学生）：像当时疫情防控期间，医护人员那种奉献精神什么的，看到这些帖子、视频比较感动，会点赞转发一下。

其次，疫情等与自身相关的社会民生新闻也会得到关注。

S04：要关注的话也是自己比较感兴趣的，比如最近疫情，就会每天坚持去看它每天新增了多少（病例）。

S16：还是比较多地关注我家里住的这边和我学校那边的新闻，就是（关注）离自己最近的民生新闻比较多。

三　媒体信任：谁是权威

（一）官媒最可信

大学生们认为官方媒体，如央视新闻、人民网等中央直属官方媒体最具有权威性，发布的信息也最为可信。

S09：官媒的话我觉得它的性质就已经决定了它一定要追求可信度，而不是那些新闻的时效性或快速性。所以它天生带有一种可信度。

S12：央视作为国家级电视台，绝对比网上一些为了吸引流量对事实进行歪曲的大 V 更加可靠。

（二）其他媒体的作用

虽然大多数同学认为官方媒体权威性较强且可信度较高（见表 5 - 3），但他们也存在一些顾虑。

一是源于官方媒体出现过的一些报道失误。

S03：我记得好像是上一年我就遇见过一个事儿，《人民日报》说个啥后来就反转了，没过两天还是没过一天，它好像就把那条微博给删了。

二是源于官方媒体的立场与性质。

S07：因为往往（对于）最真实的事情，它不一定会100%地报道出来……我们所了解到的是所有人都能够了解到的信息。

因此除了官方媒体外，大学生也会通过其他渠道获取信息作为印证与补充。

如 S09 认为官媒具有滞后性，所以会先关注其他平台获取细节，"我觉得官媒是比较可信的，但是官媒往往就会滞后一点，比如说之前那个昆明事件，官媒的话发声会晚一点，它是等事件全部调查清楚以后才会报道出来，但它是相对比较可信的。所以说我一般会先看热搜上网友的评论，豆瓣小组和知乎上的讨论，然后等我差不多把信息消化完了以后，官媒就会出来把事情说一遍，然后（我再）看一下。"

S14 会根据事件性质去选择平台："也得看事件的性质，如果是丑闻的话，肯定还是很难从官媒上得到一个比较详细的答案。如果是其他一些什么冤假错案等，或者是关于抗震救灾的，还是官媒会更及时。"

表 5 – 3　突发事件媒体报道信任度

媒体类型	提及频次
官媒	28
其他媒体或渠道	6

第三节　公共意见表达行为阐释

一　表达的契机

大学生进行公共意见表达，是基于某种情绪。

第一种表达动机是愤怒。

S01：应该是因为有时候事件或话题确实被说多了吧，他们那些（言论）发表得太多了，（所以）自己也充满了那种愤怒吧，就会去发表（意见）。

第二种表达动机是兴趣。

S05：有时候自己对这个话题或这件事情很感兴趣的话会点赞加转发。

第三种表达动机是了解。

S11：相对来说我对于这些事件（在）表达态度（上）也会比较谨慎一些，我觉得就是要看这个时政或者社会民生方面的内容的性质和复杂程度，如果说它现在刚刚爆出来然后还没有得到更多的证实的话，那我可能还是会先观望一下，但如果说整个事件比较成熟了，然后各方面的观点也比较清晰的话，那我可能会就这些内容发表一下自己的看法。

二　意识强，行动力弱

大学生普遍认为自己具有社会意识和社会责任感，但缺乏实际的公共事务表达和参与行为。通过对访谈内容进行分析可以将大学生的公民身份认同分为公民意识和公共参与两方面。公民意识主要考察大学生对自己是否具有独立自主、关心社会等品质的认知。公民参与主要针对的是参与公共事务的行动，包括投票、提建议等。在 32 名大学生中有 28 名都认为自己是独立自主且关心社会的人。

> S02：独立自主的前提是三观逐渐成形，个人在三观上实现独立自主，才会知道以后选择什么样的道路，而且有了坚定的信念才能持续地走下去。而我觉得（个人应该）关心社会，家是最小国，国是千万家，关心社会，社会才能更好地服务于大众，国家才能变得更好，日益富强，然后咱们大家才能过上更加美好的生活。

被访者 S03 虽然认为自己还欠缺独立自主的能力，但也表明"关心社会这个还好，我经常看国内外新闻，比较关心国内的事"。很明显，大多数大学生认为自己具有较强的关心社会的意识，并会去浏览相关新闻。

但在进一步询问是否有所行动时，大部分学生表示仅限于浏览新闻与点赞，很少发表评论。在实践层面，8 名学生表示完全不参与公共事务，22 名学生表示仅会参与学校有关事务，只有 2 名学生涉及政治参与。即使在这些参与的学生中，主动参与的也只占极小的一部分。

> S01：如果说是有要求的话我会投票，如果是自主的话我不会去投这个票。
>
> S07：目前我不关注，因为我现在还在学校读书，这些新闻我个人还不是特别理解吧，我觉得还是先关心和我自己有关的，跟我们学生有关的那些东西。
>
> S20：作为一个学生，我觉得（自己）接触到的事其实还是比较

少的，可能在社会上接触的主要就是学校啦，而学校本身也会提供一些渠道，来让你反映（问题），所以一般来说不会主动给政府（部门）发邮件。

可以看出，大学生的公共参与集中在学校这个环境范围内，权利主体角色是学生，并不是公民，其作为公民的主体意识与参与行为之间存在明显的偏离。从访谈结果来看，造成这种偏离的主要是参与渠道与参与方式狭窄、涉人度低、个人认知缺乏等。

三　个体力量与群体力量

在32名大学生采访对象中，有将近一半的人政治效能感极低。

一些大学生认为个体对于政策及社会发展的推动力近乎为无，"我一个人的投票也不能代表所有人的投票，应该起不到什么作用"。

另一些大学生认为个体对于政治的推动作用是有限的，"最多推动一个小区、一个班级、一个年级甚至一个学校的发展，再大一点也就是一个公司、一个机关的发展，再大一点真的就没啥水花了"。

在有关政治效能的问题回答中，"大家""人多"等集合词频繁出现，他们倾向于认为当自己属于意见的大多数时才会具有政治影响力。

S09：聚沙成塔嘛，比如说政府最后下达的决策与我当时投票所赞成的这一方是一致的话，那可能就是变相地看到自己通过个人力量推动社会发展了吧。

S14：讨论，就会有人关注这件事情啊。如果没有人讨论，那就没有人知道，还是无法改变，这个东西越积越多，大家的情绪就会越来越高嘛。总有那么一天情绪累积到一定程度的时候，会有一些人意识到要做些什么，量变引起质变，这也是一个过程嘛。

四　关于表达的多重顾虑

大学生在进行公共参与时，倾向于把自己放在一个旁观者的位置，并不会轻易发表自己的观点，而仅以点赞与转发为主。他们对在网络上进行公共意见表达的顾虑主要有以下七个方面。

其一，对立意见的反驳。这是80%的访谈对象不想发表评论的主要原因。

　　S02：比如说微博，一些未实名开小号的'键盘侠'是最大的顾虑，因为一旦咱们和他们的意见不同，他们的攻击是绝大多数人承受不了的。

其二，对自己的思考和表达能力没自信。

　　S14：我觉得我的表达别人不一定能够看进去，让人觉得你这个人说得真好。可能就是肚子里墨水还不够，我觉得我并不能说服别人。

其三，信息了解得不全面。

　　S07：了解得比较深刻我才会去讨论嘛，如果连最基础的信息了解都没有的话，那参与讨论就相当于白痴一样。我会去看，去理解它们，但是如果我自己的认知不够，我是不会去讨论的。

其四，对网络环境的失望。

　　S01：感觉现在网民就是那种听风是风，听雨是雨（的状态），他不会自己去搞清楚这个事情对不对。（他）不了解这个事情的真相，然后就妄自下结论。所以我慢慢很少去关注这些东西，很少去参与这些事情。

其五，无人在意。

S04：主要是觉得发表了也没人会看。

其六，没有用。

S15：因为我也觉得没有什么用。

其七，本身性格。

S20：虽然发言肯定也是好的，但可能（是）我性格特点的原因，一般来说（我）是不会去公开发言的。

总体上，访谈对象在反馈网络使用和公共传播行为时，使用频率较高的词是"微博""微信""大家""B站""知乎""虚假""网络暴力""害怕""攻击"等，具体使用频次见表5-4。

表 5-4　网络感知高频词汇统计

关键词	频次	关键词	频次
微博	175	网络暴力	11
微信	96	害怕	7
大家	68	攻击	7
B站	46	没用	4
知乎	35	谣言	4
虚假	15		

第四节　基于访谈的行为洞察小结

一　低网络使用自我效能感

就网络使用主体性而言，大学生并不能很好地把控自己的上网时间，除强制性目标任务外，大多数学生会或多或少地"拖延"，注意力极容易受到网络推荐机制的影响，在无关目标上耗费大量时间，并且在闲暇状态时这种网络依赖的症状会加剧，因为可携带性、便捷性等，手机成为他们最常使用的一种上网媒介。就网络使用理性度而言，大学生并未达到完全使用理性辨别信息和表达的地步。虽然他们在辨别信息时比较有逻辑条理，认为自己不易被欺骗或"被带节奏"，但其一旦进行表达，又通常是因为某种情绪的驱使，甚至部分人认为网络是他们情绪的宣泄口，因此在上面发泄情绪是正常的。就网络使用表达力而言，大学生群体并没有因为知识水平的加持而高于其他人，甚至大多数人不具有良好的网络表达能力。对自己的思考和表达能力不自信，担心自己的表达会与他人不同或存在错误是他们表达意愿极低的主要原因之一，因此点赞与转发成为他们表明观点的主要行为。

二　公共参与低频、随机

大学生普遍对公共事务不够关心，对学校、身边事件及娱乐新闻的关注度远远高于社会时政。首先在获取公共事务信息时，他们更倾向于通过微博、微信、抖音等平台的推送获取信息，而非专业的新闻类应用。但这类软件的新闻存在严重的娱乐化倾向，言辞夸张且未经调查，娱乐新闻更是占据主流，网友在观看这类新闻时戏称自己为"吃瓜群众"。在这种娱乐化网络氛围中，大学生也养成了一种"吃瓜"心态，即将自己放在旁观者的位置，通过围观满足自己的兴趣和好奇心。他们对娱乐新闻更关注，对于社会新闻，一般不做深入思考或主动参与、推动问题解决。其次在辨别公共事务信息时，由于网络环境的复杂化，新闻制作不再像以前一样需要经过多方调查与证实，每家报纸的新闻选题与内容都会根据编辑方针而有所差异，互联网时代兴起了许多自媒体账号，他们并不主动去采写原创新闻，而是复制、转载其他媒体的信息，即使是一些官方媒体，为了快速发布新闻获取受众，也会在不经调查的情况下进行转载，造成不良社会影响。在这种媒体环境中，大学生对大多数新闻内容都存有疑虑，害怕发生新闻反转，因此不再针对事件发声，害怕且避免因为事件反转而出错。

三 媒介素养教育亟须普及

除了传媒专业的学生，其他专业的大学生基本从未接受过系统的专业媒介素养教育，甚至对于"媒介素养"一词的含义都不甚了解。他们对于媒体的认识大多来源于实践，他们的网络传播行为也仅仅受到部分思想教育的影响，如班级会议中涉及网络的部分，思政课的文明上网思想教育，预防网络诈骗宣传活动，社团活动等。文科生还有一些摄影、写作等与媒介技能相关的选修课可供选择，但这些课都不涉及新闻思想教育。理科生则处于认知相对缺位的状态。大学生对于传播内容形成的过程及其背后所隐含的意识形态倾向很少关注，甚至可以说完全不了解。在这种情况下，他们在复杂的互联网环境中很难正确地面对、处理接收到的各种媒介信息，容易被网络情绪所裹挟，尤其是在存在西方势力网络入侵的情况下，他们的三观面临冲击。为更好地应对网络时代存在的各种问题，媒介素养教育亟须普及。在谈及媒介素养教育必要性时，S11 的访谈说出了大学生的心声。

S11：其实就我们大学生群体而言，（我们）本身就是在社会当中相对来说接受高水平教育的人，但对于大学生来说都会存在网络媒介素养教育接触不到的地方，那我觉得就更有必要去进行这样的教育，让大家在发表言论、发表自己的意见观点和看法的时候，会首先进行一个过滤，然后也会在内心给自己一个提醒，发表意见的（时候也）会更为理性一些。

第六章　大学生网络公共传播行为存在的问题及其原因

问题发现与原因剖析是改善现状、提升行为水平的重要一步。第四章、第五章从定量和定性两方面进行了现状分析和解释，本章主要结合实证研究结果进行问题的发现和原因的剖析。

第一节　大学生网络公共传播行为存在的问题

一　信息获取行为的中低频率与被动围观

在信息获取行为现状描述中已经谈到了信息获取行为中低频的情况，其频率基本上在"偶尔有（每月 1 ~ 2 次）"和"经常有（每周 2 ~ 3 次）"之间。关注是意见表达的前提，中低频关注不利于意见表达。以下主要谈被动围观。

（一）网络围观的定义

2010 年"网络围观"一词出现并受到关注，之后不少学者开始对此进行分析和界定。静恩英认为网络围观的本质是一种自发的网络群聚。[①] 张延芳等认为网络围观是通过拥有公共空间的网络论坛等方式，针对自己所关心的话题，公开发表言论或转载动态关注，又或者只观不评，静态注视。[②] 其实，围观一词，古已有之。商鞅南门立木、古希腊奥林匹克运动会、古罗马恺撒的凯旋仪式等，都是在制造围观。

---

① 静恩英：《网络围观的界定及特征分析》，《新闻爱好者》2011 年第 16 期。
② 张延芳、吴蕾：《网络围观视角下 80 后青年思想政治教育研究》，《理论观察》2011 年第 5 期。

大学生群体是网络使用主体的重要组成部分，也是网络围观的重要力量。围观在某种程度上能够影响媒介议程设置，发挥群众监督、弘扬社会正能量等作用。可以说，围观与网络公共传播密切相关，围观在一定程度上有利于发挥网络公共传播的功能，促进社会公共治理能力的进步与提升。但围观在实践过程中也暴露出一些问题，比如大学生信息获取的被动性、看热闹的娱乐心理等。

（二）网络围观的被动性

1. 算法推荐的技术裹挟

在 32 名访谈对象中，多名访谈对象对时事、民生新闻的关注，是来自软件的个人推送（访谈对象 S01、S03、S22、S14、S16、S09、S17）、无意间搜索（访谈对象 S18）、热搜榜显示（访谈对象 S12、S10、S04、S05）、新闻弹窗（访谈对象 S05）等。这种算法推荐会形成一种"关注少—推荐少—关注更少"的恶性或非良性循环。正如访谈对象 S14 说的那样："因为看得少，所以它（指网络平台）推得也少。"同时，算法推荐容易形成关注领域的窄化，正如访谈对象 S16 所言："它推的新闻就是涉及自己感兴趣的地方（的新闻）。"另则，社交媒体（如微博）的关注也呈现出精准关注、精准推送，导致信息窄化。受访对象反映他们"去微博的话除了（看）自己关注的博主就是看热搜"（访谈对象 S09）。凡此诸种情况，易使个人一边享受个性化传播带来的便利，一边不知不觉地陷入"信息茧房"（information cocoons）。信息茧房是由 C. R. 桑斯坦（C. R. Sunstein）在《信息乌托邦》中提出的概念，他借此概念传达对信息过滤技术的担忧。

信息茧房具有两大特征。一是"个人频道"。个人通过自己喜欢、关注的媒介渠道，关注自己喜欢并且希望了解的信息。通过此种方式，每个人都可以为自己定制信息内容。二是"回音室效应"（echo chamber effect）。同样偏好的人被推荐的内容往往是相似的，同样偏好的人也容易形成社群，这种同质化高的群体在交流中极易产生"回音室效应"。类似的观点不断交织、碰撞甚至扭曲，易形成一种"非理性的舆论压力"，出现群体极化意识甚至行为。①

---

① 汤广全：《"信息茧房"视阈下大学生思维品质的培养和塑造》，《当代青年研究》2018 年第 2 期。

算法推荐下"信息茧房"产生的影响可以概括如下。其一，容易加剧网民的"媒介依赖症"，令网民陷入"工具奴隶的圈套"。在媒介依赖症中，人们真正依赖的是媒介内容，而算法推荐控制了"内容的传播落点"。其二，造成"正确价值观的迷失"。有推荐就有不推荐，有凸显就有遮蔽，信息平台往往沦为低级趣味内容的聚集地和散播地。同时基于趣缘的算法推荐，意见的分享往往成为同声重复，少数意见不一致的人，在"沉默的螺旋"压力下，成为"沉默的少数"，"音量"的大小成了判断价值取向正确与否的标准。其三，营造"现实世界的虚假氛围"①。李普曼提出了"拟态环境"的概念，他指出人们通过媒体塑造的是一种仿真现实，而非真正的现实，媒体需要做的是尽可能全面、立体地反映现实。于是传统媒体机构的管理者、"把关人"，通过对栏目的结构化设置、涉猎主题的平衡、报道量的比例控制，进行贴近现实的信息传递。算法推荐下信息传递的最大特征是基于用户兴趣的"细分""垂直"，其营造的"拟态环境"更为窄小。

"信息茧房"在我国是一个"出圈"的概念，不仅在学术界闻名，在媒体甚至部分公众中也具有一定的知名度。2017年9月，《人民日报》连续发表三篇文章，就算法推荐导致用户困于"信息茧房"问题质问某新闻客户端，引发了大众对于算法推荐是否为信息茧房诱因的广泛讨论。

在移动互联网迅速发展的今天，用户在享受算法推荐福利的同时，也身处技术裹挟的洪流中。大学生作为知识分子，在围观"真相"时，也会出现被算法推荐挟持的问题。

网络充斥着竞争性真相，② 而现实是复杂的。理查德·伯顿曾言，真相是散落成无数碎片的镜子，每个人都认为自己看到的一小片是完整的真相。源源不断的新闻推送、实时更新的话题榜单，在一定程度上窄化了包括大学生在内的用户的认知，影响了其对公共话题的判断和思考。

依据算法推荐技术，热搜通过对用户搜索行为的大数据运算，实时告知用户目前哪些信息是用户搜索的高频内容，也就是最受关注的议题，

---

① 黄楚新：《破除"信息茧房"，不以流量论英雄 重塑新媒体时代的吸引法则》，《思想教育研究》2018年第17期。

② 〔英〕赫克托·麦克唐纳：《后真相时代：当真相被操纵、利用，我们该如何看、如何听、如何思考》，刘清山译，民主与建设出版社，2019，第27~31页。

让用户意识到有哪些大事发生，在人们无意识中就已经起到了设置公共议程的作用。根据相关调查，微博热搜已成为大学生获取新闻信息的重要渠道。

微博热搜能让大学生认识到公共事务或公共话题，这确实在某种程度上有利于他们参与网络公共话语空间的治理。但算法黑箱、资本裹挟、刷榜、伪娱乐、群体极化等现象也层出不穷。2018年、2020年微博负责人被约谈，甚至被处以微博停更一周的处罚。热搜是微博的一种信息推荐机制，当代大学生在浏览时，多是被动地接收信息。大学生由于心智尚未完全成熟，易被推送内容或推荐热搜"牵着鼻子走"，被浅层事实所迷惑。

2. 社交谈资中的群体裹挟

围观的被动性还表现为社会交往中的群体压力，即满足于"我也知道"。在访谈中，一些访谈对象表示之所以关注某公共事务信息，是因为在QQ群、微信群、朋友圈等网络空间进行交流或线下聊天（访谈对象S01、S28、S05等）过程中出现了相关信息。但对这些信息的了解，仅仅停留在"我知道新近发生的某某事或出现的某某人"上，由于不是主动搜索的，大部分人缺乏兴趣动机，并没有进行深入探究。他们关注社会热点的动力是积累社交谈资，不在社交聊天中落伍，甚至有一种"错失焦虑"：生怕错过了什么重要新闻或话题，导致自己在群体交往中处于话题被动。

张帆等就在关于研究生网络围观参与特征的调查结果中指出，研究生的网络参与方式较为"被动"[1]。当被问及"您对在微博/论坛或各大信息门户上浏览到的事件，通常采取的态度（可多选）"时，85%的研究生选择"只进行点击、浏览，不作任何评议"，仅有20%的研究生选择"积极表达自己的意见、看法"。而当被问及"您有没有过主动发帖或发起话题（单选）"时，约90%的研究生选择了"从来没有过"或"有，偶尔"。多数大学生具备基础的信息获取能力和意识，但在信息接收行为中存在误区，单纯点击、浏览，不主动发起话题，对公共话题的参与度较低，片面满足于"我也知道"。不深入了解真相，是他们面对公共议题时的普遍态

---

① 张帆、彭宗祥：《研究生网络围观参与特征及引导对策研究》，《东华大学学报》（社会科学版）2014年第4期。

度和行为。①

（三）网络围观的娱乐心理

访谈中，访谈对象提及关注公共事务信息的时机时往往为"无聊""顺带""闲"（访谈对象 S01、S27、S14、S03、S05 等），访谈对象 S12 更是直接表示"纯粹是闲得无聊了"。王雁等学者在对浙江省 10 所高校的 458 名大学生做调研时也发现 53.4% 的大学生在面对网络讨论时倾向于"好奇、围观但不发言"②。时常刷手机的大学生提起最近发生的大事，多是滔滔不绝，但关心社会不等于只关心社会热点、热搜。目前大学生网络围观的娱乐心理主要体现在以下两个方面。

1. 以娱乐消遣心理关注公共事件和议题

互联网的发展考验着传统上严肃的公共事务和娱乐之间的人为划分，形成了对严肃公共信息和娱乐信息所归属的两种媒体渠道的壁垒的侵蚀。③ 这种侵蚀可能会导致部分受众形成一种泛娱乐化的信息消费观，万物皆可娱。

娱乐吃瓜本无错，但在严肃的公共话题中"吃瓜"显然不合时宜。"看热闹不嫌事大"的"吃瓜"心理不应存在于具有较高知识素养的大学生群体中，盲目围观看热闹不仅不利于净化网络公共传播环境，也不符合时代赋予大学生的责任和担当。

2. 过多关注娱乐信息，过少关注严肃的公共信息

刘林等在研究我国大学生互联网使用的实际行为时发现，从行为依赖性看，大学生对休闲娱乐活动的依赖性最强。④ 大学生参与网络围观，多为娱乐、消遣，例如对华晨宇生女等娱乐圈事件的关注，类似的娱乐信息

---

① 祝阳、王欢：《"90 后"大学生网上信息接受习惯的实证研究——以北京邮电大学为例》，《重庆邮电大学学报》（社会科学版）2012 年第 4 期。

② 王雁、王鸿、谢晨等：《大学生网络政治参与：认知与行为的现状分析与探讨——以浙江 10 所高校为例的实证研究》，《浙江社会科学》2013 年第 5 期。

③ Williams, B. A., & Delli, Carpini M. X., "Monica and Bill All the Time and Everywhere: The Collapse of Gatekeeping and Agenda Setting in the New Media Environment," *American Behavioral Scientist* 47.9 (2004): 1208–1230.

④ 刘林、梅强、吴金南：《大学生网络闲逛行为：本土量表、现状评价及干预对策》，《高校教育管理》2019 年第 3 期。

总能引得大学生群体一心"吃瓜",疯狂刷屏。

这种对娱乐信息的高关注度、高参与度,既要归功于人们与生俱来的好奇和消遣心理,也要归功于网络平台的大规模"投喂"。就微博热搜而言,娱乐新闻可以直接购买上榜,社会新闻则要接受审查,并且查验发布者资格。微博作为发布公共话题的重要网络平台,却热衷于对恋爱、结婚、生子等明星八卦或明星私生活的爆料,而对与公共利益密切相关的话题加以冷落,社会新闻也因此常常陷入热度上不去、关注度不高的窘境。毋庸置疑,娱乐是大众传播的一大功能,但它不是唯一功能,甚至不是最主要的功能。

人的注意力是有限的,以青年大学生群体为代表的用户花大量时间和精力来关注娱乐新闻,严重削弱对社会公共议题的关注,对社会新闻片面地满足于"知道"层面,渐渐放弃对社会公共议题的深度思考,严重影响参与公共事务的能力和热情。

大学生群体是祖国和民族的希望,当他们狭隘地认为世人所关注的全是"热搜"上的明星八卦和生活丑闻时,他们的社会责任感、社会敏锐度、社会感知力就会不自觉地降低,同时滋生享乐主义、浪费主义等不良习气。[①]

二 意见表达的自利性、浅层性甚至缺位

(一) 意见表达的自利性

在此次大学生网络意见表达情况调查中,表达频率最高的领域为"社会安全",表达频率最低的领域为"时政"。社会安全与大学生的现实生活或"想象的风险"较为贴近,因此表达频率最高,而"时政"虽然最终关系到每个公民的生存和发展,但因为其影响的长期性、潜隐性,故而不为大学生所重视。其他学者的研究也表明,大学生对纯政治性议题的参与程度较低。[②] 笔者在此次访谈中也发现其意见表达活动的参与具有一定的"自利性",体现在以下三方面。

---

① 王楠、宫钦浩:《微博"热搜"与当代青年的共同建设研究》,《山西青年职业学院学报》2021 年第 1 期。

② 孙大为:《当代大学生网络民主参与特征实证研究》,《思想理论教育导刊》2012 年第 12 期。

其一，出于情绪发泄目的的参与。访谈对象 S17 反馈自己看到比较"气愤"的新闻时可能会"跟着网友一起发表自己的意见"。"气愤""跟着网友一起""发表自己的意见"，明显存在个人情绪和群体情绪的交织。

其二，出于对个人切身利益受损的担忧的参与。当个人切身利益受到威胁时，出于维护自身利益的动机，受访对象倾向于踊跃表达自己的看法，受访对象谈到了自己参与本校食堂问题的网络讨论、进出校园制度的网络讨论等，这些均与个人利益密切相关。

其三，出于个人兴趣的参与。访谈对象 S22 反馈自己碰到"感兴趣"的话题时会"评论一下"。访谈对象 S02 表示"关心的话就评论一下"。一项对浙江 844 名大学生的调查结果显示，45.9% 的受访者表示是否进行网络政治参与，要根据其"与自身利益的相关性强弱而定"。[①] 虽然阿伦特认为参与的伟大只存在于"参与的表演"，不在于它的动机或成就，[②] 但本研究认为参与的出发点和动机仍然是非常重要的衡量标准。

公共参与的核心内容是维护正义和公平，利器是理性和知识。J. 杜威（J. Dewey）[③]、C. G. 施耐德（C. G. Schneider）和 R. 舒恩伯格（R. Shoenberg）[④] 都主张教育是公民行动的启蒙，大学应该致力于增强学生的社会责任意识，帮助学生增长服务社会的知识。我国的高等教育目标和其他国家的目标存在一个共同点——培养有品德、有社会责任感的公民。我国《高等教育法》第五条指出，"高等教育的任务是培养具有社会责任感、创新精神和实践能力的高级专门人才"。近年我国从国家层面到高等教育界，都反复强调高等教育要"立德树人"。立德要求大学生"具备良好的思想道德品质"，[⑤] 具有社会同理心。日本提出高等教育培养的人才不仅要具有

① 张铤：《大学生网络政治参与的现状与对策》，《中州学刊》2015 年第 8 期。
② 〔美〕汉娜·阿伦特：《人的境况》，王寅丽译，上海人民出版社，2009，第 162 页。
③ Dewey, J., *Democracy and Education*: *An Introduction to the Philosophy of Education* (New York: Macmillan, 1916).
④ Schneider, C. G., & Shoenberg, R., *Contemporary Understandings of Liberal Education*: *The Academy in Transition* (Washington, DC: Association of American Colleges and Universities, 2006).
⑤ 曾维华、王云兰：《立德树人：新时代高校思想政治理论课的使命与责任》，《学术探索》2021 年第 2 期。

专业性，还要有"宽广的素养和高度的公共性与伦理性，能够适应时代需要支持社会发展，理性地改造社会"。[①] 公共性与伦理性建立在"四力"即思考力、判断力、俯瞰力、表现力之上。学者也认为大学应确认具有公民意识和社会责任的目标已经成为其规范，[②] 大学旨在培养"有人性，有对共同利益的承诺，相信有比自己更重要的东西"的大学生，[③] 甚至将"公民生活"作为一种重要的能力。[④]

NETS、ISTE 等多个国际组织对 21 世纪人才必备技能进行界定，其中，公民身份是公选项（见表 6 – 1）。

表 6 – 1　21 世纪人才必备技能框架清单[⑤]

所有框架中提到的	在大多数框架中提到的（如 P21，EnGauge，ATCS 和 NETS、ISTE）	在一些框架中提到的	只在一个框架中提到的
协作	创造力	学会学习（ATCS、EU）	承担风险（EnGauge）
沟通	批判性思维	自我导向（P21、EnGauge、OECD）	管理和解决冲突（OECD）
ICT 素养[①]	问题解决能力	规划（EnGauge、OECD）	主动性和进取心（EU）
社交或文化技巧，公民身份	开发优质产品/生产力（除了在 ATCS）	灵活性和适应性(P21、EnGauge）核心科目	跨学科主题（P21）

①　中央教育审议会：《2040 年に向けた高等教育のグランドデザイン（答申）（概説）》，https://www.mext.go.jp/component/b_menu/shingi/toushin/__icsFiles/afieldfile/2018/12/17/1411360_9_1_1.pdf，最后访问日期：2021 年 7 月 20 日。

②　Morphew, C. C., & Hartley, M., "Mission Statements: A Thematic Analysis of Rhetoric Across Institutional Type," *The Journal of Higher Education* 77.3（2006）：456 – 471. Ouimet, J. A., & Pike, G. R., "Rising to the Challenge: Developing a Survey of Workplace Skills, Civic Engagement, and Global Awareness," *New Directions for Institutional Research* S1（2008）：71 – 82.

③　Thomas, N., "In Search of Wisdom: Liberal Education for a Changing World," *Liberal Education* 88.4（2002）：28 – 33.

④　杜瑞军、周廷勇、周作宇：《大学生能力模型建构：概念、坐标与原则》，《教育研究》2017 年第 6 期。

⑤　P21：Partnership for 21st Century Skills，21 世纪技能伙伴关系（一个组织）。EnGauge：由 Metiri 集团和中北部教育实验室联合设立的组织，旨在培养学生、教师和管理人员 21 世纪的能力。ATCS：Assessment and Teaching of 21st Century Skills，21 世纪技能评估与教学（一个项目）。NETS：National Educational Technology Standards，国家教育技术标准。ISTE：International Society for Technology in Education，国际教育技术学会。EU：European Union，欧盟。OECD：Organization for Economic Co-operation and Development，经济合作与发展组织。

续表

所有框架 中提到的	在大多数框架中提到的 （如 P21，EnGauge，ATCS 和 NETS ISTE）	在一些框架中提到的	只在一个框架中提到的
		数学、母语交流、 科学（EU、P21、ATCS）	核心学科：经济学、 地理学、政府与 公民学（P21）
		历史和艺术 （P21、ATCS）	

资料来源：Voogt，Joke，& Roblin，Natalie Pareja，"A Comparative Analysis of International Frameworks for 21st Century Competences：Implications for National Curriculum Policies，" *Journal of Curriculum Studies*（2012）。

①ICT，information and communication technologies，信息通信技术。

　　同样，对于学生社会责任感的培养也是广大教育工作者所重视的部分。美国高等教育研究所（Higher Education Research Institute，HERI）调查显示，1/4 的教师认为让学生参与有争议问题的公民讨论是非常重要或根本性的（very important or essential）。①

　　公民的公共参与意味着，他不仅看到了自己的处境，更看到了那些弱势群体的处境，那些需要维护正义和公共利益的情形，并运用自己的理性与知识去分析、推进。

（二）意见表达的浅层性甚至缺位

　　H. S. 克里斯坦森（H. S. Christensen）②、E. 莫罗佐夫（E. Morozov）③用"懒汉行动主义"（Slacktivism）概括网民线上"低成本""快捷"的公共参与行为。本研究发现大学生的意见表达在某种程度上也遵循着"懒汉行动主义"，而且是加强级的。本次问卷调查显示：其一，意见表达行为总体上是低频出现的，其频率在"偶尔有（每月 1～2 次）"左右徘徊；其二，在五种常见的意见表达方式中，采用频率最高的是点赞（或显示"在看"），其次是转发、跟帖跟评，最后是发文（文字或文字加图片）、自制

---

① US Department of Education，"Advancing Civic Learning and Engagement in Democracy：A Road Map and Call to Action，" 2012.

② Christensen，H. S.，"Political Activities on the Internet：Slacktivism or Political Participation by Other Means？" *First Monday* 16. 2（2011）.

③ Morozov，E.，"Iran：Downside to the Twitter Revolution，" *Dissent* 56（2009）：10 – 14.

视频（多媒体）。

访谈显示，除了两三个访谈对象喜欢在网上进行发文以上级别的参与，其他访谈对象基本上都倾向于点赞、转发甚至从不参与。访谈对象 S10 直言自己就是一个"外围旁观者"，"顶多"就是转发、评论。访谈对象 S12 坦言自己是一个"点赞站队者"，当两方就某个议题争论不休时，他选择给那个自己认为对的一方点赞。个别网络参与度比较高的访谈者，形容自己是"基本上啥都（在）网上蹭"。"蹭"字也暴露出大学生网民的看热闹、围观心理。访谈对象 S17 坦言自己虽然每天有三四个小时在上网，但基本上都在"看小说"或"看直播"。虽然点赞、转发也能代表一定的观点和立场，但在公共场域中，观点的碰撞、各方立场的表达都是不可或缺的。

其他学者的调研成果也支持了本次调研的结论。一项对浙江省 844 名大学生的问卷调查结果显示，大学生参与网络时政热点的讨论比例并不高，只有 39.2% 的被调查对象表示"参与过"，其余 60.8% 的人表示"未参与过"。[①]

第二节　大学生网络公共传播行为问题产生的原因

一　公民意识："应然"强，"实然"弱

在本次大规模问卷调研中，被调查对象明显呈现出"应然"强、"实然"弱的公民意识。

"应然"强，体现在宏观的公民意识上，大学生有基本的公民权利义务观、集体主义观等，知道正确的世界观、价值观是什么，90.89% 的受访对象同意（或非常同意）"作为一个公民，我了解自己的基本权利义务"。95.6% 的调查对象同意（或非常同意）"大学生应该了解国家大政方针、社会民生"。94.74% 的调查对象同意"个人行为应该考虑到社会整体利益"。94.15% 的调查对象同意"作为一个公民，要多帮助他人，多做善

---

① 张铤：《大学生网络政治参与的现状与对策》，《中州学刊》2015 年第 8 期。

事"。在访谈中，受访大学生也认为大学生作为社会的一分子，要勇于发言，参与公共事务的讨论。

"实然"弱，体现在大学生不能知行合一上。在实际的公共参与行为（不分线上、线下）调研中，43.38%的受访对象很少（偶尔如此或从未如此）在政府征询意见时给予回应，29.55%的受访对象很少履行自己的投票权，55.67%的人很少向学校、院系或班级提出建议，40.35%的人很少参加各种公益性活动，32.73%的人很少通过多种渠道关注时政和民生方面的信息，39.21%的人很少和别人（老师、同学、朋友、网友）探讨时政话题或公共事件。

国内其他学者在对大学生的网络道德调研中也发现类似的问题，在"宏观层面"，受访大学生的得分挺高，观点非常具有正义性。但在实际问题的分析上，其往往存在很强的道德不确定性。例如，大学生对网络黑客、网络暴力、网络色情等内容存在不同程度的超越于道德甚至法律底线的包容。[①]

这种"应然"认知和"实然"行为的不一致，说到底，还是由于大学生的公民身份认知、公民意识仍然停留在宏观层面的模糊认知上，缺少深入的认知和认同。

虽然目前我国越来越重视对大学生公民意识的培养，但是由于大学生学习的主动性低、教育方法和手段较少、宣传教育的力度不够等，我国大学生的公民意识仍然比较薄弱。公民意识弱是大学生网络公共传播行为出现问题的重要原因之一。这不仅会影响到大学生个人的全面发展和健康成长，更会阻碍构建良好的网络舆论环境，甚至会影响到社会秩序的建设。

大学生公民意识弱对网络公共传播行为的影响具体表现为三个方面：主体意识不强，规则意识仍有欠缺，以及社会责任意识比较缺乏。

（一）　主体意识不强

在本次访谈中，一些受访者的回答与人们印象中积极的"后浪"有些差距。访谈对象 S04 这样解释自己不参与公共议题讨论的原因："我自己就没什么影响力，如果我是有几千万粉丝的那种人肯定会有影响力的……像我

---

①　杨维东：《"90后"大学生的网络媒介素养与价值取向》，《重庆社会科学》2013 年第 4 期。

们这种网络上没人关注的（人），说啥也没人会看。"S17"觉得（对公共事务的讨论）还是没有什么影响力和价值，因为感觉我们太微不足道了"。这里 S17 用的不是"我"，而是"我们"，说明他的"微不足道"感背后还有一种"大学生群体归属感"。本次问卷调查也显示：56.94%的受访大学生同意（或"非常同意"）"我觉得就算我留言参与了，也会被海量信息淹没"。

由此可见，网络空间一方面为大学生提供了自我呈现的机会，另一方面让他们在面对公共议题时迷失于信息洪流，进而产生个体渺小感，将不参与的原因归结为自己没有"千万粉丝"、没有影响力，这是对主体和主体精神的误解。

马克思说："在社会历史领域内进行活动的，是具有意识的、经过思虑或凭激情行动的、追求某种目的的人。"[1] 从哲学意义上讲，人的主体性是指人作为社会中的主体，在处理与客体之间的关系时能够充分地发挥其主观能动性的特性。大学生作为大学教育活动的主体，其对自身主体地位角色的认知、自我调控能力的把控和自我存在价值的认可等具有自主性、能动性、创造性的行为都是学生主体意识的觉醒和反映。[2]大学生的主体意识，在个人层面表现为主动自觉地不断学习、认识事物，进行自我提升和发展；在国家和社会层面表现为自觉主动地遵守社会规范，承担起建设国家的历史使命。目前大学生主体意识不强的重要原因一方面是大学生对自己的主体意识认知存在偏差，没有一个明确清楚的自我定位，更无法清楚地认识到自己身上的历史使命；另一方面是大学生主体意识的发展会受到社会环境的影响，特别是伴随着互联网技术的发展，网络信息准入门槛低，各类信息内容泥沙俱下，大学生很容易受到网络负面信息的影响，从而导致其主体意识薄弱。

（二）规则意识仍有欠缺

在访谈中，部分受访对象一方面认可"网络不是法外之地"，另一方面觉得参加"骂战"是比较正常的行为。这是规则意识没有"落地"的表

---

[1] 《马克思恩格斯全集》第二十八卷，人民出版社，2018，第356页。
[2] 李彦军：《试论大学生主体意识的内涵及其培养意义》，《科学大众》2008年第5期。

现，即在宏观层面明晓遵纪守法的道理，在微观层面认为某些失范行为是合理的。

互联网的发展为大学生表达和发表自己的观点和看法提供了各种平台和机会，因此大学生的自由意识在不断提高。但是，大学生也应该清楚认识到自由不是盲目欲望的派生物，而是理性支配欲望的行为。[①] 无规矩不成方圆，自由并不代表可以盲目自由，大学生自由的行为必须建立在规则的基础上，必须符合法律的规定和社会的规范，大学生必须为其行为承担相应的责任。2015 年 7 月 1 日颁布的《中华人民共和国国家安全法》第25 条指出：加强网络管理，防范、制止和依法惩治网络攻击、网络入侵、网络窃密、散布违法有害信息等网络违法犯罪行为，维护国家网络空间主权、安全和发展利益。大学生盲目地追求自由，却时常忽略规则的束缚，在互联网平台上盲目地发表自己的观点，散布各种谣言，忽略客观真相，甚至发布与社会主旋律有违的内容，不仅助推了网络暴力和群体极化的恶性现象，更违反了社会的规范和法律的规定。

（三）社会责任意识比较缺乏

本次问卷调研发现，在公共议题信息获取和意见表达两方面，985、211 重点本科院校学生的均分是最低的，均低于普通本科院校和大专院校的学生，这是一个值得关注的现象。近年，中国学者"精致的利己主义"的提法指向了部分高水平大学的学生，西方学者也批评西方的高校校园里缺少集体价值观，学生之间的关系里充满了"个人主义的价值观"[②]，其背后与大学生责任意识不强有关。

责任意识是指"群体或者个人以共同建立美好社会为目标而承担责任、履行义务的一种自律意识和人格素质"[③]。李德顺认为责任意识包括责任认知和责任情感两个方面：责任认知指责任主体"对于自己所需承担和所应承担的各种任务、角色的相应责任的认识，以及对于一定行为后果的危害性和自己应负的责任的认识"；责任情感指责任主体"对承担一定责

---

① 王静：《浅谈大学生自由意识的培养》，《长春教育学院学报》2011 年第 1 期。

② Phipps, A., & Young, I., "Neoliberalisation and 'Lad Cultures' in Higher Education," *Sociology* 49. 2（2015）：305 – 322.

③ 陈会昌：《道德发展心理学》，安徽教育出版社，2004，第 37 页。

任的自豪感、自我约束感和羞耻感"①。

作为国家和社会的一分子，部分大学生在充分享有国家所赋予的权利的同时，却忽略了其所应承担的社会责任，责任意识缺乏。净化网络舆论环境，建立良好的网络秩序，充分利用互联网平台更好地进行国家和社会的建设，本是大学生网民所应承担的社会责任，而一部分大学生网民却只关心自己的权利是否能够得到保障，对其所应承担的社会责任选择忽视，在网络上要么无为，要么肆意妄为。

二 生存状态：学业压力和就业压力下的"忧思"自我

近年来大学生在分数绩点、保研、考研、找工作等方面竞争激烈，"内卷"这个提法在大学生群体中也引起共鸣。在访谈中也有受访对象表示，自己"没时间"了解时事、社会民生方面的信息，上网就是为了放松、解压。

（一）"忧思"自我表现特征

忧思，《现代汉语词典》的解释为忧虑、忧愁的思绪。古人尝道："先天下之忧而忧，后天下之乐而乐。"然则，一屋不扫，何以扫天下？当代大学生群体面临着学业和就业的双重压力，其"忧思"倾向于对个人学业成绩和是否找到好工作的个人事务的焦虑。周小云在调研中发现，对于时政新闻的了解，占比超过60%的大学生处在部分了解层面。也就是说，对于大部分大学生而言，在曝光率高的重要时政新闻中，仍有部分新闻是他们所没有关注过的。而且在关注频率上，只有11.67%的学生每天都会看新闻。造成这种现象的主要因素是大学学习生活比较丰富，学业压力大、社团活动多，还有部分学生在学习之余外出兼职，没有足够的时间来关注新闻。②

近期《三联生活周刊》刊载的一篇名为《顶尖高校：绩点考核下的人生突围》的文章引爆网络，引起了当代大学生群体的共鸣。"突围""竞

---

① 李德顺：《价值学大词典》，中国人民大学出版社，1995，第925页。
② 周小云：《移动互联网时代下大学生对于新闻关注状况的调查研究——以K市高校为例》，《湖南邮电职业技术学院学报》2017年第3期。

争""压力""内卷化""时间管理"等关键词在微博、抖音等社交媒体平台霸屏不断,当代大学生的压力问题受到广泛关注。不同于以往高中班主任"语重心长"的劝慰——"高中刻苦学习,到了大学就舒服了",现在的大学生群体仍然面临着来自家庭、学校、社会的多重压力。其中,学业内卷和就业形势严峻问题更是广受关注。

当代大学生多关注个人的实践活动及相关的形势政策,由于人的注意力资源有限和"新闻黑洞"的存在,大学生平时关注社会公共话题或者公共事务的精力有限,公共传播力不足。

(二)学业"内卷"

1. "学习任务第一"的功利主义惯性

从古代的"学而优则仕"到现代每逢高考出分日的名校抢人大战,我国中小学教育中或多或少有着"读书改变命运"的观念。长期的应试教育让大多数学生存在"学习任务第一"的功利主义惯性。除去必须完成的必修课,大学里常常会见到"水课"现象,大学生趴在桌子上,不是埋头苦读,而是忙着刷手机。

大学生较少主动浏览公共事务信息或者公共话题,在公共传播活动中尚处于被动状态。在本次访谈中,也有部分学生表示,睡前会随意浏览新闻,但绝不会动脑子,不久之后就会关机睡觉。除此之外,辅导员老师日日高呼多读几本好书,到了好书分享会的前一晚,宿舍里的大家多是临时抱佛脚。由此可见,部分大学生功利主义思想较强,能动学习、关注公共信息的主动性欠佳。

2. "时间达人"自顾不暇

进入大学,上课学习、社团活动、人际社交等各种活动充斥大学生的日常生活,"卷"字成了口头禅。以考研为例,根据《2019 年全国教育事业发展统计公报》,① 研究生招生 91.65 万人,本科生国内读研比例从 2015届的 13.5% 上升至 2019 届的 15.2%,高职毕业生读本科的比例从 2015届的 4.7% 上升到 2019 届的 7.6%。毕业生升学比例持续上升的背后,还有

---

① 教育部:《2019 年全国教育事业发展统计公报》,http://www.moe.gov.cn/jyb_sjzl/sjzl_fz-tjgb/202005/t20200520_456751.html,最后访问日期:2024 年 1 月 11 日。

诸如上海、广州、南京、苏州等热点考研城市报录比不断攀升的内卷化趋势。相比前几年的1.2∶1，如今热点地区热点学科的考研报录比已经达到10∶1，甚至20∶1。报道显示，华中科技大学考研报名人数超过95000人，北大、清华、南大、浙大这四校都超过8万人报考。为了考到理想学府，不少大学生利用课余时间备考，甚至有学子花十几万元报考研暑假补习班。类似考研压力，学校社团事务也让学生连轴转，学习和课余时间难以协调，大学生纷纷大呼"脱发""要秃头"。

压力大似乎早已成为描述当代大学生精神状况的关键词，无论是理工科学生，还是文科学生，似乎要么在"肝科研"（形容为了完成科研任务不惜损害身体健康的行为），要么就在"肝科研"的路上。"防脱发""肝帝""养生"等网络用语早已成为大学生之间习以为常的交际用语。研究表明，压力管理对亚健康有显著影响，相对于高的压力管理水平（最小暴露者），低的压力管理水平（最大暴露者）发生亚健康的危险性高达30倍。① 压力，已经成为影响大学生健康的重要因素。

忙碌的"时间达人"将更多的课余时间用于学业、考证、社交，纷纷大呼"压力山大"。此时，业余时间的上网冲浪，似乎就成为大学生放松心情、娱乐消遣的一种方式，他们很难再分出时间和精力来对公共事务进行深入的研究和思考。

（三）就业焦虑

大学生就业本身就是一项难题，"僧多粥少"的场景每年都发生在就业市场上。处于新时代的大学生就业形势依然严峻，就业焦虑引人深思。

自1999年高校扩招后，毕业生人数逐年增加。中商产业研究院数据显示：2011～2020年的毕业生人数按照2%～5%的同比增长率逐年增长，近10年间累计毕业生人数达到7603万人。由于存在大量的毕业生，加之受疫情影响的宏观经济环境，各大高校毕业生各出奇招，学历竞争更是进入白热化阶段。美团发布的数据显示，美团骑手当中有7万人是硕士学历，加上本科学历者共有23万高学历人才。人社部负责人张纪南就2020年就

---

① 陈洁瑜、安启元、陈泽伟等：《大学生压力管理与亚健康状态的相关性分析》，《中国健康教育》2018年第7期。

业形势表示："就业总量压力不减。今年（指 2020 年）需要安排就业的城镇新增长劳动力仍然在 1500 万人左右，今年的高校毕业生 909 万人，达到新高。结构性矛盾仍然突出，就业难和招工难并存。像制造业、服务业普工难招、技术工人短缺，一个技术技能人才至少有 2 个岗位在等着他。"① 受疫情影响，不少企业倒闭。拉勾大数据研究院发布的《2020 年春季校园招聘报告》显示，受疫情影响，39.29% 的企业缩减了校招岗位，② 大学生的就业压力可想而知。

由于部分公司缩小用人需求，削减招聘人数，更多毕业生在面临就业问题时，选择继续升学或加入考公大军或选择"慢就业"，以缓解就业压力。数据显示，2016～2020 年全国高校毕业生人数从 765 万人上升到 874 万人，5 年时间增加了 100 多万人。至于考研人数，则从 2018 年的 238 万人上涨到 2020 年的 341 万人，考研或考公人数增加反过来又增加了这两方面的备考压力。疲于"就业"的大学生更多关注就业形势或政策相关内容，对社会其他热点时政新闻关注较少。

三　网络文化感知：泛娱乐、狂欢、网络暴力

本次问卷调查显示，被调查大学生网络应用频率均值前四名为即时通信（QQ、微信）、网络支付、搜索引擎、网络音乐。网络新闻类应用位居第五且均值与第四名"网络音乐"相比有明显的回落，从 3.40 降至 3.11。上网目的（多选题）方面，86.27% 的被调查大学生同意（或"非常同意"）上网目的中存在"娱乐、打发时间"的成分。回归分析表明即时通信、网络视频的高频使用，均对公共事务信息获取行为有负向影响。即时通信、搜索引擎的高频使用，以及娱乐消遣目的，对意见表达行为存在负向影响。

其他学者的研究也支持这一发现。廖圣清、易红发通过对上海市 1189

---

① 《人社部发布 2020 年就业数据 全年城镇新增就业 1186 万人》，"央广网"百家号，https://baijiahao.baidu.com/s? id = 1692758831054958611&wfr = spider&for = pc，最后访问日期：2024 年 1 月 11 日。

② 《拉勾校招报告："新基建"释放更多互联网岗位》，"环球网"搜狐号，https://www.sohu.com/a/396903287_162522?_trans_=010001_grzy，最后访问日期：2024 年 1 月 11 日。

名大学生的 App 使用调查发现，娱乐功能位居前列，新闻资讯功能居中。①

分析数据背后的原因，泛娱乐化大环境"功不可没"。"泛娱乐化"是指娱乐话语走出自身场域，渗透到社会生活方方面面，创造出新的符号表达和话语方式。尼尔·波兹曼曾批判他所在的那个时代的泛娱乐化，指出"以娱乐的方式出现"，成为公众话语的通则，甚至成为一种"文化精神"。② 随着经济的发展，人们的生活水平日益提高，人们已经不再单单追求物质上的满足，而更注重精神上的娱乐。"在能够轻易获取信息的情况下，人们更加容易接受简短快捷、支离破碎而又精神愉悦的内容"③，碎片化、片面化、非理性化的阅读方式日益盛行。娱乐原本是人们放松身心、休闲愉悦的一种方式，而在互联网时代背景之下，受到消费文化的影响，娱乐逐渐超出了自身的界限，功能出现异化，"泛娱乐化"现象日益明显。④ 当代大学生作为在"泛娱乐化"社会思潮下成长的一代，也深受其影响。尼尔·波兹曼曾说："一切公众话语日渐以娱乐的方式出现，并成为一种文化精神。我们的政治、宗教、新闻、体育、教育和商业都心甘情愿地成为娱乐的附庸，毫无怨言，甚至无声无息，其结果是我们成了一个娱乐至死的物种。"⑤ 在娱乐至上的网络狂欢时代，大学生在互联网平台上肆意地追求异化的泛娱乐，对娱乐话题过分关注，而对于与公共利益有关的话题却选择视而不见。热衷于"鬼畜"视频，盲目追星，发布各种不良言论，话语失真，一些大学生已经逐渐沦为娱乐的附属品，精神世界不断遭受泛娱乐文化产品的蚕食，理想信念逐渐丢失，价值观产生扭曲，特别是"泛娱乐化"思潮具有明显的质疑国家权威、淡化意识形态、肢解民族精神、排斥政治话语的"非政治化"倾向，⑥ 这不仅严重影响到个人的全

---

① 廖圣清、易红发：《大学生 APP 使用状况调查——基于上海的实证研究》，《暨南学报》（哲学社会科学版）2016 年第 3 期。

② 〔美〕尼尔·波兹曼：《娱乐至死》，章艳译，广西师范大学出版社，2004，第 4 页。

③ 〔美〕尼古拉斯·卡尔：《浅薄——互联网如何毒化了我们的大脑》，刘纯毅译，中信出版社，2010，第 8 页。

④ 赵建波：《"泛娱乐化"思潮对大学生价值观念的消极影响及其应对策略》，《思想教育研究》2018 年第 11 期。

⑤ 〔美〕尼尔·波兹曼：《娱乐至死》，章艳译，广西师范大学出版社，2004，第 64 页。

⑥ 刘白杨、姚亚平：《"泛娱乐化"思潮下大学生党史教育研究》，《思想教育研究》2017 年第 9 期。

面发展，更影响到国家和社会的未来建设和发展。

纵使个人可能对各类低俗粗鄙的信息产生厌烦的情绪，但在泛娱乐化的大环境背景下，一些大学生也只能选择睁一只眼闭一只眼地随波逐流。正如凯尔纳、贝斯特所言："媒体信息和符号制造术四处播散，面对信息无休无止的狂轰滥炸，大众已经感到不堪其扰并对其充满了厌恶之情，最后，冷漠的大众变成了忧郁而沉默的大多数。"①

同时，由于网络世界的虚拟性和匿名性，人人都有麦克风，信息的爆炸，言论的随意，让大学生在互联网上难免遭受网络暴力的侵扰。本次问卷调查中，62.92%的受访者同意（或非常同意）"网络暴力（言论攻击、人肉搜索）在某种程度上阻碍人们畅所欲言"；65.64%的受访者同意（或非常同意）"我担心自己的言论会引起别人的攻击甚至谩骂"。在访谈中，一位受访者反馈，"其他的顾虑和这个（网络暴力）相比，我觉得都不算问题了"（S02）。另一位受访者反馈其同学在微博上留言后"被骂了好几天"，这位受访者"感觉很恐怖"（S06）。可见，无论从宏观文化环境预判、同侪经验学习，还是个人感知方面来看，网络暴力对大学生理性参与公共事务的积极性均产生了一定的影响。

四　网络媒介信息"产消"水平自评："网络原居民"的不自信

本次问卷调研结果显示，大学生对自己的媒介信息甄别能力、评估能力、分析能力、创作能力的自我评价均呈现较低的水平，这与"90后、00后大学生作为网络原居民，网络使用水平很高"的一般认知有些差距。就公共事务信息的"产消"而言，其更严肃，也更加需要调动公众更多的理性思考能力、分析能力、批判能力、表达能力。通过本次深度访谈发现，一些访谈对象的不自信主要体现在两个方面：一是认为自己的信息分析能力不足，因害怕发言不够专业而不敢多言；二是认为自己的表达不如他人精彩，遂在信息参与过程中选择了沉默。

（一）忧虑发言专业水准，不敢多言

本次实证研究中，61.1%的问卷调查对象同意（或非常同意）"我担

---

① 〔美〕道格拉斯·凯尔纳、斯蒂文·贝斯特：《后现代理论：批判性的质疑》，张志斌译，中央编译出版社，2004，第12页。

心自己的观点没有水准"。回归分析显示，担心表达没有水准对意见表达行为的负向影响超过了对网络暴力和信息淹没的顾虑。访谈对象 S03 在谈及自己的网络参与顾虑时坦言"害怕自个儿（的）观点被别人反驳""害怕人家觉得自个儿的那个言论比较幼稚"。

在信息接收过程中，相比娱乐新闻，时事、社会民生新闻更能考验大学生的信息分析能力和评估能力。时事新闻一般具有时效性和重要性两大特征，而社会民生新闻则通常被认为具有"平民视角、民生内容、民本取向"三大特质。[①] 基于此，我们可以大致分析部分访谈对象所代表的大学生群体在接收相关信息时不自信表现的原因。时事新闻的重要性特征决定了大学生群体在接触这类信息时需要具备一定的专业知识，以便提高信息解读能力。例如，在接触国家开放三孩政策的时事新闻时，部分大学生因对国家人口负增长所带来的系列社会问题缺乏相应了解而不敢擅自发言，同时因网络存在的"沉默的螺旋"现象而害怕持少数意见的自己被社会群体孤立，从而减少了信息的"产消"行为。同样，社会民生新闻因通常涉及一些家长里短的繁杂琐事，远离部分大学生的生活实际而令其感到陌生，不知该如何应对。在面对此类信息时，大学生群体因考虑自身与信息的关联性、对信息的了解程度等，纠结于参与过程中的发言水准，从而部分放弃了表达机会。

（二）纠结发言精彩程度，不愿发言

本次问卷调研发现，大学生对自身在互联网上表达能力的评价会正向影响其意见表达行为。访谈中一位受访者坦言觉得自己的评论不够"高级"，不能像别的网民那样写出"段子"或押韵的句子。

在这种担忧背后需要反思的是，网络表达力是否就等于表达的文学性或艺术性。网络表达力的体现首先在于准确，其次在于生动。在自己的识读写能力范围内，准确地传递个人意见、见解，使阅听者解码的信息与编码者意欲表达的意思基本一致，这是表达力的核心。目前，这种对发言精彩程度的过度追求，是对表达力的某种误解，它让网络严肃话题常常充满

---

① 崔一丹：《电视民生新闻的概念形成、现存问题及创新发展措施》，《声屏世界》2021 年第 1 期。

了讽刺幽默和围观叫好，而缺少了建立在理性思考之上的智慧凝集。

五　问题与成因小结

（一）公民意识低导致网络公共传播行为的"边缘化"

公民意识不仅能为社会带来合作效应，也可以为个人带来情感价值和能量价值。公民意识淡薄、主体性缺位易导致公共传播行为的"边缘化"。

边缘化有两层意思。

其一，不被重视。在大学生的"价值排序"中，获取公共事务信息、参与公共话题讨论不及学业、社交甚至娱乐重要。

其二，容易失去其严肃的"内核"，被娱乐化。当严肃话题被娱乐化，其严肃性、重要性被消解，进而关注、参与公共议题的网络公共传播行为的严肃性也被消解，失去其严肃内核。

大学生只有具备足够的公民意识和主体意识，才能意识到公共议题关乎社会公平与正义，关乎公共生活改善，才会带着负责任的心态去重视、去理性参与。

（二）网络媒介信息"产消"能力自我评估低，导致"不自信"心理和"少作为"行为

能力来自知识和技能的反复融合实践，以及对实践的正向总结，即西方学者常常谈到的"胜任"。能力和胜任感的获得，需要"刻意练习"，不断实践。

手握远高于社会平均水平的文化资本的大学生，之所以对自己的网络媒介内容的"产消"能力自我评估低，很大一部分原因是缺少"实践—经验—实践"的良性循环带来的能力感，从而陷入"少实践—少经验—更少实践"的恶性循环带来的自卑感。

第三节　对策指向：网络媒介素养教育

对于大学生来说，提升公共传播水平的关键点，一是真正增强公民意识，二是真正提高网络媒介内容"产消"的能力和自我效能感。这两个关键点都可以融入网络媒介素养教育中加以研究和做出行动。

一　网络媒介素养的公共性与参与性

网络公共传播行为是与网络媒介有关的一种传播行为，即一种与公民意识和行动有关的高阶传播行为。但无论如何高阶，其仍然处于网络媒介素养的"辐射区"。

另外，无论国内还是国际，从公民视角研究网络媒介素养正在成为一种趋势。我国学者强调了网络媒介素养应该包括社会协作素养，西方学者强调了网络媒介素养不是简单的个人素养问题，而是一个社区存在的方式。联合国教科文组织推出了媒介与信息素养教育框架，突出了公民参与能力培养。美国全国媒介素养教育协会指出媒介素养教育的终极目标是培养"积极的公民"。

公共性和参与性成为网络媒介素养的重要属性，也是网络公共传播行为的重要属性。

二　网络媒介素养教育的必要性和时机

（一）媒介素养教育发展的三个阶段

纵观西方媒介素养教育实践历程，各国往往都会经历"呼吁—回应—制度化"三个阶段。第一个阶段，学者或其他社会力量的呼吁。学者基于社会观察和理性思考，对公众或公众中的某一群体进行研究和问题发现，然后形成学术成果，对学术圈和政府决策层产生一定的影响。社会力量也是一种重要的力量，社会的广泛呼吁往往意味着社会中出现了某种严重的媒介使用失范现象，例如20世纪美国民众对于媒介暴力及其对青少年不良影响的关注，推动了相关媒介素养教育活动。第二个阶段，政府回应。政府的回应包括考察、政策问询、制定政策等。第三个阶段，制度化。制度化即建章立制，通过教育法规、规章、政策等形式使教育制度化，向着有序的方向发展。

（二）必要性和时机

就中小学媒介素养教育而言，目前我国处于从第一阶段到第二阶段的过渡期，从已经出现的某些教育行动来看（如号召全国中小学生线上观看网络安全专题），政府部门已处于"政府回应"的初级阶段。这种回应离不开两个重要的因素：其一，对教育必要性的认知；其二，教育实现的"技术"可能性。"技术"泛指操作的可能性，属于教育的工程层面。

将此逻辑推及针对大学生的网络媒介素养教育：其一，必要性方面，网络媒介素养涉及的公民意识、社会责任感与近年政府部门强调的"立德树人""增强社会责任感"高度一致；其二，"技术"可能性方面，经过多年的教育改革，高校在教育方式方法方面已经积累了一套经验，尤其是线上教育的开展，为网络媒介素养教育资源建设和分发提供了便利。

第七章 当前中国大学生网络媒介素养教育主张与实践

基于对大学生群体的实证分析、问题探究及原因追踪，本研究认为开展网络媒介素养教育是破解传播困境、提升行为水平的重要手段。教育实践的开展离不开对我国大学生媒介素养教育现实情况的了解和分析。本章将按照"教育主张—教育实践"的逻辑顺序进行论述，从而呈现当前中国在该领域的总体样貌，并在此基础上进行总结。

第一节 当前关于中国大学生网络媒介素养的教育主张

本研究属于对网民群体中的细分群体（即大学生群体）所做的研究，它有一个潜在的语境，即总体情况如何。因而在聚焦大学生领域的相关教育主张和实践之前，应先了解中国学者对网络媒介素养教育一般内涵的解读。

一 网络媒介素养教育的一般内涵

网络媒介素养教育是媒介素养教育在互联网时代下顺应潮流的新发展。所谓网络媒介素养教育，是指在以网络为主要传播媒介的时代，从"媒介对人的影响"[①] 这一逻辑起点出发而发展起来的一种教育思想和方法。综合多位学者的相关看法，本研究总结出网络媒介素养教育内涵包括以下四点。

---

① 卢锋、张舒予：《论媒介素养教育的逻辑起点》，《教育评论》2010 年第 4 期。

一是正确认识网络媒介的文本特征、性质、作用。在传播文本的特征方面，网络媒介实现了真正意义上的多媒体传播，它集文字、图片、音视频于一体，并可以通过超链接的方式实现多重页面跳转。网络信息这种多样化的呈现形式使人容易被表层现象所迷惑，难以辨别信息的来源及真假。学会认清丰富的文本表现方式之下的信息真相，成为网络媒介素养教育的基础内容，也是其重要组成部分。关于网络媒介的性质，必须充分认识到它只是对现实的再现，而不完全等同于现实，网络上的各种信息都是由人制作出来的，这就注定了它或多或少含有主观成分。虽然网络可以传播事件第一现场的相关音视频，但是这也并不意味着它就是完全客观真实的，很多时候人们所看到的事情只是信息制作者和发布者想让观者看到的，媒介的"议程设置功能"在网络上依旧发挥着重要作用。网络的产生极大地便利了人们的生活，大多数人使用网络媒介都是为了获取信息、人际交往及消遣娱乐。其中，消遣娱乐所花费的时间越来越多，特别是青少年和大学生群体，极易沉溺其中无法自拔，甚至发展为"网络依存症"，这既不利于他们的身心健康发展，也不利于培养出合格的社会主义事业建设者和接班人。让人们清楚且正确地认识网络媒介的功能，学会合理有效地利用网络资源为自身的发展服务，是网络媒介素养教育的应有之义。

二是正确认识网络媒介的运作机制和规律，提高辨别能力。对于绝大多数媒介受众而言，他们都只关注媒介信息的最终呈现，极少有人去主动思考信息内容的生产过程。面对报纸、广播、电视等传播媒介所创造和提供的媒介产品，他们都只倾向于一味地接受以满足自己的信息需求和生存需要，而对于产品背后的生产和制作流程一无所知。他们对此也不感兴趣。在受众眼中，这个运作过程似乎总笼罩着一层神秘的面纱，使得他们在无形中对媒介产生了敬畏与崇拜。这种态度和意识很容易导致受众不加选择地全盘接收媒介提供的信息，久而久之丧失辨别能力，让自己的大脑成为媒介信息的堆积场。然而，其中存在大量的无用无效信息，甚至有害内容，它们极大地威胁着个人的正确认知和理性思维的形成与培育。此外，很多媒体过分追求经济利益而忽视社会效益，导致诸多不良信息也被呈现在受众面前，而一些辨别能力相对较差的受众就会受到干扰，采取盲目相信的态度。在网络传播中，商业化运作和趋利行为更是随处可见，这对于受众的媒介素养来说是一个巨大的考验。

在以互联网为代表的新传播时代，海量信息不断涌现，信息洪流裹挟着人们急匆匆地向前，没有时间停下来仔细思考，同时人们比以往任何时候都更依赖媒介来进行社会化活动。特别是随着自媒体时代的到来，受众拿到了麦克风，成为传播的主力军，他们有更多机会参与传播过程，从而了解媒介的运作机制和规律。因此在网络媒介素养教育中，应当使人们了解网络媒介的生产流程，对其运作规律形成正确认识，提高辨别能力，从而避免陷入媒介商业化运作所形成的陷阱。"在网络媒介素养教育中，要让普通公众知道网络媒介的运作规律，而不是搞媒体崇拜"①，只有弄清楚事物的运作原理，才能做正确的事情。网络媒介素养教育应当为普通公众拨开媒介运作的迷雾，引导公众在正确认知的基础上客观理性地对媒介信息进行筛选、分析和解读，尽可能地获取更多真实信息。

三是培养独立思考能力和批判思维。首先，在互联网传播环境中，充斥着大量碎片化信息，人们渐渐习惯了短平快的信息获取和阅读方式，往往在真相被挖掘出来之前就形成了对热点事件或人物的情感预判。"情感先行"是众多网络暴力事件产生的一大诱因，聚集在一起的网民很容易出现"群体极化"现象，即使是原本持中立态度的群体也很容易受到"意见气候"影响而快速倒戈，再加上很多媒体为博取受众眼球而进行的煽情化报道，最终导致网民情绪泛滥，铺天盖地的情绪压过了寻求事件真相的声浪。其次，根据李普曼"拟态环境"的观点，大众传播媒介所呈现给大众的并不等同于客观环境的真实再现，它是媒介内部进行信息选择和加工后的产物。这个加工过程受众是看不到的，他们只是选择相信媒介所传递的信息。由于后台操作的隐蔽性，部分媒体会根据自身的报道需要和利益诉求，主观片面地截取对报道内容或节目有益的素材资料，而刻意地隐藏或歪曲事实真相。我国众多综艺节目后期的恶意剪辑就是一个例证，这种碎片化信息的传播极易扰乱公众视听，影响舆论和社会秩序稳定。最后，个体传播力量的崛起让每一位普通老百姓都有了平等对话交流的机会，个人可以比较自由地在网络平台、自媒体上发表观点、传递信息。但由于人与人之

---

① 魏永秀：《网络媒介素养教育的意义及方法》，《新闻界》2011 年第 8 期。

间媒介素养、道德水平、文化水平参差不齐，个人所创造的传播内容也存在质量上的差异。有些自媒体为了抢时效、博眼球，在事件真相不明的情况下就对其肆意传播，在当前接近即时的网络传播速度的助推下，错误信息铺天盖地，而事实真相鲜有人问津。每一位传播个体都是一个传播节点，事件通过每一个节点的转发分享，能够在网络上进行大规模的快速扩散，从而发展为影响整个社会的热点事件。因此，只有当普通民众具备了独立思考能力和批判能力，他们才能在面对信息洪流时，保持理性思考，不被情绪所支配，避免人云亦云、随波逐流；才能树立清醒且清晰的主体意识，洞察媒介背后的运作真相，正确解读和分析媒介所传递的信息内容，一步步在"拟态现实"环境中逼近真相；才能保持个体的自主性，从自身做起抵御虚假信息的传播，为营造健康的网络传播生态尽一份力。通过网络媒介素养教育培养公众独立思考能力、树立批判思维，意义重大。

四是学会利用媒介促进个体发展，并提高信息创造和传播能力，培养"政治意识"。网络的海量信息和使用的便捷性能够为人们提供高效快捷的信息获取方式；网络具有个性化的传播特点，使用者可以根据自身喜好选择多样化的传播方式来展现自我；网络的虚拟性也能使人们超越身份、地位、阶层等方面的差异，进行平等交流与对话并结成网络社群，构建社会关系，提高参与者的社会交往能力。网络媒介素养教育要教会普通民众趋利避害，充分发挥网络媒介的积极作用助力自身成长和发展，最终推动国民综合素养的提高。

当今社会是一个信息化社会，信息是重要的战略性资源，占据信息优势的一方才能牢牢掌握主动权，积极地做出行动部署，取得先机。在这样的社会中，提高信息创造和传播能力的重要性不言而喻。互联网让跨文化传播更加方便快捷，时空阻隔不再是难题。同时，网络传播拥有图像、视频等多种呈现形式，可以在很大程度上突破不同民族之间语言文化的障碍，为文化交流与融合开辟新的发展空间。但是网络在拓展和深化跨文化传播与交流的同时，也让不同意识形态、价值观之间形成碰撞。占据优势传播地位的国家往往会向弱势国家进行文化和意识形态的输出与渗透，对弱势国家的国家政治安全造成威胁。[①] 网络自媒体时代的一大红利就是对外

---

① 杨晶：《政治信息网络传播的受众困境与出路》，《新闻界》2016 年第 10 期。

跨文化传播的主体不再只是政府，普通网民也有机会面向他国受众发出自己的声音，为国家形象的塑造和传播做出有益贡献。例如，我国美食博主李子柒在国外网站上迅速走红，让外国网民领略到我国优美的田园风光和丰富的美食文化。这类网民通过个体力量创造和传播信息，从而有助于塑造良好的国家形象，也让国际社会中呈现更多"中国声音"。通过媒介素养教育，能让越来越多的个体提高信息创造和传播能力，培养提升"政治意识"，更多、更好、更有效地发出"中国声音"，掌握更加强有力的国际话语权。

二　当前针对大学生网络媒介素养的教育设想

（一）大学生网络媒介素养教育的目标

英国媒体教育学家莱恩·马斯特曼（Len Masterman）认为，网络媒介素养教育的目标在于培养和提升"自主批判性"，也就是人们在面对各种信息时，能够独立自主进行分析、判断、质疑与批判，它的核心是个体批判思维反作用于网络媒介的能力。这是一种高级的个体能力，教育是唤醒和培养这种能力的利器。

在学者季静看来，求真、寻美、择善是大学生网络媒介素养教育的终极目标。要着眼于"大学生精神层面的成长以及完美人格的养成"，将媒介知识作为学习的对象，从学习、批判与反思、使用与表达三个层面不断深化，从而最终实现真善美。具体而言，"求真"的"真"包括三个层次，分别是真相之真、真实之真和真理之真。"求真"就要以锲而不舍的求索精神去追寻真理，获得对客观世界最本质的认识。"寻美"则是要着力于在尊重大学生审美个性的同时，培养其正确审美观、审美能力和高尚审美情趣，将其从低俗文化带来的娱乐快感中解放出来。"择善"是一种价值观教育，要秉持社会主义核心价值观，坚持善良、正义、公平、道德等主流价值取向，体现人性温暖与人文关怀。[①]

（二）针对大学生网络媒介素养教育问题的举措建议

1. 问题

综合国内学者的论述，目前大学生网络媒介素养教育面临如下三个

---

① 季静：《大学生网络素养教育目标探寻》，《江苏高教》2018 年第 7 期。

矛盾。①

　　一是"高接触"与"低素养"之间的矛盾。"高接触"是由互联网飞速发展的时代背景决定的。20 世纪八九十年代我国开始接入互联网，而当代大学生多出生于 2000 年前后，他们的成长伴随着互联网的快速普及与发展，他们是当之无愧的"网络原住民"，互联网早已深刻影响了他们的思维方式与生活方式。他们的日常学习、娱乐、社交大多通过网络实现，这使他们与网络保持着极高的接触度，甚至可以说互联网已成为他们生存生活不可或缺的一部分。然而与此形成鲜明对比的则是他们较低的网络媒介素养。大学生网络媒介素养低的原因主要有两方面。一是相关教育认可度不高、受重视不足。我国的媒介素养教育观念相较于西方来说起步晚，很多理念都是依靠外来引入，在国内发展时间较短，其重要性与紧迫性尚未得到教育部门和社会各界的普遍认可，受重视程度不足。二是教育缺位，知识体系不健全。当前我国的教育模式依旧以应试教育为主，缺乏对学生综合素质与能力的关注，媒介素养教育更是处于薄弱环节，不仅媒介素养的知识体系不够健全、课程设置占比少，而且师资力量也存在不足的问题。目前大学生们所具备的网络媒介素养相关知识大多还依赖于个人的自发习得和经验积累，缺乏系统性与科学性。"高接触"与"低素养"之间的矛盾如果不解决，只会将互联网的负面影响不断加深与扩大，影响大学生公民意识、责任意识与正确价值观念的形成。

　　二是"开放性"与"传统性"之间的矛盾。互联网环境是开放包容、多元并蓄的，技术赋权让每个人都得以充分表达自我，以往"自上而下"的话语权力模式被颠覆，个人的传播能量不再被忽视，这种能量甚至会对网络舆论产生重要影响。网络的匿名性也赋予个人更多的表达勇气，在网络营造的虚拟空间中，没有地位、身份、阶层等差异。使用互联网的个体形形色色，其中具有相同兴趣爱好的人慢慢会聚起来形成网络社群，并一起传播彰显自身特色的"亚文化"。在这种亚文化熏陶下的青年群体，重视个性化与冒险，敢于打破常规、挑战传统，他们借助互联网开放包容的东风不断高呼，不断刷新存在感，使自身独特的价值观被社会更多人所看

---

　　①　季静：《大学生网络媒介素养教育目标探寻》，《江苏高教》2018 年第 7 期。

到并了解，甚至谋求更多认同。与此同时，当下的教育体系依旧是传统式的，高校的网络媒介素养教育课程大多还是通过课堂讲授、课余讲座进行，注重理论知识的宣讲而缺乏对于网络环境的考量和对网络实践的开展。这种模式化、单调乏味的教育已经无法激发青年一代的学习积极性。教育应当紧跟时代步伐，更新教育内容和方式，不断探寻新的时代背景下受教育者的身心特征，以此开展现代化教育，培养符合时代需求的人才。"纸上得来终觉浅，绝知此事要躬行"，在大学生网络媒介素养教育中，应当融入更多的参与式教学方式，以更丰富多彩的实践体验教育引导大学生知行合一，用"自主批判性"来灵活熟练地驾驭所面对的信息，帮助他们不断在亲身体验中深化和提升网络媒介素养水平。

三是"丰富性"与"空虚性"之间的矛盾。丰富性指的是技术层面。作为伴随互联网成长的一代，大学生对于网络的使用早已熟稔于心，他们利用网络进行购物、游戏、娱乐、社交，广泛活跃于微博、B站、贴吧、抖音、快手等各类新媒体平台，不断依托网络技术创造出新的网络文化和流行趋势，可以说是他们赋予了互联网无限的可能性。这种在新技术基础上建立起来的文化异彩纷呈，令人眼花缭乱。但是在其背后的隐秘角落，也掩藏着大学生精神层面的空虚。他们沉迷于网络游戏，以游戏所产生的快感来逃避现实中的学业压力。他们对微信、微博等社交媒体极度依赖，在网络上侃侃而谈，但现实中相对无言，线下社交表达能力大为削弱，"社交恐惧症"在青年群体中已成常态。狂热追星也是大学生群体中的普遍现象，互联网更为"追星族"提供了技术便利，他们在社交平台上为自己所追捧的偶像打榜、投票，是"粉丝经济"的重要助推力量。部分大学生为了追星不顾一切，甚至失去理性，有些大学生更是沦为网络暴力的施暴者或受害者。这些精神层面的问题早已超越技术层面所产生的影响，必须给予密切关注。进行大学生网络媒介素养教育，要关注技术教育，更要关注精神教育。对大学生群体开展网络媒介素养教育，其难点就是要思考采取何种举措来引导他们坚定理想信念，树立正确的价值观，进而拥有健康的精神空间，提升整体素质，最终实现个人的全面发展。

2. 举措建议

关于大学生网络媒介素养教育问题，众多学者给予极大关注，他们在深入思考和研究的基础上，提出多种举措。总的来说，举措建议着眼于四个层面：政府、社会组织、高校、个人。

首先，政府要立足长远，保持对于大学生网络媒介素养教育的清醒认识，提高重视程度，从相关政策的制定落实、师资力量培养、法律法规完善等多方面来助力大学生网络媒介素养教育，把网络媒介素养教育纳入学校教育系统，使其规范化、常态化。2016年，在第十二届全国人民代表大会第四次会议上，有代表提交了"关于加强青少年网络安全和媒介素养教育的建议"，提议将媒介素养教育列入中小学必修课程，将媒介素养教育的内容纳入教师培训计划。[1]

其次，社会组织的参与也是开展网络媒介素养教育的重要形式。社会组织应当积极承担起社会责任，可以针对大学生的网络使用现状展开调查研究，积极借鉴别国经验，开展媒介素养教育普及的社会宣传活动，在社会中营造良好氛围，逐渐构建起符合我国国情的大学生网络媒介素养教育社会工程。[2]

再次，高校作为大学生网络媒介素养教育的主体，可以将以下三个方面作为发力点。一是丰富完善教材与课程体系。高校应当提高网络媒介素养教育相关课程的比重，不仅要设置专业必修课，也要面向全校师生开设公共课、通识课，邀请来自校外的专家学者和业界精英走进校园举办讲座、开展论坛，并积极带动学生参与其中。此外，也要把网络媒介素养教育课程渗透到其他课程中去，如思政课程等，加大两者结合力度。就教材而言，既要编写出版针对新闻传播和计算机专业学生的专业教材，也要有针对其他专业学生的通识教材，进一步完善教材的编写体系。二是构建完善的网络媒介素养知识体系，注重培养学生的网络媒介使用能力，网络媒介信息的甄别鉴赏能力、使用与传播能力，以及使用网络媒介过程中的道德法律意识。三是打造强有力的专业师资队伍。媒介素养教育不单涉及新闻传播学一个学科的知识，还涉及教育学、心理学、法学、社会学、计算

---

① 邢瑶：《大学生网络媒介素养教育的现状、问题与对策》，《传媒》2017年第6期。
② 夏天静、钱正武：《大学生网络媒介素养的现状及其提升途径——以常州某高校为例》，《黑龙江高教研究》2011年第10期。

机等多学科知识，应当积极吸纳多学科背景的教师，不仅要强调网络媒介素养课程教师的专业教学理论（指非新闻传播领域的理论）水平，也要强调他们的媒介专业理论基础。① 只有足够专业的教学队伍才能培养出高质量人才。

最后，大学生个人也应当加强自我教育。要充分发挥主体能动性，摆正自己的角色定位，以清醒冷静的头脑面对网络。在利用网络便捷获取信息实现满足的同时，要善于反思和批判，时刻保持警惕，避免陷入表层信息的陷阱。大学生也应当主动避免对网络的过度依赖，积极融入集体、融入社会，学会通过现实环境和互帮互助来解决问题。②

三　当前针对大学生"网络参与素养"的教育主张

鉴于本研究主题与网络参与密切相关，本部分专门对国内与"网络参与素养"有关的教育主张进行梳理。

（一）大学生网络参与素养的界定

大学生群体是网民的重要组成部分，大学生网络参与对于政治和社会生活的影响日益凸显。大学生网络参与素养是大学生网络媒介素养中的一个要素，它是指大学生作为网络使用者在参与公共事务过程中所应具备的素质与修养。结合网络媒介素养的相关概念，大学生网络参与素养主要表现为：对网络参与具备理性认识，对关注的事件和问题保持清醒的头脑，透过现象看本质；具备正确的政治鉴别能力与扎实的马克思主义理论素养，在网络政治参与中具备避免被错误思潮迷惑的能力，保持坚定政治信念；具备正确的价值观和民主协商意识，在参与公共决策时以大局为重，不被私利所左右，不被不良思想和行为所污染；具备自我约束能力、自律意识与社会责任感。在开展网络参与活动时，要始终坚守道德底线，加强自律，不参与不良信息和网络谣言的传播。总的来说，网络参与素养教育致力于培养和提升大学生的网络政治事件参与能力、网络民主协商能力、参与

---

① 邢瑶：《大学生网络媒介素养教育的现状、问题与对策》，《传媒》2017 年第 6 期。
② 艾丽容：《新媒体对大学生的负面影响及其媒介素养教育对策研究》，《长江工程职业技术学院学报》2016 年第 3 期。

公共决策能力以及网络信息传播能力等。培育大学生网络参与素养对于促进大学生自身发展、净化网络空间、完善社会生活等都具有积极意义。

由于整个社会对于学历教育的重视，大学生人数在不断上升，大学生规模日渐庞大。再加上各种新媒体技术的快速发展，大学生网络参与的影响力将会呈持续扩大趋势。正确引导大学生的网络参与行为，提升网络参与素养，对维护校园和社会稳定颇有裨益，也有助于保障大学生实现自身的合理诉求，增强其对社会的认同感。更重要的是，在较高的网络参与素养的指引下，通过合理有序的网络参与表达民意，能够在很大程度上减少相关部门的决策失误和片面化，实现决策民主化。

（二）大学生网络参与素养教育方法与调整建议

李盎认为，大学生网络媒介素养教育可采取体验式和分析式的方法，[①]具体体现在以下方面。

体验式方法主要是进行角色模拟。即在对媒介组织结构进行分析和文本解读时，有序组织学生开展角色仿真练习，让学生切身体验媒介工业中的制作人、策划人等多重角色，从而让他们深刻理解媒介产品制作流程的相关问题，理解文本建构等媒介活动的意义。

分析式方法具体可分为两个方面。一是文本检视。要求学生独立自主对感兴趣的文本进行分析，可以从制作者、制作技巧、传递的价值观等多个角度出发进行分析，考查学生在了解媒介生存环境、学会文本解读的基础上的反思和批判能力以及主体意识。二是自我检视。即让学生观照审视自身，将自己在学习媒介素养知识前后的能力进行比较、自我反思和评价。

有学者认为，当下社会具有极高的参与性，形成了参与式文化样态，全体网民积极主动地进行媒介创作与传播，重视个人诉求。[②] 在参与式文化下，我国大学生网络参与素养教育需要做出如下调整和变化。一是转变更新教育理念。传统教育观念中，教师位于教学环节的中心，发挥着传道

---

① 李盎：《媒介素养教育西安本土化路径探究——基于案例教学的视角》，《今传媒》2016年第4期。

② 余越：《参与式文化下高校学生网络媒介素养教育探究》，《学校党建与思想教育》2015年第24期。

授业解惑的关键作用，教学效果的优劣也与教师表现密切相关。但是随着网络的发展，学生获取信息、学习知识的途径早已不再局限于课堂和老师，教师在传授知识方面的中心地位受到了冲击与弱化，相对应的是学生参与性的增强。因此大学生网络参与素养教育理念要顺应时代变化，由"教师中心论"向"师生相长型"转变，注重学生在学习过程中的参与环节，立足于学生的诉求、学习习惯、认知行为特点进行教学过程和教学方法的设计，使培养方案更加体现时代特色，更具备现实针对性。二是推动教学方法创新。依托于技术特色，互联网和新媒体具有与生俱来的吸引力，它们的交互性强，内容呈现形式丰富多样、生动灵活，并且包含着多元信息的碰撞与交汇，大学生作为热爱追求新生事物的群体，自然更热衷于借助新媒体平台获取知识、丰富自我，而报纸、广播、电视等传统媒体逐渐受到了冷落，以往那种依托于书本、"满堂灌"的教学方法也不再受欢迎，灌输式教育无法满足大学生的需求。网络参与素养教育既然传授的是网络参与的相关技巧与能力，就更应该注重学生的实践参与和互动，通过强调学生表达、学生交流，使用多元化教学方式与平台，不断推动教育创新。三是完善媒介参与教育评价反馈机制。网络参与素养教育不仅要重视对大学生网络参与素养相关知识的讲授，更要立足于实际来检验教育成果。教师应当通过具体的实践环节考察学生的网络参与表现、水平与效果，考察学生的角色转换能力、信息甄别与鉴赏能力、环境监测与事件分析能力等，对学生的实际表现进行评估，及时反思总结，不断完善教育内容。

第二节　当前中国大学生网络媒介素养教育的实践

中国的网络媒介素养教育实践属于"问题驱动型"的。伴随着互联网发展出现的各种网络问题，如网络暴力频发、网络谣言泛滥、网络色情信息蔓延、青少年网络使用成瘾等，持续刺激着政府、社会和家庭的神经。青少年网络媒介素养教育在总体上引导避害优于引导趋利，免疫大于赋权，在避害基础上寻求趋利的可能。目前，我国政府日益加大网络治理力度、净化互联网空间，社会多方力量也在致力于网络媒介素养教育。

一　当前中国网络媒介素养教育的实践

中国网络媒介素养教育的实践探索起步于 21 世纪初期。实践主体大致可分为两类，一类是学校和科研机构，另一类是学校之外的社会力量，具体来说又包括政府、社会组织等。其中，学校与科研机构的网络媒介素养教育实践具有更强的针对性，以青少年群体为主要教育对象。而政府与社会组织的网络媒介素养教育实践，面对的是更广泛的社会成员。

（一）学校实践探索案例

北京师范大学第三附属中学走在青少年网络媒介素养教育的前列。它主要将学校作为前沿阵地，辅以专家讲座、家校联合、媒介素养监测与干预等多元手段来提升青少年网络媒介素养。例如，为学校教师和学生家长开设主题讲座，通过学校家庭两结合来丰富和提升家长对网络媒介素养教育问题的认识，并学会正确引导孩子使用和参与网络，学习网络媒介素养的相关知识和技能。该校还联合北京师范大学新闻传播学院在校内设立了"青少年媒介素养实践基地"，实现高校最新研究成果从理论到实践的无缝衔接。

（二）政府与社会组织实践探索案例

就目前我国媒介素养教育实践情况来看，广州在众多城市中具有亮眼的表现。2007 年，《广州青年报》旗下的一家杂志社与广州市少年宫联合成立了"成长小记者团"，针对儿童小记者开展媒介素养教育体验活动。2013 年，广州市少年宫创办了我国第一家儿童媒介素养教育中心，该中心集科研、教育培训和活动于一体，既与科研机构合作，也定期针对全市儿童开展媒介素养调研，还开设了媒介素养教育课程，致力于引导少年儿童在新的网络媒介环境下，树立正确的媒介使用观并学会趋利避害，让媒介更好地服务于自身成长。2016 年，《媒介素养》教材经广东省教育厅审定通过。2018 年，广州市教育部门尝试面向中小学教师开设在线网络教育课程，率先在广东乃至全国范围内以中小学教师为对象进行网络素养培训，为一线教师在中小学开展网络媒介素养教育提供有益示范和指引。[①] 除此

---

① 方增泉、祁雪晶、王佳鑫等：《基于学校主体的中外青少年网络素养教育实践探索》，《青年探索》2019 年第 4 期。

以外，广州还把网络媒介素养教育的实践触角伸向了常常被社会忽视的乡村留守儿童。广州市少年宫、广州市青少年发展基金会等联合公益机构携手发起"E成长计划"（乡村小学网络素养支教计划），招募建立支教小组，前往乡村地区的学校传递分享网络安全与网络素养知识，同时为乡村地区的教师和家长们提供讲座和培训。家庭网络媒介素养教育也是广州在进行网络媒介素养教育实践探索时关注的重要领域，其主要通过亲子教育和人偶剧的方式开展，引导儿童及家长建立正确认知。广州创造性地推动儿童发声，组织开展儿童互联网大会等一系列活动，邀请全省和其他省区市儿童代表参与其中，推动儿童以网络小主人的身份参与网络建设，打造风清气正的网络空间。①

此外，国家政府相关部门也积极进行与网络媒介素养教育有关的实践尝试。2015年，中央网信办将"青少年网络安全教育工程"正式纳入"赢在未来"青少年网络安全教育联合行动计划。还有一些实践处于从规划到执行的过渡阶段。2021年3月出台的《中华人民共和国国民经济和社会发展第十四个五年规划和2035年远景目标纲要》强调要"加强全民数字技能教育与培训，普及提升公民数字素养"②。2021年11月发布的《提升全民数字素养与技能行动纲要》提出"到2025年，全民数字化适应力、胜任力、创造力显著提升，全民数字素养与技能达到发达国家水平"③。

二　当前针对大学生网络媒介素养教育的实践探索

2001年，共青团中央联合教育部、文化部、国务院新闻办、中国青少年网络协会等多部门面向全社会发布了《全国青少年网络文明公约》，自此我国青少年拥有了可供参考的、较为完备的网络行为道德规范。此后，各省区市政府部门、高校也纷纷响应，针对青少年群体和在校大学生发布

---

① 张海波：《广东省中小学生网络安全及媒介素养教育研究和探索实践》，《中国信息安全》2019年第10期。

② 国务院：《中华人民共和国国民经济和社会发展第十四个五年规划和2035年远景目标纲要》，https://www.gov.cn/xinwen/2021 – 03/13/content_5592681.htm，最后访问日期：2023年6月25日。

③ 中国网信网：《提升全民数字素养与技能行动纲要》，http://www.cac.gov.cn/2021 – 11/05/c_1637708867754305.htm，最后访问日期：2022年6月25日。

文明上网倡议，例如，河南省教育厅发布《河南省大学生网络文明公约》；南开大学面向全校师生发布《文明用网倡议书》等。这些都属于网络媒介素养教育的初步实践探索，有助于让遵守网络道德规范成为普遍共识，积极推动网络媒介素养教育打开新局面。①

从目前的情况来看，我国大学生网络媒介素养教育由于存在起步较晚和知识体系不健全等局限性，相较于西方国家来说还处于初级阶段，发展不均衡问题也有待解决。高校和科研机构共同承担起了大学生网络媒介素养教育实践探索主体的角色。

（一）上海地区大学生网络媒介素养教育实践

高校拥有丰富的教育资源，承担着重要的教育教学任务。上海市的部分高校、科研机构较早举起了网络媒介素养教育的旗帜。

2004年8月，上海社会科学院率先出版了第一本关于媒介素养教育的著作《新闻·传媒·传媒素养》；9月，上海交通大学迈出了在高校开设媒介素养教育课程的第一步；10月1日，复旦大学媒介素养小组建立并开通了中国首家媒介素养专业网站"媒介素养研究"。至今，复旦大学还将全校学生作为授课对象，通过开设公共选修课"新闻媒介与社会"，来传授主要媒介类型的相关基础知识，同时也"新旧兼顾"，对新媒介尤其是网络媒介知识作突出强调，教学内容彰显时代特色。

近些年来，上海各高校在大学生网络媒介素养教育中秉持发展和管理两手抓的策略，从硬件设施、制度规约及教育引导等多方面着手，加强校园内网络文化建设和管理，有效提升了大学生网络媒介素养。其具体实践举措如下。

一是在教育管理部门的牵头下建立健全组织领导体制。上海市教卫工作党委下发相关文件，全力部署高校建立健全网络领导体制和管理机构。在文件的指示下，上海成立了"一个中心两个平台"，即上海市教育系统网络文化发展研究中心、信息交互平台和信息收集平台，三位一体共同加强网络空间的建设与管理，强化网络正面宣传并加强舆情研判，推进网络信息安全保障和应急预案体系建设。复旦大学、上海交通大学、同济大学

---

① 曹荣瑞：《大学生网络素养培育研究》，上海交通大学出版社，2013，第29~30页。

等多所高校的宣传部和学生管理部门还建立"上海高校网络管理工作室"，推进落实校园网络工作，建设安全文明校园，同时将网络素养教育和大学生政治教育相结合共同落实。"网络德育工程"也被重点关注并纳入网络文化发展计划，通过网络互动社区、大学生舆情中心、网络媒介素养教育等项目的落实，切实提升大学生网络媒介素养。上海市委各部门也加大专项经费划拨力度，支持高校网络文化建设和管理工作。不少高校还构建了由党办、校办、宣传部、网络中心等部门组成的多位一体管理体系，切实监督和落实网络文化管理和教育。

二是积极利用技术手段并兼顾科学管理。高校主动通过技术强化网络空间的有效管理。自教育部于 2005 年实施校园网 BBS 用户实名登记制起，匿名性不再是学生发布有害信息的"挡箭牌"，这为净化校园网络空间、提高大学生网络素养提供了有利条件。上海多所大学在此启发下也加快了自身的技术开发，以先进的技术优势提高抵御不良网络文化的效率。例如，上海师范大学学生自主设计研发了 BBS 有害信息防御屏蔽系统，从信息发布环节设卡，通过关键词甄别等方式防止有害信息进入网络空间，有效净化网络环境。科学管理主要体现为更完善的管理体制，各部门权责分明齐抓共管，疏堵结合更讲究艺术性，不再一味盲删盲堵，而是尽快澄清真相，引导正确认知。

三是加强网络舆论引导工作。近年来上海高校积极建设专题网站，进行思想教育宣传和马克思主义中国化时代化最新成果的网络传播，打造了一批将思想性、知识性、趣味性、服务性巧妙融于一体的校园网站。同时加强社会主义核心价值观和社会主义荣辱观教育，并依托高校人才资源成立高校网络特邀评论员队伍，在一些热点事件发生时正确引导网络舆论，避免学生被不良情绪和错误信息误导。上海高校所打造的新闻网站、学生门户网站、校园 BBS 三方联动的舆论引导模式，在激浊扬清、提高正向信息覆盖面、营造平稳的网络舆情环境方面发挥了积极作用，为大学生营造了良好的校园网络文化氛围。

四是坚持开展文明上网宣传教育活动。上海市政府相关部门高度重视高校校园文化建设工作，要求高校把持续开展文明上网教育宣传活动作为抓手，以此提升大学生网络媒介素养。各高校积极响应政府号召，通过多种形式提高学生对于上网行为的正确认识，提高相关课程和教育宣传活动的覆盖面与频次，将互联网法制与道德教育和大学生思想政治教育有机结合，融入大学生专业学习过程中，起到"润物细无声"的效果；在潜移默化中引导大学生规范网络使用和参与行为，并使之提高自觉性和警惕性，抵制低俗和有害信息的侵扰。

五是着力建设校园网络文化品牌。有益实践主要分为三种。第一种是通过分层教育理念建设四大校园学生网站体系，红色代表主旋律网站，蓝色代表服务型网站，绿色代表娱乐型网站，青色代表沟通交流型网站。这四大网站以生动有趣的方式增强了网上思想教育的吸引力和感召力，让学生更乐于投身其中。第二种是 E – Class 网上虚拟集体建设。它主要包括班级、学院、社团、创业团队和勤工助学实体等，充分激发各主体的创造性与活力。第三种是推动"上海大学生在线"网站建设，打造校园网络文化龙头阵地，为教育和服务学生提供有利条件。

六是努力增强校园网络文化服务功能。一方面，充分发挥网络服务功能，覆盖校园生活的方方面面。从大学生入校时的网络选课系统，到就读时的网上课堂、电子书包、心理健康咨询，再到即将毕业时的职业规划和就业指导，学生可以通过网络平台点击相应网址和界面，一触即达，轻松获取在不同阶段所需的信息，提高自身借助网络媒介服务生活和学习的能力。另一方面，海量资讯全方位满足信息需求。上海高校加大对网络信息资源的丰富力度，加大对高校图书馆电子文献系统建设的投资，为师生查找文献提供更大便利。师生还可通过校园网搜寻各种大大小小的问题答案，既能获取校园动态信息、时政热点新闻，也能了解社会生活、影视娱乐等众多信息。

七是强化大学生主体意识，引导其进行自我管理和教育。上海高校诸如复旦大学、上海交通大学、上海师范大学，纷纷主动出击，在校园网BBS上培养具有话语权的"意见领袖"，对于其他大学生网民来说，这些"意见领袖"的观点具备一定的影响力和权威性。当面对突发事件和热点新闻时，他们的意见与言论更容易被信服，从而起到舆论引导的作用，助力营造平稳有序的网络舆论环境。上海师范大学更是首创大学生自主管理和教育的 BBS 管理体制，打造了一系列具有社会影响力的校园网络文化产品，例如"BBS 奖学金"等。这些高校的有益尝试使得校园网络管理更加有力有序，推动了校园网络舆论良性发展。[①]

（二）其他地区大学生网络媒介素养教育实践

除了上海高校不断进行大学生网络媒介素养教育的实践探索，我国其他地区高校也采取行动。2006 年，云南大学新闻系首次尝试开设"媒介素养"选修课程，由新闻系 6 位教师共同完成，他们从自身的研究专长出发，以统一的教学大纲和体系为指导，以专题形式开展教学工作。[②] 2014年，西安欧亚学院文化传媒学院第一次开设"媒介素养"专业选修课，在讲授过程中注重理论与实践的结合运用，"依托浅显的理论阐述探寻实践中的方法与技巧"，既讲求理论的简洁有力，又注重借助多样化的实践素材进行辅助教学，让学生通过实践体验更深刻地理解领会媒介素养核心理念。南昌大学等多所学校也组织专业团队，投入《网络道德》等与网络媒介素养教育相关的书籍的编写工作，并将相关课程纳入学生思想品德课程体系，这些措施都有助于网络媒介素养教育向常态化方向发展。

第三节　当前网络媒介素养教育主张与实践问题小结

1997 年我国开始引入媒介教育研究，经过 20 多年的发展，学界在理论拓展和实践探索方面均取得一定的成绩，并惠及大学生网络媒介素养教育这一细分领域，但也存在一些问题。

一　主张：范式缺位下的百家争鸣

"范式"是指对一个具体问题进行研究时所依赖的理论体系、基本框架。在这个框架下建立的该范式的理论、方法、规律等是被人们普遍接受的，即范式在一定程度上和一定范围内具有公认性，它为特定问题的研究提供了纲领，规定了特定研究所要遵循的认识论和方法论。它可以界定研

---

① 曹荣瑞：《大学生网络素养培育研究》，上海交通大学出版社，2013，第 30～34 页。
② 唐海涛：《我国大学生网络媒介素养教育现状及实施途径探析》，《新闻知识》2010 年第 6 期。

究对象是什么，需要提出什么问题，如何对提出的问题进行质疑和反思，以什么原则对得出的答案进行解释等。

网络媒介素养教育范式就是指在互联网时代，媒介素养教育共同体围绕网络媒介素养教育的思维原则、教育价值观和方法论等所形成的一套基本框架。① 目前看来，网络媒介素养教育处于范式缺位下的百家争鸣局面。

首先，研究者们对于网络媒介素养教育的目标尚未形成一致意见。当下关于网络媒介素养教育的目标，大体上存在三种各有侧重的不同观点。第一种是强调个人发展和人格的养成。如前文所述，学者季静将"求真、寻美、择善"视为网络媒介素养教育的目标，② 把着眼点放在受教育者的精神层面和人格养成，强调培养人的自觉独立意识、审美情趣和正确价值观。李益则认为，媒介素养教育的目标是培养受众的民主意识，要跨越把受众单单作为媒介产品接受者和消费者的身份藩篱，通过受众民主意识的提高，最终推动整个社会的民主化进程。③ 第二种是着眼于独立批判能力的培养。王宝权提出，大学生网络媒介素养教育的目标和核心在于培养自主批判能力，具体而言包括"批判意识""独立思考能力""符号分析能力"及"批判实践能力"。他认为上述这些能力共同构成大学生学习和创新的基础，也只有唤醒和提升这些能力，才能使他们符合 21 世纪对创新型人才的要求。④ 张志安、沈国麟亦认为，要通过媒介素养教育培养"健康的媒介批评能力"⑤。第三种则是强调具体的行为层面。李燕等认为，大学生网络素养的培养目标在于多个方面的行为能力，如独立自主地选择判断自己所需的网络信息内容；能够从纷繁复杂的网络社交活动中获得有益于自身发展的信息；能够以理性负责的态度在网络平台上发布信息；等等。⑥

---

① 周灵、卢锋：《互联网时代媒介素养教育的范式重构》，《中国电化教育》2021 年第 7 期。
② 季静：《大学生网络媒介素养教育目标探寻》，《江苏高教》2018 年第 7 期。
③ 李益：《媒介素养教育西安本土化路径探究——基于案例教学的视角》，《今传媒》2016 年第 4 期。
④ 王宝权：《论大学生网络自主批判能力的培养——以博客平台为例》，《教育探索》2011 年第 5 期。
⑤ 张志安、沈国麟：《媒介素养：一个亟待重视的全民教育课题——对中国大陆媒介素养研究的回顾和简评》，《新闻记者》2004 年第 5 期。
⑥ 李燕、袁逸佳、陈艺贞：《"互联网＋"时代大学生网络素养提升的多维路径探析》，《黑龙江教育（高教研究与评估）》2016 年第 3 期。

其次，学术界对于网络媒介素养教育的内容也众说纷纭。学者卜卫认为，网络媒介素养教育的内容应当包括：网络基础知识和使用时的相应管理能力；自我创造和传播信息的相关技巧与能力；辨别网络信息安全性的知识与自我保护能力。① 而在朱永华看来，网络媒介素养教育主要在于两点，一是中国特色社会主义核心价值观教育，它能够为提升网络素质打下良好基础，是网络素养教育的根本；二是网络道德和法制教育，这有助于正确引导网络参与者警惕容易被忽视的网络违法违规行为，建构起能抵御不良信息诱导的网络规则意识，这是网络素养教育的内容侧重点。② 研究者熊钰等人则认为，网络素养教育包括"网络知识教育、网络能力培养、网络道德养成、网络心理调适四个方面"。这四个方面分别是网络素养教育的基本构成要素、外显形式、精神内核及重要组成部分。其中，网络知识教育囊括了网络科学知识、网络文化知识、网络思维知识教育三个层面；网络能力培养体现为获取信息、分辨信息、应用信息和信息创造等能力的培养；网络道德养成包括网络道德观念、网络道德能力、网络法制宣传等层面；网络心理调适则包括网络心理知识教育和网络心理问题咨询两个层面。③ 还有学者认为，网络媒介素养教育的内容应当对社会维度给予合理关注，要考虑媒介生态对整个自然和社会运行的影响，基于此提出要加强儿童时期的媒介素养教育，树立"公众和谐的媒介生态观念"④。从上述内容中不难看出，学者们对于网络媒介素养教育的内容各有自己的独特阐述，其中也不乏共同点：对网络有更全面理性的认识；掌握使用网络的技巧；具备网络信息甄别判断能力；具有网络道德和法制知识；等等。

最后，相关研究者对于网络媒介素养教育的实践框架也莫衷一是。实践框架主要用来解决网络媒介素养教育如何实现的问题，与实践效果密切相关。熊钰等人指出，要构建网络媒介素养的教育教学体系，学校可以开设与之相关的通识课、必修课、选修课等，也可以采取线上线下相结合的

① 卜卫：《媒介教育与网络素养教育》，《家庭教育》2002 年第 11 期。
② 朱永华：《大学生网络素养教育内容、载体及机制研究》，《传播力研究》2018 年第 36 期。
③ 熊钰、赵晨、石立春：《大学生网络素养教育的内容与路径》，《高校辅导员》2017 年第 4 期。
④ 景天成：《媒介素养教育的范式与内容研究》，《新闻传播》2014 年第 5 期。

教育教学方式。除了学校之外，政府、企业、媒体、非政府社会组织等都应当积极行动并展开协作，形成合力，构建稳定有序的网络媒介素养教育社会体系。① 在学校和社会的基础上，也有不少学者将家庭与个人纳入网络媒介素养教育的实践框架。夏天静、钱正武认为，家长对网络的双重影响认识更加深刻，因此能够比青少年更成熟地把握网络。家长在网络媒介素养教育方面具有不可替代的重要作用。家长应加强对网络技术的学习和了解，从而借助网络建立起与孩子沟通的桥梁，积极引导和教育孩子正确对待并使用网络，防止沉迷和网络不法行为的产生。② 陈钢也认为，在培养网络媒介素养的诸多途径中，父母具有无可比拟的"接近性和亲和力优势"，家庭是网络媒介素养教育最能够精准有效施力的场所。③ 在个人方面，学者艾丽容强调要注重发挥自身的主体性作用，对自己的角色定位保持清醒认知，并以积极健康的心态面对网络，养成自我反思和总结的习惯，提高警惕，抵御不良信息侵害。④

除了从实践主体的角度思考之外，还有学者另辟蹊径，提出了互联网时代媒介素养教育新范式的实践策略，认为遵循"知识—能力—文化—责任"的路径是媒介素养教育的较优选择。知识环节是指将媒介素养的相关概论课程与通识课、公选课等进行深度融合，丰富教学内容。能力环节是指在一定知识储备的基础上开设实践环节，从而提升学生的甄别能力、批判能力、信息创造与传播能力等多重能力。文化环节是指要将个人所具备的媒介素养知识和能力转化为"人文思想素质，并作为社会文化和道德的重要组成部分"，最终肩负起社会责任，参与社会文明建设，推动社会发展。⑤

---

① 熊钰、赵晨、石立春：《大学生网络素养教育的内容与路径》，《高校辅导员》2017 年第 4 期。
② 夏天静、钱正武：《大学生网络媒介素养的现状及其提升途径——以常州某高校为例》，《黑龙江高教研究》2011 年第 10 期。
③ 陈钢：《父母在儿童网络素养教育中的角色分析》，《青少年研究（山东省团校学报）》2013 年第 3 期。
④ 艾丽容：《新媒体对大学生的负面影响及其媒介素养教育对策研究》，《长江工程职业技术学院学报》2016 年第 3 期。
⑤ 周灵、卢锋：《互联网时代媒介素养教育的范式重构》，《中国电化教育》2021 年第 7 期。

综上所述，针对网络媒介素养教育的目标、内容框架、实践框架，学者们均未达成较为统一的观点和意见，"本土化探索不够深入"①，网络媒介素养教育缺乏研究共同体所认可的范式。这不利于科学知识体系的建立以及系统化研究的开展。

二 实践：制度化缺位下的散点探索

"制度"规定了一个特定领域内的规则和行为规范，具有稳定性，能够协调个体之间的行为，减少个体不确定性引发的冲突和无序。所谓制度化是指某个群体、组织乃至社会从特殊的、不固定的、无序的状态渐渐向被普遍公认的、规范的、有序的状态模式进行转化的过程。② 制度化有助于维护群体、组织和社会的安定团结，增强凝聚力。在现实环境中的网络媒介素养教育实践呈现出散点探索的局面，尚未达到制度化。

首先，从地域角度看网络媒介素养教育的实践探索，不难发现，北上广三地扮演着领头羊角色，其他地区稍显滞后。网络媒介素养教育尚未在全国范围内建立起共同的价值观念和凝聚力。北京地区，北京师范大学第三附属中学通过"家校紧密联合"的方式，既对一线教师进行课余培训，也帮助家长了解青少年网络媒介素养教育的相关热点知识，从而双管齐下推动学生网络媒介素养的提升。上海地区，复旦大学、同济大学、上海交通大学等高校纷纷加强校园网络安全文化教育和宣传，并通过建立校园BBS、学生门户网站等方式提升学生的网络素养。广州地区，广州市少年宫早在2013年就成立了网络素养相关的研究与实践基地，并带动学校、家庭参与其中，三位一体共同探索网络媒介素养教育的实践路径。上述三个地区在网络媒介素养教育方面都进行了多样化的实践，不断探索，取得了一定的成绩。但相对来说，其他区域实践探索发展进程较慢，未能紧跟时代潮流进行实践探索。

其次，尚未建立较为完整、完善的网络媒介素养教育规范体系。规范能够有效地将人们的行为活动纳入统一的模式，保持整体的稳定有序。从

---

① 伍永花：《本土化视域下大学生媒介素养教育模式建构》，《青年记者》2022年第22期。
② 何江斐：《我国网络反腐制度化问题研究》，硕士学位论文，郑州大学，2016。

目前的形势来看，我国网络媒介素养教育的实践探索缺乏规范的支持。研究共同体对于网络媒介素养教育的体系、内容、操作方法等尚未达成一致，不同学校、社会组织都在按照自己的想法和规划摸索前行。同时，关于网络媒介素养教育的反馈机制也存在不足。多数研究者只关注如何推进媒介教育，但对于如何检验教育成果这方面缺少关注。只有制定合理有效的规范，才能让网络媒介素养教育实现既定目标。

最后，尚未成立网络媒介素养教育的监管机构。权责明确的监管机构能够保证规范的有效实施，有助于推进制度化进程。在一些地区，政府或高校都设置了网络媒介素养教育的相关管理部门，例如上海成立了"上海市教育系统网络文化发展研究中心"，致力于高校网络文化的建设与管理，通过正面宣传来提升大学生网络素养。有些地区则是在网信办、教育厅、团委等部门的综合指导下，推进网络素养教育的实践，如广州是在广东省网信办、教育厅等部门的指导下，开展网络素养教材编写修订、课程推广、讲座培训等活动。放眼国家层面，中央网信办承担着一部分的网络安全宣传与管理工作，教育部也在一定程度上和一定范围内负责网络媒介素养教育相关问题。但是目前，我国并未建立起一个以网络媒介素养教育推广与监管为核心要务的独立部门或单位，缺乏强有力的管理，这就意味着网络媒介素养教育在推进过程中可能存在间断化、零散化和无序化等问题，进而不利于社会整体网络素养的提升。

加快制度化建设进程，变散点探索为规模化协同并进，应当成为在实践层面上推进我国网络媒介素养教育的着力点。制度化、规模化的前提是教育规划的完备和教育体系的科学设计，而我国目前"媒介素养教育规划滞后，缺乏系统性设计"[1]，系统设计是媒介素养教育亟须解决的问题，也是本研究在广泛汲取他国经验（见第八章）基础上着力尝试探索的领域（见第九章）。

---

[1]　乐华斌、杨雅云：《媒体深度融合背景下大学生媒介素养教育的路径探析》，《传媒》2022年第 23 期。

第八章　国外大学生网络媒介素养
教育概览

无论是对媒介素养的研究，还是对媒介素养教育的研究与实践，一些发达国家的行动展开较早且具有持续性、规模性。我国在 20 世纪二三十年代在媒介素养方面有一定的研究和宝贵的实践探索，后来中断，直到 20 世纪末媒介素养才以"舶来"的方式受到关注，并经历了概念引进（1997 ~ 2004 年）、本土化拓展（2005 ~ 2010 年）、创新应用（2011 年至今）三个阶段。[①] 研究西方国家媒介素养教育发展历程、当前情况，梳理其经验，对我国具有重要的启发意义。

第一节　英国大学生网络媒介素养教育

媒介素养研究肇端于英国，早在 20 世纪二三十年代，英国学者就开启了媒介素养研究和媒介素养教育实践。媒介素养教育在英国有着近百年的历史。

一　英国媒介素养教育的发展脉络

英国的媒介素养教育早在 20 世纪 80 年代就被纳入中小学教育体系。英国学者很早就注意到媒介素养在青少年接触和使用媒介中所发挥的重要作用。目前，英国从幼儿园到大学，有着一整套关于媒介素养教育的完备理论框架及教学体系。这个理论基础和教学体系的确立并非一蹴而就，而

---

① 李莹：《我国媒介素养研究分析与展望》，《青年记者》2023 年第 4 期。

是经历了漫长的发展。

（一）甄别与免疫取向——保卫精英文化

20 世纪 30～50 年代是英国媒介素养教育的萌芽阶段，利维斯和他的学生桑普森在 1933 年出版了《文化和环境：培养批判意识》，该书首次系统地谈及媒介素养教育的问题。① 这一时期的重点是保卫精英文化。利维斯认为机械与科技的发展固然给生活带来了便利，但同时大量以商业赢利为目的的媒介产品腐蚀了青少年的价值观，使他们沉浸于片刻的娱乐享受，暴露在这种媒介环境下的青少年被流行文化裹挟，丧失了对精英文化的认识与感悟。因此需要教师对精英阶层的高级文化进行宣扬并教授给学生，使他们得到心灵的洗涤、获得美的体验等。② 利维斯强调对英国传统文化的保护与发扬。从这种观念出发，学生应当被教授学会"甄辨与抵制"（discrimination and resist）信息，即"免疫法"（Inoculation）。这种方法重视分析文本语言，推动学生从中分辨出大众文化的虚伪性与欺骗性，从而使学生能正确对待他们所面对的文化中的不良成分。如果说利维斯的想法仅停留在理论层面，桑普森则将其应用到教学实践中并发扬光大，这对当时英国的中小学英语教育影响深远。③

（二）思辨取向——欣赏流行文化

20 世纪 50 年代末，英国媒介素养教育进入第二个阶段。由于文化研究学派的出现及电影业的发展，人们对于流行文化有了新的认识，"免疫理念"的影响也逐渐弱化。影响较大的有雷蒙德·威廉姆斯（Raymond Williams）和理查德·霍加特（Richard Hoggart）。这一时期的学者对文化的概念有了新的解读，文化不再被视为特权阶层独享的某种高级文学，而是扩展到大众生活的各个方面，走向大众化与通俗化。威廉姆斯认为文化的表达具有多元性，高雅文化与大众文化可以并存。④ 他认为文化包括三

---

① 参阅〔英〕大卫·帕金翰《英国的媒介素养教育：超越保护主义》，宋小卫译，《新闻与传播研究》2000 年第 2 期。

② 参阅周素珍《英国媒介素养教育研究》，博士学位论文，武汉大学，2014。

③ 参阅〔英〕大卫·帕金翰《英国的媒介素养教育：超越保护主义》，宋小卫译，《新闻与传播研究》2000 年第 2 期。

④ 参阅姚进凤《英国媒介素养教育对我国青少年教育的启示》，《教学与管理》2010 年第 21 期。

个层面，分别是理想化的高级文化、文献方面的思想体系、社会学层面的生活方式，^① 他的研究把文化从特权空间中某种艺术品的神坛上推下，转向日常生活接触的方方面面，这种观点无疑与利维斯所倡导的精英文化教育观点相左。霍加特在《文化的用途》一书中也探讨了大众文化可能对工人阶级产生的影响，力图通过梳理工人阶级自己的历史和文化来避免工人阶级文化上的无阶级化。^② 他强调提高工人的文化素养，不仅包括"基本的文化素养"，也包含"批判的文化素养"（critical literacy——能够分析文本背后的文化意涵，辨别不良文化因素^③）。与此同时，伴随着电影发展成长起来的青年教师也进入学校，相对于老教师对保守的英国传统文化的支持，他们更倾向于引入这种通俗化的文化研究方法，鼓励学生采用思辨性的方法去理解媒介形象与责任、判定媒介产品的好坏，而非仅限于辨别高级文化与流行文化。^④ 1960 年举办的英国全国教师会就如何处理和对待流行文化进行了探讨，教育界把媒介承载的流行文化纳入思辨与学习的范畴，摆脱了过去学习对象仅限于高级文化的束缚，这在当时具有重大意义。值得注意的是，二战后由于英国和美国的力量对比变化，此时的文化研究虽然不再强调高级文化与流行文化的界限，但仍具有明显的抵制美国文化的倾向。

（三）反迷思取向——对媒体的解构

到了 20 世纪 70 年代，由于电视这种媒介的发展和兴盛，原本多指向电影的媒介素养教育已不能满足当时青少年对于电视这种新兴媒介的接触需求。此外，当时的媒介素养研究在理论上尚不完备，多以内容划分，如针对广告有一套媒介素养教育理念，针对电影又有另外一套媒介素养教育理念，并没有一套能满足所有媒介接触需求的完备的教育理念。"屏幕理论"（screen theory）在这一时代背景下被提出来。媒介被视为一种符号体

---

① 参阅陆育红《浅谈雷蒙德·威廉姆斯的文化研究——开启异彩纷呈的文化研究的大门》，《海外英语》2016 年第 14 期。

② Hoggart, Richard, *The Uses of Literacy*（NewBrunswick：Transaction Publishers，1998）.

③ 周丹：《英国文化研究向"阶级"视点的回归及启示——从理查德·霍加特〈文化的用途〉谈起》，《四川大学学报》（哲学社会科学版）2016 年第 6 期。

④ Masterman, L., *Teaching the Media*（New York，NY：Routledge，2003）.

系，它能巧妙地利用符号的编码将自己的价值观、目的等不知不觉地传递给受众，当然，这种传受双方意义的传递是在统一的文化政治背景中进行的。符号学被应用到媒介素养教育中的意义在于要求受众能够理解并审视这种媒介呈现的符号对意义的建构与再现，也就是能解构媒介，打破符号所隐含的文化与意义的迷思。[①] 持有该理念的代表人物是莱恩·马斯特曼（Len Masterman）。马斯特曼认为符号学的方法可以帮助学生客观地分析画面与文本，从而发掘媒介画面与文本背后隐含的意识形态倾向，避免媒介被有目的地诱导使用而产生不良影响，使学生从假象和各种迷思中解放出来。[②] 教师们开始尝试将这种理念应用到教学实践中，英国媒介素养教育转向对媒介文本的解构与本质揭发。马斯特曼也认为，教师可以通过开放的对话模式帮助学生从媒介迷思中解放出来。[③] 于是解构媒介文本、洞穿其本质的解密理论开始取代 20 世纪 70 年代以前甄辨模式所依据的文化价值论。

（四）主体取向——超越保护主义

英国著名思想教育家大卫·帕金翰对英国的媒介素养教育历史进行回顾，认为其存在保护主义盛行的问题，这种倾向不仅不利于青少年培养自我保护的能力，也未能发挥出保护的中介性作用，他把"童年之死"归结为保护主义的恶果。[④] 20 世纪 90 年代以来，英国媒介教育保护主义的思潮逐渐褪去。首先，因为大众媒介的发展，学生对媒介的认识和体验经历大大丰富，其作为受众获得的媒介知识，已成为其作为学习者获得的媒介知识的基础，孩子不再被认为在媒介面前是无能为力的，而是被认为具有一定的能动性。其次，相对于以往的媒介素养教育，教师对于学生在媒介接触方面的引领和教导作用被弱化甚至被抵制。帕金翰认为媒介素养教育不应被视为与学生的媒介体验天然对立，应尝试让学生以媒介为一种工具去

---

① 周素珍：《英国媒介素养教育研究》，博士学位论文，武汉大学，2014。
② 参阅〔英〕大卫·帕金翰《英国的媒介素养教育：超越保护主义》，宋小卫译，《新闻与传播研究》2000 年第 2 期。
③ 参阅林子斌《英国媒体教育之发展及其在义务教育课程中的角色》，《当代教育研究》2005 年第 3 期。
④ 参阅刘津池、都月《对英国媒介教育"保护主义"的诊断与超越——大卫·帕金翰的媒介教育思想及其启示》，《外国教育研究》2011 年第 12 期。

理解世界，重视媒介使用者的体验感与参与感，不仅注重技能的培养，而且强调学生的自我发展。① 随着新时代数字素养的概念被提出，学界更主张媒介素养教育应该为青少年提供一种积极的保护，使他们能带着具有批判思辨性的思维去适应新媒介生态环境。

二 英国青少年网络媒介素养教育的一般理念与实践

英国的媒介素养教育起始于 20 世纪二三十年代，并于 20 世纪 80 年代被纳入英国国家正式教育体系中。长时间对于媒介素养教育的摸索，不仅使英国自身相关媒介教育有了比较完备的理念和教学体系，其他国家也纷纷从英国的媒介素养教育实践中汲取养分。帕金翰（伯金汉）认为英国为媒介素养发展所作的贡献，主要体现为教育实践的悠久发展、概念框架的构建与塑造、数字影像方面丰富的研究成果、对教学实践的重视以及最重要的——相关概念的形成和演变。②

（一）媒介素养教育教学实践

英国的媒介素养课程有两种形式：一是融入其他必修课，二是作为独立的选修课。英国的学制与中国不同，其义务教育阶段为 5 ~ 16 岁，根据年龄分为 KS1 到 KS4 四个关键阶段，这些阶段教学的重点在于将媒介素养教育与其他必修学科相结合，训练包括听、说、读、写各种媒介文本的能力，这是提升媒介素养的基础能力。等到了 KS4 和 A-level 阶段（相当于中国的高中课程）便会开设独立的媒介研究课程作为选修。该课程不同于以往的媒介素养教育方式（将课程内容按照媒介类型划分，分别进行教学），而是概念式教学，鼓励学生通过动手操作和实践深入了解关于媒介的一系列运行机制，课程评价也以实践为基础。③ 从 2000 年起，英国的中学毕业生要参加全国普通中等教育证书考试（GCSE）作为进入高等教育

① 参阅刘津池、都月《对英国媒介教育"保护主义"的诊断与超越——大卫·帕金翰的媒介教育思想及其启示》，《外国教育研究》2011 年第 12 期。

② 〔英〕大卫·伯金汉：《媒介素养教育在英国（上）——访谈与思考》，张开、林子斌译，《现代传播（中国传媒大学学报）》2006 年第 5 期。

③ 郭卫中：《选修独立式＋必修融合式：英国英格兰地区中学媒介素养教育课程的两种形式》，《上海教育》2013 年第 20 期。

的依据，或者选择就业取向的"国家普通职业资格证书"（GNVQ）考试，继续接受教育者须在完成 A-level 课程后，参加"进阶辅助级普通教育证书"（GCE A/S Level）会考，① 成绩被作为进入大学的重要依据。

1. 关于 GCSE 媒介研究课

英国于 2016 年颁布最新《GCSE 媒介研究课程标准》，这个标准明确提出了媒介研究课程的六大目标，分别涉及媒介本身、理论与实践的关系、媒介分析与创造能力、实用技能、经济环境下的专业性分析等与媒介素养提升密切相关的内容，课程内容则包含媒介语言、媒介再现、媒介机构和媒介受众四部分，其中，对媒介再现的掌握和理解是难点。② 李普曼曾提出"拟态环境"理论，他认为媒介信息不是对现实世界镜子式的再现，而是被选择以后进行加工，重新加以结构化的向受众展示的环境。③ 这一理论可以很好地解释媒介再现，即大多数媒介信息会受到媒介本身利益、政治文化环境、社会观念等因素的影响，媒介发布者的意图隐含在媒介信息中，学生通过对媒介再现的学习，能够分析出意识形态倾向、社会历史背景等隐含在媒介信息生产过程中的非媒介信息因素，客观地分析其对受众可能产生的影响。在课程实施上，教师强调学生的主观能动性，鼓励学生通过生产制作媒介产品进行深度参与，体会媒介的本质。在课程评价上，同样以学生的实践活动为基础，其成绩分别由课程论文（占25%）、媒介产品制作（占25%）、考试（占50%）构成，将过程性评价与终结性评价相结合。④

2. 关于 GCE A-level 媒介研究课程

近年来，申请参加 GCE A-level 媒介研究课程考核的学生不断增加，英国的几大评估协会都在实施 A-level 媒介研究课程。作为英国最大评估协会的 AQA 的媒介研究课程内容包含六个模块，分别为：解读媒介、现代媒介文本内容、实践制作、媒介文字和背景、独立研究、比较判断分析。其

① 周素珍：《英国媒介素养教育研究》，博士学位论文，武汉大学，2014。
② 孙婧、周金梦：《英国媒介研究课的特点及启示——基于英国最新〈GCSE 媒介研究课程标准〉与评估框架的分析》，《比较教育研究》2020 年第 2 期。
③ 郭庆光：《传播学教程》，中国人民大学出版社，2006。
④ 郭卫中：《选修独立式＋必修融合式：英国英格兰地区中学媒介素养教育课程的两种形式》，《上海教育》2013 年第 20 期。

中，实践制作和独立研究采用作业考核的方式：实践制作需要对制作的媒介产品做出全面评价，独立研究需要选择一个视角对媒介进行研究分析。其余四项均采用试卷考核的方式：解读媒介需要掌握英国媒介教育中的几个关键概念；现代媒介文本内容包括电影和广播、纪录片、广告和行销、报纸，申请者需选择其中两项进行研究；媒介文字和背景包括新闻生产与制作、表达、类型、媒介受众，申请者同样需选择其中两项进行研究；比较判断分析需要选择不同的媒介产品进行分析比较。[①]

（二）网络媒介素养和网络参与素养教育

到了 21 世纪，随着互联网的发展与普及，关于媒介的概念进一步完善。媒介不再被认为是由权威专业性机构向大众单向传递信息的载体，而是增加了互动性、海量数据、即时传输、现场沉浸感等新特点，媒介素养的内涵也随之变得更加复杂。媒介素养教育属于媒介产品在生活教育行业的衍生产物，媒介的不断发展演变使媒介素养教育天然带有与时俱进的特点。2011年，英国国家和大学图书馆协会提出了信息素养七要素，即识别、审视、规划、搜集、评估、管理和发布，这些要素也成为判断网络信息利用能力的标准。[②] 至此，与数字媒介相关的素养就成为解决数字时代虚假信息、错误信息，以及其他所有伴随数字技术发展可能产生的媒介问题的重要指向。

1. 新媒介素养的提出

"新媒介素养"的概念最早由美国学界提出。它伴随全球化与数字技术出现，不同于传统的媒介素养强调对媒介文本或画面的听、说、读、写能力，它强调对数字化社会的适应与参与，于是媒介素养的教育模式也由初级的技术教育模式转向赋权范式的民主参与模式。[③] 这种适应和参与以掌握新媒介技术为基础，具体来说包括登入（基础性的联网操作）、参与（有意义的互动）、搜索（寻找所需信息）、判断（分析并辨别不同信息）、生产（制作新媒介信息产品）五大基础能力。2001 年兰卡斯特大学大卫·

---

① 王金秀：《英国 AQA A level 媒介研究课程内容及特色分析》，《现代教育技术》2008 年第9 期。
② 喻国明、赵睿：《网络素养：概念演进、基本内涵及养成的操作性逻辑——试论习总书记关于"培育中国好网民"的理论基础》，《新闻战线》2017 年第 3 期。
③ 师静、赵金：《欧美国家媒介素养的数字化转变》，《新闻与写作》2016 年第 7 期。

巴顿教授指出了媒介素养的"数字化转变"。2005 年《全球性趋势：21 世纪素养峰会报告》提出了互联网时代的"新媒介素养"的概念，认为"新媒介素养"是"由听觉、视觉及数字素养共同构成的一整套能力与技巧，包括对影像、声音媒体的理解、识别与使用能力，对数字媒体的控制、转换和广泛传播的能力，以及熟练地对媒体内容进行再加工的能力"[1]。与此同时，媒介素养的外延不断扩展，"数字媒介素养""信息素养""网络媒介素养"等新概念被提出，越来越多的学者投入该领域，研究新媒介接触、新媒介用户、新媒介创作、新媒介素养等，但有学者通过分析发现，现有研究大多比较关注评估、创造及生产能力，很少有学者关注质疑和思辨能力。[2]

2. 民主参与的价值取向

新媒体的特点使以往少数人控制媒介资源的媒介产品生产模式转向人人都可进行创作分享的媒介产品生产模式，因此伴随着新媒体兴起的是一种参与式文化。空间、种族、文化的限制被打破，人们可以以兴趣为基点在虚拟世界建立社区，以观点为基点在虚拟世界建设论坛，参与式文化的重点也从以往的个人表达转向群体参与。随着这种变化的发生，新媒体素养教育也更加注重网络分享和社交技能的培养。詹金斯教授认为新媒体素养与其说是个人表达的技巧，不如说是一种在社区互动的方式，也就是社交技巧。[3] 可以说，以往的媒介素养教育重视对传播者进行解读的听、说、读、写能力培养，是在有限范围内增强青少年的主观能动性，对传播内容与价值做出正确的判断，而新媒体时代技术的发展为受众"赋权"，媒介素养教育更重视受众中心的网络信息解读与参与能力的培养，倡导建设积极健康的网络社区。[4] 在民主参与价值取向基础上发展的新媒介素养教育，能帮助青少年享受与他人平等交流的权利，使其能通过对符号的解读与编

① New Media Consortium, A Global Imperative：The Report of the 21st Century Literacy Summit, http://www. adobe. com/education/solutions/pdfs/globalimperative. pdf，2005.

② 王贵斌、于杨：《国际互联网媒介素养研究知识图谱》，《现代传播（中国传媒大学学报）》2018 年第 7 期。

③ Jenkins, Henry, Confronting the Challenges of Participatory Culture：Media Education for the 21st Century（Cambridge, MA：The MIT Press, 2009）.

④ 李廷军：《从抵制到参与——西方媒体素养教育的流变及启示》，博士学位论文，华中师范大学，2011。

辑参与社会政治、文化、经济等方面的构建,增加他们对所处民族与文化的认同;帮助青少年掌握学习搜索各领域知识资源的技能,丰富他们的思想与知识体系,从而推动民主参与的进步与社会和谐。

当然,新媒体时代也为英国的媒介素养教育发展带来一些挑战,如:新媒体素养教育发展的不平衡,可能会加大不同地区或阶层青少年之间的"数字鸿沟"与"参与知沟";新媒介产品的过度商业化,可能导致一些低俗暴力内容的产生;还有基于大数据的新技术,可能带来的信息泄露问题;等等。面对这些问题,英国正在积极寻求解决办法,英国政府的"在线危害白皮书"建议发展在线媒介素养战略,英国信息专员办公室也制定了与上网年龄有关的规范。2019 年儿童数据和隐私在线项目发布在线隐私工具包帮助保护儿童隐私,Ofcom 也制订了"了解媒体"的工作计划,以帮助受众对新媒介进行学习和理解。[①]

第二节 美国大学生网络媒介素养教育

一 美国媒介素养教育的发展脉络

传媒业是美国的支柱产业之一,在资本和技术的加持下,美国形成了以音像、电影、报刊等为中心的强大的传媒产业群体。与之相比,美国的媒介素养教育则起步较晚,真正起步于 20 世纪 60 年代,直到 20 世纪 70 年代后期才得以快速发展。

(一)萌芽期

20 世纪 20 年代伴随着有声电影技术出现,美国电影工业崛起,进入历时 20 年的黄金时期,越来越多题材的电影出现,暴力犯罪与性成为当时电影业的热门题材。在这种背景下,威斯康星广播协会(Wisconsin Association for Better Broadcasting)开始通过播放节目帮助听众增强媒介意识,此后不断有民间组织加入帮助听众提高媒介素养的队伍。[②] 20 世纪 60 年代,

---

① 陈彤旭:《国外青少年媒介素养教育综述》,《青年记者》2020 年第 2 期。

② 耿益群、刘燕梅:《美国 K - 12 媒介素养教育课程及其特点分析》,《外国中小学教育》2012 年第 2 期。

电视业在美国崛起，其对大众生活和文化产生不可估量的影响，很多学者都意识到大众媒介的重要性。约翰·考金（John Culkin）和托尼·霍奇金森（Tony Hodgkinson）通过举办夏季培训班，培养了美国第一批媒介素养教育学者。[1] 随着大众文化的流行，大众媒介中的负面内容日益影响青少年的价值观和判断能力，加上受到英国保护主义媒介素养教育模式的影响，20 世纪 60 年代末，美国全国教育委员会建议开设批判视觉课，帮助青少年增强对媒介信息负面影响的抵抗，"视觉素养运动"在美国兴起，该运动旨在帮助青少年正确应对暴力、低俗等不良大众媒介内容，但影响不大。[2]

（二）发展期

20 世纪 70 年代以后，随着大众媒介在社会生活中占据的地位日益凸显，美国学者也越来越意识到青少年媒介素养教育的重要性，希望把其引入学校课程，美国政府也加大了对其扶持力度，媒介素养教育开始进入快速发展时期。美国教育部提倡开展媒介批判观看运动，帮助学生理解媒介内容的建构过程，分析创作者意图，以批判性的视角对其进行解读，树立批判性思维。[3] 许多学者关注电视所产生的力量，围绕媒介内容产生的负面影响进行研究，例如瑟金提出了"电视暴力"的问题。这种研究倾向于强调电视对青少年的影响，视电视为"问题"的根源。[4] 1980 年以后，具有示范性的电视教育课程被陆续推出，美国一半以上的高中为学生开设相关选修课，学界相关研究也不再局限于电视，而是扩展到其他领域并取得巨大进展，大量跨领域、跨学科的媒介素养教育研究成果问世。

值得注意的是，在 20 世纪 80 年代之前美国媒介素养教育有一个核心观念和范式——保护主义。无论官方还是研究者都高度关注媒介的负面影响，对其可能给青少年带来的影响表现出极大担忧——青少年在媒介面前

① 赵蒙成、刘卫琴：《美国的媒介素养教育：历史、问题与发展趋势》，《外国中小学教育》2015 年第 4 期。
② 王文科、赵莉：《美国媒介素养运动的发展和启示》，《中国广播电视学刊》2007 年第 5 期。
③ 郭丽萍：《美国媒介素养教育发展述评》，《武汉理工大学学报》（社会科学版）2016 年第 1 期。
④ 参阅王文科、赵莉《美国媒介素养运动的发展和启示》，《中国广播电视学刊》2007 年第 5 期。

被认为是完全被动且脆弱的，完全无法抵抗媒介内容的冲击。当时，无论是对电视还是对电影的研究，其背后的动力都是探寻保护青少年不受媒介负面内容影响的方法，媒介素养教育者们致力于在青少年周围构建严密的"保护屏障"，保护其免受媒介负面影响。[①] 但这种绝对的保护主义理念显然夸大了媒介的负面影响，忽视了其他因素可能带来的综合影响，注定成效一般。

（三）转变期

由于原有的保护主义策略并未达到预想的效果，有学者通过研究认为青少年比学界和教育界想象的更为坚强和成熟，具备面对媒介中各种信息的能力，关键在于培养他们的批判性思维，帮助他们正确解读并吸收媒介内容的有益部分。于是在 20 世纪 80 年代末，学界关于保护主义的理念开始发生转变，文化研究范式在美国媒介素养教育领域登台。这一范式主要以加拿大、澳大利亚及英国后期的媒介素养教育实践为理论源泉，主张这一范式的研究者反对绝对保护主义，反对妄图控制学生思想以避免媒介内容负面影响的行为，主张通过相关媒介技能的培训，帮助学生理解媒介内容的构建过程，解读它们隐含的意图，以一种积极和快乐的心态使用媒介，以一种批判性的思维理解媒介。欧内斯特·博耶（Ernest Boyer）曾指出，基本的识、读、写能力不应被认为是媒介素养教育的全部内容，辨别成见与新闻背后的真相，能够对其进行正确分析才是最重要的。[②] 这一阶段，美国教师将媒介知识引入课堂，鼓励学生生产制作媒介产品，以此培养他们选择、理解与评价信息的能力，同时媒介素养教育组织相继出现。例如，1989 年媒介素养中心 CML 成立。到 20 世纪 90 年代，美国大多数州都将媒介素养教育纳入学校课程体系，有超过 1000 所美国大学提供了超过 9000 门与电影和电视相关的课程。[③] 虽然文化研究范式在这一时期崛起，但这并不意味着保护主义的彻底消失，它仍存在于许多研究的背后。

---

① 刘晓敏：《美国媒介素养教育的发展、实施及其经验》，《外国教育研究》2012 年第 12 期。
② 参阅耿益群、刘燕梅《美国 K‑12 媒介素养教育课程及其特点分析》，《外国中小学教育》2012 年第 2 期。
③ 郭丽萍：《美国媒介素养教育发展述评》，《武汉理工大学学报》（社会科学版）2016 年第 1 期。

（四）成熟期

20 世纪 90 年代末到 21 世纪初，互联网技术日新月异，用户量获得巨大增长，智能手机也被应用到日常生活中，媒介对人的影响无处不在，媒介素养教育也得到进一步发展并向数字化转型。2001 年致力于媒介素养教育的专业性机构——美国媒介素养联盟成立，该联盟提出了媒介素养教育的核心原则，为美国之后媒介素养教育的发展和实践提供了方向与指导，美国官方也强调数字时代媒介素养的重要性并将其融入正规教育。2009 年，美国总统将 10 月定为全国素养意识月，美国教育部在《改革美国教育技术助力学习》中强调批判性思维和专业知识对任何领域的优秀人才来说都是必要的。[1] 2010 年阿斯彭研究所发布"数字媒介素养行动计划白皮书"，在其中制订了将数字媒介素养引入美国社区的行动计划。可见，美国的媒介素养教育一方面深受英国、加拿大、澳大利亚的影响，另一方面也立足于本土不断进行实践与创新，最终形成带有美国本土特色的媒介素养教育体系。

二 美国网络媒介素养教育的理念与实践

不同于英国由国家统一把媒介素养教育纳入教学课程体系的做法，美国 K12 媒介素养教育课程主要是由学校个别教师或民间组织来实施的，最开始是由比较重视媒介素养教育的教师在相关课程中穿插一些内容来进行教学，多属于自发性行为。美国有很多民间自发成立的非营利性媒介素养中心，其主要任务就是为媒介素养教育相关主体提供管理培训、资源提供等服务，它们促进了美国媒介素养教育课程的科学化发展。1978 年美国教育部为开发媒介素养教育相关课程提供财政支持，并将媒介素养教育课程区分为儿童阶段、初中阶段、高中阶段以及成人阶段，[2] 具体内容见表 8-1。媒介素养教育活动也通常分为两种：解构媒介产品，制作媒介产品。

---

① 师静：《美国的数字媒介素养教育》，《青年记者》2014 年第 7 期。
② 张毅、张志安：《美国媒介素养教育的特色与经验》，《新闻记者》2007 年第 10 期。

表 8 – 1　美国教育部划分的媒介教育阶段与教育内容

阶段	主要内容
儿童阶段	学习基本的媒介知识；学会区分不同类型的媒介信息；区别事实与虚构；对自己的媒体行为有所了解并给予评估
初中阶段	媒体与我们的生活；了解和掌握不同的媒介形式对青少年的影响；媒介产品的制作；电视、摄影技术；电视剧、新闻、广告等的分析方法；了解媒介信息是通过什么方法吸引自己的注意力的；对电视节目的内容有所质疑
高中阶段	学会分析各类媒介信息中隐含的一些基本要素，如目的、目标受众等；能辨识媒介信息的劝服意图；总结出辨别媒介信息真伪的方法；能够善于运用媒体进行自我表达和促进与他人的沟通；能了解电视节目收视率的计算及作用
成人阶段	了解美国电视工业结构，包括电视制作技术、节目的创意过程、电视节目与经济的关系及电视的社会影响；了解"劝服"性节目和宣传短片的"劝服"本质，并审视其可信度；思考新闻业、历史及文学作品间的联系；分析政治交涉的常用策略；探索电视新闻消息来源与社会控制的关系，以及社会因素如何影响新闻的选择和信息的组合，并了解纪录片与其他新闻性节目对社会、个人的冲击

资料来源：赵蒙成、刘卫琴《美国的媒介素养教育：历史、问题与发展趋势》，《外国中小学教育》2015 年第 4 期。

2003 年，美国媒介素养中心发布了"媒介素养工具包"，为众多组织实施媒介素养教育课程提供了框架。其中主要包含 5 个核心概念及相应的关键问题，具体内容如表 8 – 2 所示。

表 8 – 2　美国媒介素养中心的"媒介素养工具包"

序号	核心概念	关键问题
1	所有的媒介讯息都是被"建构"的	谁制造了这条讯息？
2	根据独立的规则，通过使用创造性语言来建构讯息	使用了什么样的技巧来吸引我的注意力？
3	对于同样的讯息，不同的人有不同的体验	对于这条相同的讯息，别人和我的理解会有怎样的不同？
4	媒介在讯息中隐含了大量的价值和观点	在这条讯息中，包含和隐没了什么样的生活方式、价值和观点？
5	媒介是一种组织，目的是赢利或者获得权力	为什么会发出这条讯息？

资料来源：张毅、张志安《美国媒介素养教育的特色与经验》，《新闻记者》2007 年第 10 期。

由于美国联邦政府的特殊性，美国媒介素养教育并不实行统一的标准，而是各州根据自己的情况自行实践，大多数州都将媒介素养教育穿插在其他学科教学活动之中，具有较强的灵活性，教育者更倾向于认为它是学习其他学科的一种工具。

三 美国大学生网络媒介素养和网络参与素养教育

（一）媒介素养教育与数字公民

互联网等数字技术自诞生起，就以一种难以想象的速度获得发展和普及，随着虚拟现实、增强现实、大数据等技术应用于媒介内容制作，媒介素养的概念被大大拓展，除了原有的传统四大媒体外，集多种传播手段与视听手段于一体的融媒体也被涵盖在内。信息技术的发展使受众的角色地位向传播者进行转化，技术为受众赋权，这些变化使他们与媒介进行互动的形式发生变化，对媒介内容的分析需要新的框架。因此，媒介素养教育的重点也从对画面或文本符号的批判性解读转向对传播能力的培养，以及民主参与能力的提高。数字素养与数字公民的概念正是在这一时代背景下提出的。数字公民与数字媒介素养相配套，指的是接受数字媒介素养教育、掌握各种数字媒介使用技能的公民，但除此之外，它更强调作为一名公民的安全与责任，数字媒介素养教育的目标就是将青少年培育成合格的数字公民。

数字素养的概念最早是由学者阿尔卡来提出的。他认为数字素养应该包含五方面：图片/图像素养、再创造素养、分支素养、信息素养、社会/情感素养。[①] 阿斯彭研究所发布的《2010数字媒介素养白皮书》指出"数字媒介素养"是一种综合素养，是公民适应信息化社会的必备素养。公民只有具备这项能力，才能积极参与民主议程，表达自己的观点并行使权利。数字媒介素养应包括应用、分析与评价、创造、反映、行动五方面的能力。[②] 美国数字媒介素养教育迅猛发展，2005年颁布《高等教育信息素养框架》（以下简称《框架》），《框架》中明确信息素养的定义，制定信息素养教育的新框架，同时加强对教师的培训，为他们制订教育计划和培

---

① 参阅师静、赵金《欧美国家媒介素养的数字化转变》，《新闻与写作》2016年第7期。
② 师静：《美国的数字媒介素养教育》，《青年记者》2014年第7期。

养方案，华盛顿州甚至以立法来保证媒介素养教育的实施。

可见，美国数字媒介素养教育依然建立在传统媒介素养教育的基础上，只是为适应新媒介的发展扩展和丰富了内容，基本的媒介听说读写能力与批判性思维依然十分重要。

（二）美国模式

美国是世界上信息化程度最高的国家之一，经过各界人士的共同努力，美国已经形成了包括政府机构、非营利性组织、教育工作者等的参与在内的青少年数字素养培养模式。政府机构是促进青少年数字素养发展的重要主体，各州通过完善立法工作、提供财政拨款等一系列措施来推动数字时代的媒介素养教育；非营利性组织成立各种媒介素养中心对相关领域进行研究，并为教育实践提供课程和培训资源；教育工作者也越来越意识到媒介素养教育的重要性，各学科教师积极参与相关课程的培训，更新媒介知识，为数字素养教育制定可行的标准和方案，力求为青少年提供有趣又有内容的教育；除此之外，新闻记者等多种力量也加盟其中，为数字素养教育提供有力支持。学者钟悦在《美国：重视学生媒介素养与数字公民教育》一文中指出美国各州为了应对学生的媒介素养和数字公民的培养问题，会召集咨询委员会进行商讨，这个委员会成员就包括家长、教师、学生、学校管理者及专家学者。[①]

（三）数字素养教育中存在的问题

虽然美国在推进青少年数字素养教育进程中取得了不错的成果，但其中也存在一些问题。首先是新技术带来的新问题。随着算法推荐、虚拟现实等众多新技术的采用，以及互联网信息日益碎片化、媒介接触手段日益丰富化、信息传播场域公共性与私密性界限日益模糊化，用户在使用数字媒介时存在隐私泄露、信息茧房等问题。其次是文本层面的解码与编码能力更新问题。面对新兴数字媒体，旧素养框架中罗列的文本编码与解码能力，在面对新兴数字媒体时，其适用程度如何尚有待验证。最后是制度规范层面，数字技术的更迭周期很短，相应的制度规范能否配套以及如何配套，也是一个问题。另外还有一些社会性问题，如网络成瘾、数字鸿沟

---

① 钟悦：《美国：重视学生媒介素养与数字公民教育》，《人民教育》2021 年第 Z1 期。

等，数字素养教育如何解决这些问题仍需关注和探索。

第三节 日本大学生网络媒介素养教育

一 日本媒介素养教育的发展脉络

日本是亚洲媒介化程度最高的国家之一，也是亚洲最早重视并推动媒介素养教育的国家，但与英国、美国等西方国家相比，其媒介素养教育发展仍然起步较晚。

（一）酝酿期

20世纪50年代以后，电视媒介在日本获得传播并开始迅速普及，于是便有学者开始对影像视听教育进行研究，[①] 但这种研究建立在电视这种媒介使用实践的基础上，并没有提出具体措施，如1973年林雄二郎在《信息化社会：硬件社会向软件社会的转变》一书中提出了"电视人"的概念，指出其与印刷时代的父辈相比更重视感觉而非理性。1977年日本成立FCT媒介素养论坛，其初衷便是增强媒介在市民中间的关注度，使市民就相关问题进行讨论，它的成立大大推动了日本媒介素养教育的进程，FCT媒介素养论坛于1999年更名为FCT媒介素养研究所，致力于在日本推广媒介素养教育。[②] 20世纪80年代以后日本实行通信自由化，计算机等新兴媒介也逐渐进入市民生活，日本居民每天要面对的信息量大大增加，在这一背景下，日本教育审议会指出加强民众信息利用能力与信息素养的必要性，于是日本许多民间团体开始自发开展研究工作并推动媒介素养教育的发展，其在日本的影响力逐渐扩大。在这一时期，关于影像视听教育的研究进一步兴盛，并与教学实践结合在了一起。

综观日本媒介素养教育的早期发展，可以说日本的媒介素养教育就是从屏幕教育开始的，但是被作为视听教育课程的一部分内容，强调能力的培养，而不是被作为独立的体系展开研究。

---

① 彭艺美：《日本媒介素养教育研究》，硕士学位论文，东北师范大学，2013。
② 高昊：《日本广播电视机构媒介素养实践研究》，《新闻界》2012年第22期。

（二）融合发展期

20 世纪 90 年代，计算机和手机迅速发展普及，这种集画面、声音、图像、文字于一体的融合媒介进入居民的日常生活，当时的日本社会已经高度信息化，媒介环境以及人们对媒介的认知都发生巨大改变，大众传媒领域也出现了虚假新闻等媒介伦理问题，这些变化引发了人们对媒介素养教育的思考。面对媒介内容产生的负面影响，日本政府成立"青少年与放送相关调查研究会"，将"提升媒介素养"作为一个重点项目进行讨论；日本商业广播联盟也开始制作节目，推广媒介素养教育；作为传播主体的广播电视台及报社等，也在推动受众对媒介素养教育的理解，传受双方不再完全对立。1992 年，日本开始受到西方媒介素养教育的影响，强调学生批判性思维的养成。日本学者铃木绿与水越伸在界定媒介素养的概念时都强调了受众批判意识的建构，并将其作为发展媒介素养的路径，而日本学者桥元良明认为批判性思考不应仅限于对信息内容本身，更要洞察媒介引发的社会问题。[①] 到了 21 世纪，日本数字化程度已经发展到较高水平，日本的媒介素养教育也更加成熟，并构建了媒介素养学习的"社会行动者网络"。也就是说日本的媒介素养教育并没有被纳入官方的教育课程体系，而主要是通过社会学习的方式进行普及。各种政府部门及社会组织在民众的媒介素养学习中发挥了重要作用，如FCT 媒介素养研究所、各大学成立的媒介素养研究机构、电视媒体等。[②]日本社会不再一味要求从学校获得正确使用媒介的方法，而是主张从实践中认识、理解并使用媒介。

日本媒介素养教育与西方媒介素养教育发展的历程大不相同。总的来说，即使国情有所差别，西方媒介素养教育研究也大都经历了从"干预防御"到"批判参与"的转向，这个过程伴随着文化精英主义与民粹主义的交锋，是对媒介的认识不断深化的过程。而日本的媒介素养教育由于起步晚，并不具备明显的文化转向，其教育的出发点与媒介的使用密切相关，

---

① 参阅吕萍、杨美谕《泛媒体时代日本的媒介素养教育与文化》，《东北师大学报》（哲学社会科学版）2014 年第 6 期。

② 裘涵、虞伟业：《日本媒介素养探究与借鉴》，《现代传播（中国传媒大学学报）》2007 年第 5 期。

甚至在进入信息化社会后，相关的理论研究发展都不是很完善，直至受到西方媒介素养教育理论的影响，研究才开始转向批判性思维。但与西方重视培养学生的批判性思维不同，日本强调批判性思维的目的是促使学生更好地接收和利用信息。总而言之，日本的媒介素养以本土文化及国情为基础，借鉴吸收了西方媒介素养理论的一部分，形成了一套与欧美截然不同的日本模式。

二　日本网络媒介素养教育的一般理念与实践

与西方国家青少年媒介素养教育主要是由学校负责不同，日本实行的是一种社会学习方式，无论是青少年还是其他社会成员，媒介素养的学习是通过个体的"社会行动者网络"不断丰富的，是一种终身学习。

（一）学校的媒介素养教育

日本学校的媒介素养教育与西方发达国家相比尚处于初级阶段，其发展主要由社会机构及一线教师推动，这一情况与美国相似，但政府已经逐渐意识到媒介素养教育的重要性，东京政府就曾提出将媒介素养教育纳入课程的主张。以《广播电视领域有关青少年与媒介素养调查研究会报告》的发布为标志，政府部门正式关注并推动媒介素养教育的发展。[①] 目前日本已经在小学、初中、高中、大学等不同阶段根据学生培养方案的不同，开展不同程度的媒介素养教育活动。2000 年以来，日本的一些大学开设了媒介素养相关的课程，但这些学校只占日本高校总量很小的一部分，且仍处于试验阶段。据学者统计，日本开设新闻传播科系或课程的大学数量仅占高校总数的 1/10 左右，开设新闻传播学院的高校仅有 12 所，其余院校中的相关学科均依附于与其交叉的老牌专业，[②] 如立命馆大学的铃木绿教授开设了"媒介素养论"和"映像媒体分析"等相关课程。[③] 因此目前日本媒介素养教育实践活动以部分大学、研究所等高等人才机构为中心，吸收西方国家的媒介素养理论进行本土化融合改造，中小学教师关于媒介素

---

① 高昊:《日本广播电视机构媒介素养实践研究》,《新闻界》2012 年第 22 期。

② 谢小红:《新媒体冲击下日本新闻传播教育的坚守与变革》,《出版广角》2016 年第 2 期。

③ 吕萍、杨美谕:《泛媒体时代日本的媒介素养教育与文化》,《东北师大学报》(哲学社会科学版) 2014 年第 6 期。

养的教育意识还比较薄弱。

日本的媒介教育理念发展也在发生变化。在 20 世纪 80 年代前后，媒介素养教育以视听教育为重点，主要培养学生的媒介操作能力，教师会限制学生的媒介接触时长来保护学生的身心健康。21 世纪以后，多种新兴媒介的发展改变了日本的媒介生态环境，媒介的内涵进一步丰富，人们对媒介的认识也进一步深化，加上国外媒介素养教育的冲击，教师意识到媒介构建的环境与真实环境之间是有差异的，原有的媒介素养教育存在缺陷，因此他们的教育理念也发生变化，他们开始鼓励学生积极参与媒介，在实践中提升对信息的辨别能力。

（二）其他组织的媒介素养教育

前文已经提到，日本的媒介素养教育并未完全被纳入官方教育体系，除了学校教育，还有社会学习，社会学习主要是通过一种"社会行动者网络"进行的，这个网络除了学校外，还包括媒介、社会、政府等其他组织。

媒介组织。为推动媒介素养的发展，日本报业协会与教育部门联合开展"报纸参与教育"（Newspaper In Education，NIE）活动，即将报纸的专版当成学生的教材，通过阅读训练他们的分析判断能力。除此之外，一些大报还会派记者到学校举办讲座，帮助学生对报纸的出版发行等工作有一定的了解。NHK（日本广播协会）开设专门的教育频道，制作了许多针对中小学生进行媒介素养教育的节目，这些节目内容早期主要是关于了解和使用媒介的知识，后来偏向信息化的媒介素养教育。不仅是公共广播电视机构，商业广播机构也发挥了重要作用，日本商业广播电视联盟（NBA）制作了许多帮助青少年提升媒介素养的电视节目，甚至开设专项资金对开设媒介素养教育的电视台进行资助并提供人才支持。

社会组织。日本的民间组织是推动日本媒介素养教育发展的重要力量。其中最有影响力的是 1977 年成立的"公民的媒介团体"（FCT），FCT 成立后开展了许多关于媒介素养的研究调查活动，还根据加拿大的媒介素养教材编写日文版教材，这些活动为扩大媒介素养教育在日本的影响做出了重要贡献。日本邮政局也十分关注媒介素养教育的问题，多次召开会议为媒介素养教育的发展提供建议，还在 2000 年发布了一份调查报告书，指出青少年在学习媒介素养时独立思考的重要性。① 除此之外，一些高等院校和声誉较好的企业也积极开展课题或投入资金来助力媒介素养教育的发展。

政府组织。日本政府为相关教育活动投入大量资金，为其发展提供了一个良好的环境。首先是硬件设备的改善，1998 年日本政府就以高额财政拨款完善公立院校的住宿、教学设备、教学环境等基础建设。其次是软件设备，在 20 世纪末日本的所有院校均已实现了和互联网的连接，并且对担任相关课程的教师进行系统培训。日本关于教育的预算额在逐步提升，无论偏远地区的青少年还是特殊群体，均能受到良好的信息教育。

三　日本大学生网络媒介素养和网络参与素养教育

和其他发达国家类似，日本也是很早就进入信息化社会的国家之一，但相比美英等发达国家，其媒介素养教育发展又起步较晚，因此数字时代日本的媒介素养教育是在结合本国情况的基础上，借鉴学习他国经验发展起来的，具体有以下几个特点。

强调实践。纸媒时代，基于报纸这种以文本为主的媒介形式，并出于保护的目的，日本的媒介素养教育强调学生在课上对读写能力的掌握，甚至某些学校以报纸为教材进行授课。随着数字媒介的崛起，这种教育观念被打破，教师开始意识到培养学生理解与思考能力的重要性，鼓励学生积极地接触利用媒介。许欢、尚闻一将"日本模式"概括为一种基于公民实践而非被动教育的模式。②

信息教育越来越受到重视。日本早在 20 世纪 80 年代就提出过"信息素养"的概念，随后逐渐将信息素养的教育融入众多学科。日本学者加藤隆则指出："2022 年开始，高中课程将开设必修课'信息'，覆盖从计算机编程到媒介素养的广泛领域，这意味着将来大学入学考试也会增加有关信息的科目。"③ 在教学实践上，教师也会通过多种授课方式帮助学生学习

① 彭艺美：《日本媒介素养教育研究》，硕士学位论文，东北师范大学，2013。
② 许欢、尚闻一：《美国、欧洲、日本、中国数字素养培养模式发展述评》，《图书情报工作》2017 年第 16 期。
③ 〔日〕加藤隆则：《日本新闻教育的困境与探索——超越企业内 OJT 推动媒介素养教育》，《青年记者》2020 年第 25 期。

互联网技能以及如何批判性地解读信息等。

多渠道。其一，开展课题研究。许多日本高校为提高大学生网络媒介素养，开展了许多与此有关的课题项目。如东京大学开设的"对宽松的网络环境的研究"课题。其二，开设教育网站。高校开设这些网站主要是为了解答学生们在媒介学习中遇到的问题，对一些网站信息进行评价，对相关的法规进行解读，以及与国际媒介素养网站相连接等，以帮助学生更顺利地学习利用新媒介。除此之外，一些高校还会邀请业界知名人士来举办讲座、授课，以帮助学生们解决困惑等。

第四节　其他国家和地区的教育理念与实践

除了英国、美国、日本，其他国家如澳大利亚、加拿大、比利时、芬兰等，在媒介素养教育方面皆取得瞩目成就。尤其是加拿大，作为历史上深受英国影响、现实中饱受美国文化入侵威胁的国家，它探索出自己的媒介素养教育之道。比利时以媒体教育高级委员会（CSEM）为核心领导，将社会各部门、各组织、各群体凝聚起来，构建出"多元主体相互连接、共同演进"的教育关联网络。[1]芬兰在 2019 年出台了《芬兰媒介素养：国家媒介素养教育政策》，制定了综合、优质、系统的媒介素养教育发展目标。[2] 以下主要介绍澳大利亚和加拿大的教育理念与实践。

一　澳大利亚的大学生媒介素养教育

国家的历史和社会环境对其媒介素养教育有着深刻的影响。澳大利亚的媒介素养教育一开始沿袭英吉利传统，后来在多元文化冲突中逐渐找到自己的教育定位。

（一）跨文化媒介素养教育：多元文化融合

澳大利亚的媒介素养教育起步较早，其被认为是当代西方最重视媒介

---

[1]　杨秀、张林：《比利时媒介素养教育政策的演进、特征与实践——基于行动者网络理论的分析》，《新闻界》2023 年第 4 期。

[2]　转引自袁利平、王垚赟《芬兰媒介素养教育政策的整体框架与逻辑理路》，《现代传播（中国传媒大学学报）》2021 年第 5 期。

素养的国家。① 20 世纪 70 年代以前，澳大利亚重视英吉利的移民传统，教育主要面向白人儿童，直到 70 年代后，国内政治环境宽松，加上澳大利亚本身就是个移民国家，具有种族多样性，单一的白人文化教育必然不能适应社会发展的需要，于是当时社会兴起了"多元文化主义"和"共同化主义"的口号，政府开始实行"多元文化政策"②。鉴于媒体的特质，一些学者倡议将媒介素养纳入多元学科教育。在这一背景下，政府的财政和资源开始向媒介素养教育倾斜，许多学校开设了与媒介素养教育相关的课程。到了 20 世纪 90 年代，全球化的冲击加上澳大利亚大众媒介原有的对亚文化群体的漠视与敌对语境，不同种族之间的文化鸿沟加剧，导致不同文化种族之间的冲突频发，已经严重影响到澳大利亚的社会稳定与国际形象。这些现象引发了教育界与传播学界的反思，他们围绕社会问题展开了一场关于多元文化融合的讨论。跨文化媒介素养教育被认为是解决不同文化种族冲突的重要手段，媒介素养教育的重点转向文化的多元融合及思考，政府甚至出台文件明确指出国民素养教育必须围绕多元文化意识进行。2005年，澳大利亚教育委员会对媒介素养教育涉及的相关课程进行了调整，融入了更多解读理解多元文化的内容，培养学生对多元文化差异性的理解以及对它们的包容性。③

（二）媒介素养教学实践

澳大利亚的媒介素养教育自 20 世纪 70 年代起步，经过国内社会形势的变化及政府的大力推动，发展到现在几乎所有的州都将媒介素养教育作为必修课，学制也从初等教育逐步扩展到中等、高等教育领域，建立了层次分明、设置科学的教育体系。澳大利亚的媒介素养教育设置科学、循序渐进，在小学阶段就开始启蒙，高中会开设独立课程并与其他学科紧密结合，同时在各个阶段都设立明确的学习成果评价指标，学习难度也会随着学生年龄的增长不断增加，如：初级阶段更注重对文本本身的表面信息进

---

① 陈晓慧、袁磊：《美国中小学媒介素养教育的现状及启示》，《中国电化教育》2010 年第 9 期。

② 潘洁：《澳大利亚跨文化媒介素养教育研究》，《现代传播（中国传媒大学学报）》2010 年第 9 期。

③ 李先锋、董小玉：《澳大利亚的媒介素养教育及启示》，《教育学报》2012 年第 3 期。

行理解；到了中级阶段会要求学生理解文本的建构方式及隐含意义；而到了高级阶段，培养重点是学生的批判性思维。在课程的理论建构上，澳大利亚学者受到斯图尔特"解码—编码模式"理论的影响，立足于多元文化融合的理念，通过翻译编写大量的书籍教材构建了一套以媒介文本解读为中心的媒介素养教育理论框架。这个框架除了以媒介文本为核心，也探讨影响学生建构意义的其他因素，以及它们所产生的作用，具体如图8-1所示。在这个学习框架下，澳大利亚大多数学校的相关课程都采用"TAP媒介素养教学模式"，即要求学生围绕文本、受众及产制三方面进行质疑，直到他们能对媒介信息进行彻底的解构，这是澳大利亚所有受到教育的青少年都应掌握的技能。

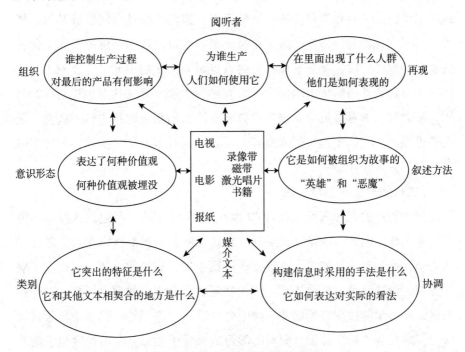

图8-1 澳大利亚媒介素养框架

资料来源：张毅、张志安《美国媒介素养教育的特色与经验》，《新闻记者》2007年第10期。

澳大利亚的媒介素养教育起步较早，其发展完善与国内的政治环境密不可分。同其他国家的媒介素养教育一样，澳大利亚的媒介素养教育也强调培养学生面对媒介信息时的批判思维，但培养这种思维的目的不仅仅是抵抗不良文化的侵蚀，还是帮助学生理解信息背后的意识形态，了解文化的多样性，学会包容不同的文化，促进多元文化社会的发展。

二　加拿大的大学生媒介素养教育

同澳大利亚一样，加拿大也面临多元文化的冲突问题，希望借助媒介素养教育缓解文化冲突。此外，加拿大作为美国邻国，还受到美国文化渗透的威胁，保护本国文化成为其重要教育目的。

（一）文化认同的核心动力

加拿大的媒介素养教育成绩斐然，在世界范围内也属领先，促进对本国文化的认同是其媒介素养教育不断发展的核心动力。20 世纪 60 年代，电视在加拿大逐渐流行，它取代了报纸的主导媒介地位。伴随着电视成长的一代的思维与行动方式必然与在印刷时代成长的一代不同，媒介概念的范畴扩大，公众原有的对媒介信息的理解方式已经不再适用。加拿大学界在这一背景下提出了屏幕教育的理论，提倡在学校开设影视教育课程，但由于财政削减等，该行动逐渐被搁置。[①] 20 世纪 70 年代，由于国内民族矛盾的激化，多元文化教育被视为重要的解决方法，[②] 这一点与澳大利亚相似。加拿大曾沦为英法殖民地，英法文化在当地发展过程中经常发生冲突，加上因移民政策搬迁来的新移民以及本地土著，加拿大注定要面对并解决多元文化摩擦带来的问题，媒介在其中发挥着重要作用。当然在这个过程中加拿大也发生过和澳大利亚相似的问题，即媒体对于亚文化群体的漠视、刻板印象甚至敌对，因此加拿大政府希望发展多元文化来解决这些冲突，但过犹不及又引发文化认同危机。除此之外，随着美国的崛起，与美国相似的发展历史以及相邻的地理位置，使加拿大还面临着美国文化霸权的侵蚀，这一入侵过程自然是通过大众媒介进行的。加拿大政府为避免加拿大沦为美国文化的附庸，采取许多措施来维护国家的文化主权，媒介素养教育是其中的重中之重。在内有多元文化的摩擦冲突，外有美国文化霸权侵蚀的背景下，加拿大大力发展媒介素养教育，培养学生对媒介信息

① 张毅、张志安：《加拿大未成年人媒介素养教育初探》，《新闻记者》2005 年第 3 期。
② 卢锋、丁雪阳：《文化向度的国际媒介素养教育考察》，《现代传播（中国传媒大学学报）》2016 年第 8 期。

的批判能力，进而增强民众对本国文化的认同。20 世纪八九十年代，媒介素养教育在加拿大再度兴起并获得极大发展，各地政府部门纷纷成立专业的媒介素养教育组织，① 影视教育被扩展为媒介教育并被逐步纳入全国官方教学体系②。

（二）媒介素养教学实践

加拿大的媒介素养教育除了开设独立课程，还以融入其他学科的方式进行教学。比如在安大略省，媒介素养内容是语言课和英语课的模块之一，同时融入其他相关课程，在 11 年级，学校还会开设独立的媒介研究选修课，通过课程的开设帮助学生理解媒介产业、媒介与社会的关系，学会解读并创作媒介文本。③ 到目前为止，安大略省已经建立起完备的媒介素养教育体系。加拿大大多数学校媒介素养教育的授课方式与澳大利亚一致，即"TAP 媒介素养教学模式"，通过对文本、受众以及产制的分析解读，培养学生面对媒介信息的批判思维能力，学会解构文本以明白信息本身的意义，以及其他因素赋予的意义。其中受众对文本意义的构建在多元主义文化的背景下得到重视，约翰·庞杰特指出理解受众与文本之间的相互作用是理解传播媒介的前提。④ 加拿大还拥有丰富的教育资源，加拿大国家电影局创办媒介意识网（MNet），安大略省出版《媒介素养教育指南》《遭遇媒介》等优秀教材，其中归纳的媒介素养教育的八大核心理念备受推崇，该系列教材还曾被日本政府部门翻译编写，作为日本媒介素养教育教材使用。此外，加拿大开设众多培养儿童媒介素养的电视节目等。以上这些，形成了加拿大特色的媒介素养教育资源体系。⑤ 加拿大的媒介素养教育实践活动还具有与时俱进的特点。针对新媒体时代的网络霸凌，

---

① 车英、汤捷：《论加拿大传播媒介素养教育及其启示》，《武汉大学学报》（人文科学版）2007 年第 5 期。
② 张艳秋：《加拿大媒介素养教育透析》，《现代传播》2004 年第 3 期。
③ 时晨晨：《加拿大安大略省 11 年级媒介研究课程简介》，《课程·教材·教法》2014 年第 1 期。
④ 参阅车英、汤捷《论加拿大传播媒介素养教育及其启示》，《武汉大学学报》（人文科学版）2007 年第 5 期。
⑤ 王卓玉、李春雷：《加拿大媒介素养教育的发展模式及其启示》，《现代远距离教育》2010 年第 5 期。

加拿大开设"网络欺凌：鼓励道德的在线行为"课程，希望通过课程的教学帮助学生理解网络霸凌的特点，从法律和道德层面探讨解决方法。[①]

对于加拿大媒介素养教育来说，学校课程是其核心，其他主体也发挥重要的辅助作用。如家长对媒介素养教育的支持、对孩子接触媒介形式和内容的把控，加拿大教师联盟、各地媒介素养中心、耶稣会交流机构等社会组织的设立，以及对媒介素养相关课题的研究和活动的开展等，都作为一种隐性教育，与学校的显性教育共同构成加拿大的媒介素养教育体系。

第五节　经验总结

一　政府对媒介素养教育的大力支持

综观世界上媒介素养教育发展领先的国家，其构建完善的教育体系并在全国范围内系统实施，无一不与政府的大力支持密切相关。

美国：2017 年 11 个州在加紧媒介素养立法，提出或继续审议了总共 21 项法案，旨在促进媒介素养教育行动。

英国：2021 年，英国媒体与体育部发布《媒介素养战略》，旨在支持各机构未来 3 年以更协调、更广泛、更优质的方式开展媒介素养相关活动。

加拿大：联邦政府每年设立专项款支持反映多元文化的影视宣传作品，设立公营媒体 CBC，保证加拿大本地节目播放的时长，努力打破种群文化的界限，抵制美国文化的入侵，并与其他组织合作开发教育资源。

日本：政府在财政上为媒介素养教育投入大量资金，为学生提供完善先进的硬件、软件等学习设备，并加大学校的基础设施建设力度，提供良好的学习环境，政策上也鼓励媒介素养教育的发展，研究改进教育方法，开发教材等。

"法律、政策是保证媒介教育有效进行的基础"[②]，这些国家或从立法、

---

① 肖婉、张舒予：《加拿大反网络欺凌媒介素养课程个案研究与启示——基于"网络欺凌：鼓励道德的在线行为"课程的分析》，《外国中小学教育》2016 年第 9 期。
② 封莎、肖一笑：《网络时代青年学生媒介素养提升的进路探究》，《学校党建与思想教育》2023 年第 14 期。

政策上进行引导，或以资金倾斜的方式促成教育行动。

二　探索符合本国国情的媒介素养理念

媒介素养教育的发展从来都不能照搬照抄，必须立足于本土发展出具有文化特色的媒介素养教育理念。英美等西方国家出于对媒介负面影响的考量，强调对学生批判思维的培养，希望学生能通过解构媒体正确处理信息，加拿大、澳大利亚等移民国家则是立足国内多元文化的背景，希望通过媒介素养教育缓解社会矛盾，增强对本国的文化认同感。

三　分层推进，建立完善统一的教育体系

日本的媒介素养教育分为小学、初中、高中、大学阶段，每个阶段都根据学生的思维能力进行不同程度的媒介素养教育，并建立了较为完善的学习成果评价系统。英国也根据学制不同安排相应的课程，在 K4 之前，媒介素养内容都融入其他课程中进行教学，K4 阶段开始设立独立的选修课程供学生选择，课程评价也将实操与应试相结合。

四　构建多元主体参与的教育协同框架

日本的媒介素养教育主体由四部分构成，分别为学校、政府、社会组织、媒体，它们共同构成了媒介素养教育的社会行动者网络。加拿大作为媒介素养教育发展的领先者，其实践活动也是显性课程与隐性课程相结合：显性课程由学校提供，是媒介素养教育的核心；隐性课程由家庭、社会组织、企业等提供，作为显性课程的重要补充。两种课程相互交织，构成了具有特色的加拿大媒介素养教育体系。

上述对于他国经验的总结对审视我国媒介素养教育现状和问题、探索教育未来，具有重要的启发意义。

第九章 基于大学生网络传播能力提升目标的网络媒介素养教育体系构建

针对大学生网络媒介素养的现状、问题及原因，结合国内外大学生网络媒介素养教育的问题和经验，本章将借鉴教育现象的"三个位层"分析方法，结合体系的内涵，从教育理念、目标、主客体构成、原则、内容、方法等方面，构建有利于推动大学生网络公共传播能力的网络媒介素养教育体系。

第一节 涵括公共传播能力的网络媒介素养内涵

媒介素养是一个动态的概念，它随着媒介技术的发展、社会观念的更迭而变化。媒介素养的主体和内容，在不同的时代语境下有着不同的意涵。在互联网技术营造的媒介化社会中，网络媒介素养的主体和内容也发生了较大的变化。

一 从"受众"到"网民"：媒介素养的主体变化

（一）受众：大众传媒时代的信息消费者

1. 受众概念由来

古希腊古罗马时期的城邦观众是受众的原始雏形。① 麦奎尔认为古时

---

① 〔英〕丹尼斯·麦奎尔：《受众分析》，刘燕南等译，中国人民大学出版社，2006，第3页。

现场观看体育竞技、公共戏剧与音乐表演的观众，以及聆听演讲的听众，均可谓之受众。换言之，彼时的受众为参与一切活动的观众。

不同于泛指所有观众的受众理解，最初传播学对"受众"的研究源自传播集团对收益的预测。[①] 追溯至20世纪20年代，美国部分媒体机构为达到更好的广告投放效果、吸引更多的广告商投资，对信息传播产生的影响进行了解，在一定范围内对受众展开社会调查。结合后继研究产出的魔弹论、有限效果模式、使用与满足理论等，不难看出，在传播学概念框架里，受众概念已经包括部分"消费者"的内涵，但传播主动权掌握在媒体机构手中，受众处于被动接受者位置。

从媒介更新角度观之，受众主体范畴与大众传媒相关，以读者、听众、观众等信息接收者为主。以15世纪印刷品的出现为例，印刷技术进步推动较大范围传播，"阅读者"出现。但此时的"受众"并不是全体人民，也不是大众，而是少部分有钱有文化阶层。到了19世纪，大众化报刊出现，传播范围进一步扩大到平民阶层，开启了大众传播时代的序幕。电影也出现拷贝式放映，千百万人分享相同的、非现场性的、经媒介传播的信息和情感，大众受众开始登场。到了20世纪中期，广播电视被发明，受众身份第一次与收音机、电视机等技术手段的拥有相联系，受众在属性、规模、构成上被进一步定格化。[②]

由此，现代意义上的"受众"，是与大众传播相关的概念，为"大众受众"，即大众传播信息的接收者，是观众、读者、听众的统称。

2. 传统理论中被动的受众形象

受众，作为大众传播的信息消费者，而不是信息生产者，具有一定的被动性，即传统的大众传媒时代，发布信息多由专业传媒机构进行，大众单向接收信息，不主动发布信息。

一般认为，社会学的"大众社会"理论为"大众传播学"和"受众"概念的诞生提供了话语支撑。关于受众的身份特征，从大众社会理论的视

---

① 杨光宗、刘钰婧：《从"受众"到"用户"：历史、现实与未来》，《现代传播（中国传媒大学学报）》2017年第7期。

② 刘燕南：《从"受众"到"后受众"：媒介演进与受众变迁》，《新闻与写作》2019年第3期。

角来看，大众传播的受众无疑就是大众本身，具备大众的一切特点，[1] 即规模巨大性、分散性、异质性、匿名性、流动性、无组织性等特点。

对于受众身份，可借助三种受众观来观察：作为社会成员的受众、作为"市场"的受众、作为权利主体的受众。第一种受众观认为受众分属各种社会群体或集团，他们对传媒信息的需求、接触及反应不同；第二种受众观将受众看作大众传媒市场及其信息产品的消费者；第三种受众观将受众看作构成社会的基本成员，参与社会管理和公共事务，在传播中享有传播权、知晓权、媒介接近权等基本权利。

以上三种受众观，基于大众社会理论，对于受众身份特点的认知是其基本结论之一，即在本质上将受众看作被动的存在。正如学者郭庆光所说，与大众传播的单向性紧密相连的，是受众的被动性。无论是作为社会群体成员，还是作为消费者，或是作为权利主体的受众，都是大众传播时代的读者、听众或是观众的一员，即大众传播的信息消费者，而非内容生产者。

在大众传播效果的研究中，从魔弹论到有限效果论，再到议程设置、沉默的螺旋，研究模式不断改进，但始终没有跳出受众被动接收信息的范式。传统传播模式的单向性，形成了受众身份的单一性，进而形成了被动性是受众的核心特征的基本观点。尽管后来随着社会发展和技术进步，人们逐渐认识到受众并非完全被动，而是具有积极的能动性，但由于受众信息接收者、使用者的基本身份没有改变，受众的能动作用只是"有限的主动"。

（二）网民：网络空间公民

网民概念可追溯至 1997 年霍本提出的"netizen"一词。[2] 该词是"net"（网络）与"citizen"（公民）的合成词。netizen 被认为有两种概念层次：一是指网络使用者，范围比较广泛，并且不管上网的目的；二是特指对网络社会有较强的关怀意识，愿意和其他有关怀意识的网络使用者一起合作，建构和谐的网络社会的一群网络使用者。霍本也强调第二个概念层次，认为线上有一群积极推动网络发展的人，这些人理解集体工作的价

---

①　郭庆光：《传播学教程》，中国人民大学出版社，2006，第 172 页。

②　Hauben, M., & Hauben, R., *Netizens: On the History and Impact of Usenet and the Internet*（IEEE Computer Society Press, 1997）.

值，认识到公开交流的公共面向。他们以建设性方式探讨议题，通过电子邮件传递解答，为新人提供帮助，维护 FAQ 文件及其他公共信息存储，并维护邮件列表等。他们讨论这种新的传播媒介的性质和作用，这些人就是网络公民（citizens of the net）。

我国学者早期用"网络受众"来概括那些使用网络信息的人。① 目前学术界广为接受的"网民"概念源自 1998 年全国科学技术名词审定委员会发布的第二批信息科技新词。网民是对"netizen"的中文译用。但在2022 年，全国科学技术名词审定委员会对网民的界定为网络用户个体或群体，英文为"internet user"②。目前大众对网民概念的使用同 2022 年版界定。学者对网民概念的使用分两种情况：当进行一般性的网络使用者调查或观察时，网民指的是网络用户；当涉及网络空间净化、网络参与研究时，网民往往指向网络公民。本研究倾向于网络公民概念。

（三）从受众媒介素养到网民媒介素养

1. 受众媒介素养

在传统以报纸、广播、电视为主要传播渠道的大众传播时代，受众的媒介素养主要是指受众对媒介信息的接收和审视能力，几乎没有主动传播层面的能力要求，传播者掌握了主要的话语权，受众则处于被动地位，信息为单向流动。因此，可以从媒介信息接触、理解及使用能力层面分析受众的媒介素养结构。

在媒介信息接触方面，传统的传播者以报社、电视台的专业传媒机构工作人员为主。在信息传播中，信息的发布权掌握在传播者手里，传播者处于垄断地位，而受众则处于从属地位。就信息的理解而言，传播的话语权掌握在传统媒介手里，受众易受媒介营造的信息氛围影响，形成德国学者古斯塔夫·勒庞提出的群体思维以及德国学者诺依曼提出的"沉默的螺旋"，受众难以脱离主流媒介而形成自己的独立思维。在媒介使用能力上，传统媒介的传播者和受众有明显区别，媒介被精英所掌握，受众基本无法

---

① 巢乃鹏：《网络受众心理行为研究——一种信息查寻的研究范式》，新华出版社，2002，第 12 页。

② 全国科学技术名词审定委员会："网民"，https：//www. termonline. cn/search? searchText =% E7% BD% 91% E6% B0% 91，最后访问日期：2023 年 10 月 28 日。

拥有使用权，唯一的表现体现在传播后的信息反馈之中，而这种反馈通常是不成规模、缺少连续性的。

2. 网民媒介素养

随着网络的发展与普及，人们对网络的特点与功能的认识不断深化，网络由单纯的信息获取途径、交流的载体和工具转为人们交往、实践、创造的一种新方式。[1]

学者对网民应该具备的媒介素养也有了新的定义。杨梦斯认为，新媒介素养要求人们在传统媒介素养的水平下拥有更高的认知和判断能力，拥有图像处理能力、信息的组织和联通能力、专注能力、多任务处理能力、怀疑精神以及相应的道德素养。[2] 与传统的受众媒介素养相比，数字时代的网民媒介素养内涵更丰富。除了涉及传统媒介素养的访问、分析、判断能力，还涉及信息生产能力、社会交往素养、社会协同素养等，这些新增的素养维度与公民的主体性、公共意识、社会责任密切相关。

在深度媒介化语境下，网民不是简单的网络使用者，而是"开展多元媒介实践"的主体，[3] 其媒介实践的目的也早已超越单纯的传播层次，指向更广阔的领域——个体发展、社会治理、国际交往等。

二　从"接收"到"参与"：媒介素养的内容变化

（一）"接收"：大众传媒时代的信息消费动作

在传统媒体时代，报纸、广播、电视等媒介占据传播的主导地位，受众只是处于被动地位的匿名群体，这类匿名群体被统称为读者、听众或观众。[4] 这种传播模式也被认为是一种缺乏互动的自上而下的话语权力模式。彼时大众媒体掌握着信息建构的主动权和支配权，可以决定媒介每天所要传播的信息内容和信息框架，受众则需要在有限的信息资源范围内进行选

---

① 王文静：《数字环境下网民媒介素养的缺失及培育路径——基于谣言传播与网络暴力的思考》，《声屏世界》2021 年第 8 期。

② 杨梦斯：《网络新媒体时代公民媒介素养问题研究》，《西部学刊》2016 年第 7 期。

③ 朱家辉、郭云：《重新理解媒介素养：基于传播环境演变的学术思考》，《青年记者》2023 年第 8 期。

④ 周勇、黄雅兰：《从"受众"到"使用者"：网络环境下视听信息接收者的变迁》，《国际新闻界》2013 年第 2 期。

择与接收，其具体的个性化需求被忽视。他们只能选择在固定的版面上查看新闻信息，在固定的时段内收听、收看广播电视节目，是传播链条上的最后一环，且广播、电视类媒介信息具有"转瞬即逝"的特点，受众只能捕捉即时信息，而不能对信息内容进行存储。即使是报纸这类可以保存收藏的媒介，若想要对某天的某件新闻事件进行信息查询也是不易。

这一时期，受限于传统传播机制，受众与媒体内容之间的互动与反馈也较为困难。一般情况下，受众若想对媒介内容进行反馈，通常只能选择写信或打电话的方式，而这两种反馈方式对受众而言似乎并不有利，因为最终对反馈信息的处理仍由媒介机构决定，这是一种不平等的沟通关系，并且由于时滞性，双方的互动可能存在时间差问题，这将进一步限制受众的信息反馈行为。[①]

（二）"参与"：网络媒体时代的信息"产消"行为

互联网时代，受众作为重要的参与主体，身份从单一的"接收者"向"接收者"和"传播者"双重身份转变。[②] 抖音、快手、今日头条、微博、微信等社交媒体的出现，为用户参与传播提供了展演舞台，同时，新兴媒介技术的变革进一步催生了多样化的传播形式，构建了一幅崭新的传播图景。相较于传统媒体，这一时期的受众展现出更高的自由度与网络参与的积极性。

在信息生产模式上，受众不仅作为信息接收者存在，还是信息的生产者。各类社交平台的涌现为受众提供了发声与自我呈现的主场，[③] 通过手机这一小小的屏幕终端，受众可以随时随地记录身边发生的事件并将其上传到互联网中，同时基于网络传播低准入性、便捷性、迅速性等特点，个体之间的信息传递可以实现去中心化、点对点的网状结构传播，更有利于个体之间的互动交流。在此基础上，各类型的自媒体博主应运而生，对相关领域专业知识的掌握与庞大的粉丝数量使其成为某行业的意见领袖，与传统媒体机构并驾齐驱，共同对人们的思想、生活产生影响。此外，媒介

① 龚梓坤、陈雅乔：《社交媒体用户与传统媒体受众间的比较研究》，《传媒论坛》2018 年第 16 期。
② 李心怡：《"后真相"现象中作为接收者与生产者的互联网用户》，《声屏世界》2020 年第 22 期。
③ 陆璐：《全媒体时代受众角色的变迁研究》，《新闻研究导刊》2022 年第 9 期。

服务中所包含的点赞、转发、评论等功能也为受众提供了新的消费动力，这种信息协同性进一步提高了受众的社交媒体卷入度，不仅充实了媒介市场内容，产生了 UGC 形式的内容生产模式，比如豆瓣社区，而且为受众以"传播者"的身份进行自我形象塑造和参与社会建构提供了可能。

（三）从媒介"接收"素养到媒介"参与"素养

媒介素养是一个概括性的概念，指人与媒介之间批判性的自洽关系。[1]随着深度媒介化的发展，媒体正在以前所未有的力量影响着人们的认知与生产生活方式，形成社会建构的重要力量场域。同时，传播环境的变迁也影响着媒介素养内涵的发展。[2]

在传统大众传播时代，媒介素养主要指的是媒介"接收"素养，即对媒介信息该如何接收的问题。美国媒介素养中心所强调的媒介素养主要在于接收素养，包括选择能力、理解能力、质疑能力和评估能力，而创造和生产能力是附带的能力。而且在一些媒介素养研究者和教育实践者看来，创造和生产能力的培养，媒介生产实践的开展，主要目的还是帮助青少年加深对媒介文本、媒介运行机制的理解，从而实现更高质量的媒介信息"接收"。换句话说，进行媒介生产能力的训练，是为了最终提高媒介接收能力。

然而，在媒介化社会的今天，被动消费的媒介素养内涵得到延伸，新媒介素养得以发展。新传播技术的迭代变革使得内容生产比任何时候都更加便利，用户不再是内容生产的局外人，而是更多地参与信息生产与互动，这一媒介实践涉及社会、政治、经济、文化诸多方面，其意义也早已超出个人展演的范畴，指向更广阔的公共事务关切和公共议题参与。

中外学者都认识到参与素养在媒介素养中的重要性。詹金斯就新媒介素养所总结的 11 项核心技能中，直接与参与素养相关的技能包括：以即兴创作和发现为目的的采用替代性身份的表演能力；对媒介内容进行有意义的取样与混合再加工的能力；对信息进行搜寻、合成以及传播的网络能

---

① Koltay, T., "The Media and the Literacies: Media Literacy, Information Literacy, Digital Literacy," *Media, Culture & Society* 33.2 (2011): 211–221.

② 朱家辉、郭云：《重新理解媒介素养：基于传播环境演变的学术思考》，《青年记者》2023年第 8 期。

力；与周围环境的交互能力；为完成共同目标而与他人共享知识或交换想法的集体智慧能力。其中，前三个能力涉及一般意义上的内容生产与信息参与，后两个能力涉及深度社会参与。彭兰指出社会化媒体时代的媒介素养应该包括媒介使用素养、信息生产素养、信息消费素养、社会交往素养、社会协作素养、社会参与素养等，① 其中信息生产素养、社会交往素养、社会协作素养、社会参与素养与本研究所说的参与素养密切相关。伍永花将媒介素养划分为四个维度——认知、实践、社会参与和思想道德，其中认知和实践是基础，社会参与是目标，思想道德是核心。②

从"接收"素养到"参与"素养，从"被动"到"主动"，从"传播本位"到"受众本位"，皆是以人为本传播理念的发展实践。③ 对各群体媒介素养教育的关注都是当前新媒介素养教育中不可或缺的重要内容，而媒介素养教育的推进也在各类层出不穷的触网问题中显得尤为迫切。

三　以公共传播能力为高阶能力的网络媒介素养内涵

前文从受众到公民、从接收到参与探讨了媒介素养内容和主体的变化，公共传播能力就是公民"主体"与"参与"内容的融合。

学者从通信技术发展历程的视角对媒介素养进行梳理，这对理解公共传播素养也有一定的启示。学者李炜炜、袁军认为通信技术的发展对媒介素养内涵和媒介素养教育具有重要的影响，他们根据通信技术的发展将媒介素养及其教育分为四个阶段。按照"通信时代—媒介素养核心—媒介素养教育核心"的结构呈现，四个阶段分别为"1G、2G—培养—认知媒介""3G—涵养—利用媒介""4G—素养—批评媒介""5G—修养—提升媒介"。在"修养"阶段，人、社会、媒介三者之间的界限进一步模糊，提升媒介即为自我提升，人在媒介中"美人之美"、人与媒介"美美与共"④。

---

① 彭兰：《社会化媒体时代的三种媒介素养及其关系》，《上海师范大学学报》（哲学社会科学版）2013 年第 3 期。
② 伍永花：《本土化视域下大学生媒介素养教育模式建构》，《青年记者》2022 年第 22 期。
③ 官笑涵：《大众传播理论中的受众地位变迁探析》，《传媒论坛》2021 年第 13 期。
④ 李炜炜、袁军：《融合视角下媒介素养演进研究：从 1G 到 5G》，《现代传播（中国传媒大学学报）》2019 年第 9 期。

还有学者从媒介素养价值内核的演变进行阶段划分。魏骊臻、刘剑虹认为大学生媒介素养已经从"媒介保护"发展到了"情绪管理"，目前是从"情绪管理"到"理想信念"的过渡阶段。以中国特色社会主义"理想信念"为价值内核的媒介素养，必将成为大学生基本素养的重要组成部分。①

网络公共传播通过网络媒介共建实现公众社会共建，这是媒介社会化、政治生活化的必然趋势。本研究所言网络公共传播能力，主要是从公众视角出发，探讨公众在进行与公共事务有关的公共议题关注和意见参与时应该具备的能力。网络公共传播能力，即在传统的媒介信息识读、分析能力基础上对公共话题的参与表达能力，是网络媒介素养的高阶能力。一般的网络媒介素养即便谈到媒介参与，也主要倾向于个体如何参与媒介内容生产，还没有聚焦到公民参与维度的话语表达。

本研究认为，网络公共传播能力不是在现有网络媒介素养认知框架中"加盖"的一阶能力，而是根源于网络媒介发展现状、网民大学生现状、21世纪核心技能要求的网络媒介素养再界定。

网络媒介素养是对网络媒介讯息的获取、分析、批判、创建、参与能力，以高质量的公民话语参与、媒介环境塑造为最终目标。以下就其内涵进行解析。

（一）网络媒介素养指向网络媒介讯息

通常人们很少刻意区分"信息"和"讯息"，众多文献翻译者也将英语中的"information"和"message"统一翻译为"信息"。本研究中也没有刻意做出区分，但在分析网络媒介素养时，如果不做区分，就难以理解后续的能力分析，故在此说明。②

信息是"不确定性的消除"，而讯息是"由一组相互关联的有意义符号组成，能够表达某种完整意义的信息"。③讯息更指向具体事物，信息更

---

① 魏骊臻、刘剑虹：《从能力到信仰：我国高校媒介素养教育的价值选变》，《中国高等教育》2022年第24期。
② 本书所言信息，绝大多数情况下指的是与网络媒介有关的"讯息"，为了顺应大众阅读习惯，用信息指代，除非一些地方内容需要，否则不做严格区分。
③ 郭庆光：《传播学教程》，中国人民大学出版社，2006，第58页。

包含抽象意味。① 讯息是符号的可感知部分，即能指；信息是符号携带的意义，即所指。信息只有被传播者编码为讯息后才可被传播、理解，而当其被编码为讯息后就不再为信息本身，只能说携带着信息。将"媒介即讯息"与"媒介技术决定论"对等的思维是一种简单的关联思维，媒介技术对人类社会的作用过程，其实质是媒介固有的符号结构和媒介构筑的符号环境对人类感知、意识、理解、情感等行为活动的限定和影响。②

（二）获取能力：传统分析能力的部分前移

在互联网时代，网络媒体的丰富、信息的海量，让信息获取看似简单，实则更复杂了。大学生仅仅具备上网设备和识读能力还不够，还需要具备信息获取的"自我导航"能力，以提高信息获取的效度。原因如下。其一，网络媒介信息良莠不齐，导致获取有价值信息的时间成本和精力成本上升。当某一公共事务具有高社会敏感度时，出于各种目的（或提供部分"事实"，或为了流量），各种围绕它的网络报道或小道消息形成"众声喧哗"的效果。网民穿梭在信息的海洋中难免迷失，进而产生"关注倦怠"。其二，算法推荐易导致同质信息大量涌入，提高了获取多样化信息的成本。对网民来说，信息获取还可以分为两个小的阶段：信息暴露和信息注意。信息暴露就是信息的呈现，即无论网民看到与否，信息已经在视野范围内，网民对此"视而不见"或有所注意。信息注意即网民"看到"信息了。在"公域"信息暴露阶段，精准分发导致信息窄化。信息精准分发导致信息的暴露面或呈现面具有一定的局限性。在信息注意阶段，信息茧房导致视野窄化。③

为了提高信息获取的效率，"自我导航"能力是非常重要的能力。具体来说，可以包括两种细分能力：媒介可信度识别力、信息接收自主力。

1. 媒介可信度识别力

即能够从媒介所有者或生产者的身份、生产意图判断其权威性、可信

---

① 李彬：《传播学引论》（增补版），新华出版社，2003，第23页。

② 张骋：《是"媒介即讯息"，不是"媒介即信息"：从符号学视角重新理解麦克卢汉的经典理论》，《新闻界》2017年第10期。

③ 罗雁飞、聂培艺：《浅析算法推荐对网络公共参与的负面影响》，《科技传播》2020年第10期。

度的能力。传统媒介信息素养研究往往将媒介机构身份分析和生产意图分析放在接触之后的"分析"环节，这在媒介接口相对有限的大众传播时代有其合理性。但在媒介接口接近"无限"的网络空间，媒介可信度意识是网民应该具备的首要意识，是信息消费的第一关口。可以说，媒介接触环节的媒介可信度识别力要求，是将传统媒介素养中的分析能力（在接触能力之后）"部分地前移"至接触能力环节。

2. 信息接收自主力

即能够有意识地主导、控制自己的信息接收行为的能力，这是算法推荐技术遍布互联网平台情境下必备的能力。网民须意识到过度关注某类媒体，或限于同一视角的信息推荐可能产生的偏见，随时对自己的信息接收行为进行自省并调整。这种能力源于"批判思维的信息推送审视"①，审视可用自问的方式，问题包括但不限于：①我今天（或某一时段）接触到的某一公共话题主要是什么类型的信息推送？②这种推送是由于我最近总是看类似的信息（相似推荐），还是由于它是热点（热点推荐），抑或二者兼有？③这种信息有利于我全面了解话题、接近事实吗？④我已经关注有关这一话题的相似观点的报道多久了？⑤我还要继续接受类似推荐吗？⑥我现在需要什么样的信息或知识，以便更全面地了解这一话题？如何搜寻？

（三）分析能力：媒介文本多样化下的挑战

分析能力主要指的是选择并总结媒介内容的主要元素，如主题、观点、关键词、概念等。分析的对象是媒介呈现的信息，分析的行为是一种基础的文本研究，主要依赖于识读能力。在传统大众媒介时代，媒介文本形式相对单一，表现也具有某种结构化的特点。在互联网空间，媒介文本在形式上极其丰富，例如，视频有长视频、短视频、微视频，还有同一媒介空间下的弹幕、讨论区等。各种文本在表达形式、风格上都有各自的特点。网民往往都有自己偏爱的媒体平台，并且在跨媒体平台内容分析上存在某种不适甚至障碍。互联网的"互联"变成了某一个平台内的"互联"。

---

① 罗雁飞：《媒介信息接收素养：算法推荐背景下媒介素养的新维度》，《传播力研究》2020年第2期。

在本次实证调研中，大学生媒介使用呈现出一定的平台固定性，比如只从微博上关注社会热点。媒介即讯息，微博的传播特点就是微博的讯息风格，人们在使用媒介的同时，也存在某种程度的"被驯化"，很难适应其他媒介文本。

（四）批判能力：符号学和文化研究指向的深入思考

罗兰·巴特（Roland Barthes）指出符号学旨在挑战信息的自然性，即"不说什么"①。霍尔从符号学的研究中分析出符号的双重意义的存在：外延和能指（对内容的字面意义更大）；内涵和所指（基于意识形态和文化代码的信息的更偏向联想、主观的意义）②。当内涵与外延合而为一时，表象就显得自然而然，使历史和社会建构变得无形。文化研究方法为理解素养提供了视角，"文本意义并不存在于文本本身，某个文本可能会根据不同的话语间语境来表达不同的意思"③。受众在阅读媒体内容时既不是无能为力，也不是无所不能的观念，极大地提升了媒体素养在协商意义过程中赋予受众权力的潜力。

媒介素养教育的基础是"不透明"（non-transparency）原则。④ 媒体不像透明的窗口或对世界的简单反映那样呈现现实，因为媒体讯息是被创建、塑造和定位的，涉及许多关于应该包括或排除什么及如何代表现实的决定。讯息是由决定交流什么和如何交流的人创建的，所有信息都会受到信息创建者的主观性和偏见，以及过程发生的社会背景的影响。伴随这种编码主观性而来的是文本的多重阅读，因为它在不同的上下文中被不同的受众解码。媒体不是讯息的中立传播者，构建和解释的性质会带来社会影响。

美国媒介素养中心创始人伊丽莎白·托曼（Elizabeth Thoman）指出媒

---

① Barthes, Roland, "Explains that Semiotics Aims to Challenge the Naturalness of a Message, the What Goes-with-out-saying" (1998): 11.

② Hall, S., "Encoding/Decoding," in Hall, S., et al. (eds.), *Culture*, *Media*, *Language* (1980): 128–138.

③ Ang, I., "On the Politics of Empirical Audience Research," *Media and Cultural Studies*: *Key-works* (2001): 177–197.

④ Masterman, L., "A Rationale for Media Education (first part)," *Media Education in 1990s' Europe* (1994): 5–87.

体素养的核心是探究原则（principle of inquiry）。① "探究"就是一种深入的思考加批判，这种探究来自 CML 提倡的对媒介内容的怀疑精神，他们总结出媒介素养的五个核心概念：①所有的媒体讯息（messages）都被构造了；②媒体讯息是使用具有自己规则的创造性语言构建的；③不同的人对相同的媒体讯息有不同的体验；④媒体有内在的价值观和观点；⑤大多数媒体讯息都是为了获得利润和/或权力而组织的。美国全国媒介素养教育协会指出媒介素养教育的目标是"使人们能够成为批判性的思考者和制造者、有效的传播者和积极的公民"。"批判性的思考者"和"积极的公民"首尾呼应，突出以积极的公民为指向的教育中批判能力的重要性。

K. 道格拉斯（K. Douglas）和 J. 沙雷（J. Share）将批判的要点概括如下：

1. 承认媒体和传播是一种社会过程，而不是接受文本作为孤立的中立或透明的信息传递者；

2. 进行某种类型的符号文本分析，探索文本的语言、体裁、代码和惯例；

3. 探索观众在积极协商中扮演的角色；

4. 将表征过程问题化，以揭示和处理意识形态、权力和愉悦问题；

5. 审查将媒体行业作为营利性企业并将其组织起来的生产机构。②

R. R. 赖特（R. R. Wright）等认为，在后真相时代"成年人正在以惊人的速度被激进化"（Adults are being radicalized at a breathtaking pace），人们必须学会对网络媒介信息进行批判性分析。③

---

① CML, Literacy for the 21st Century: An Overview & Orientation Guide To Media Literacy Education, http://www. medialit. org/sites/default/files/01a_mlkorientation_rev2_0, 2020 - 9 - 12.

② Douglas, K., & Share, J., "Critical Media Literacy, Democracy, and the Reconstruction of Education".

③ Wright, R. R., Sandlin, J. A., & Burdick, J., "What is Critical Media Literacy in an Age of Disinformation?," *New Directions for Adult and Continuing Education* (2023), pp. 11 - 25.

公众积极参与互联网的前提是具备一定的批判能力，这种批判能力比传统媒介素养要求更高，因为网络媒介主体身份更复杂，从政府、企业、非营利组织到个人。媒介内容生产的动机也更为隐蔽和复杂，不同利益相关者在其中进行意见竞争。

（五）创建能力：精于多媒体创制表达

创建主要指的是媒介内容的"功能性"生产能力，即掌握了一定的内容生产技能，例如会拍摄、剪辑、配文案。随着各种拍摄、剪辑技术的操作简单化，创建能力为越来越多的网民所掌握，以抖音为代表的各类短视频平台的兴起，也说明了这一点。

（六）参与能力：源于交往理性

参与能力指的是媒介内容"批判性"生产能力，是在掌握了一定的"功能性"生产能力基础上，能够进行理性的思考和表达。批判不是批评，它蕴含着理性思考。哈贝马斯主张"交往理性"，即人们运用理性思维、批判思维在公共领域进行表达和交流，促进集体智慧的形成，推动社会发展。

第二节　涵括公共传播能力的网络媒介素养教育框架体系

在重新界定网络媒介素养内涵之后，接下来研究如何提升网络媒介素养。提升素养方案的制定须考虑两个因素。第一，网络公共传播能力提高的需要。根据前述大学生网络公共传播行为的问题和成因，网络公共传播能力提升须紧扣公民意识和网络使用水平。第二，我国大学生网络媒介素养教育实践的现状，即处于散点探索阶段，尚不成体系，这导致公共传播能力的培养缺乏一个良好的素养教育基础。

一　体系与"三个位层"分析法

（一）体系的概念

体系是有相互关系的元素的集合，它与系统、系统论密切相关。现代系统论离不开近代科学的发展。近代科学认为整体且有组织的事物可拆分为部分进行研究、理解。[1] 学者总结了系统的八个基本特征、五个基本规律。八个基本特征包括整体性、开放性、目的性、层次性、稳定性、突变性、相似性和自组织性。五个基本规律是指结构功能相关律、竞争协同律、信息反馈律、优化演化律、涨落有序律。[2] 与系统有关的关键词是整体、协同、开放、层次、目的等。可见，系统和体系是带有某种互嵌性的概念。在一般应用上，体系比系统的范畴要大，一个体系可以包括多个系统，且系统联动具有整体性和整体效应。

体系与系统、整体的关系可以归纳为：其一，体系的建构，离不开系统思维和整体思维，体系的建构须遵循整体性、协同性、开放性、层次性、目的性等；其二，一个体系可以包括多个系统，借以实现整体性。

（二）教育现象的"三个位层"分析法

学者王海英将教育理论分为三个层面：价值层面、中介层面和工程层面。[3]

学者吴康宁在此基础上提出了教育现象的"三个位层"：①高层现象，即引领层，包括教育的理念、目标、方针等；②中层现象，包括教育制度、战略、政策等；③基层现象，包括具体教育活动的内容、原则和方法等。[4]

本研究将借助"三个位层"的分析方法对网络媒介素养教育进行框架建构，同时，考虑呈现体系的上述特征。

二　网络媒介素养教育体系的构成与运行

（一）体系构成

结合体系概念和"三个位层"的分析方法，本研究将体系构成分为教育主客体、教育理念、教育目标、教育内容、教育方法。

①　魏宏森、曾国屏：《系统论》，清华大学出版社，1995，第76～77页。
②　魏宏森、曾国屏：《系统论》，清华大学出版社，1995，第201、287页。
③　王海英：《在"教育理论脱离实践"的背后——一种社会学的追问》，《湖南师范大学教育科学学报》2005年第5期。
④　吴康宁：《何种教育理论？如何联系教育实践？——"教育理论联系教育实践"问题再审思》，《南京师大学报》（社会科学版）2019年第1期。

教育主客体。体系研究的重点之一，主客体的范围和界定决定了体系的基本框架和运行机理。网络媒介素养教育的主体包括政府、媒体机构、高等教育机构、社会力量、大学生。客体指大学生。这里，大学生既是客体又是主体。

教育理念。教育秉持的基本思想、观念。网络媒介素养教育的理念需要根植于教育现状，同时面向将来的人才培养需求。目前我国网络媒介素养教育总体上没有统一的教育理念，学者们均是从各自研究的领域出发提出教育主张。教育实践总体上也是"散点探索"。故本书须在高等教育的大框架下，从网络媒介素养教育本身的规律和教育现状出发，提出相应的教育理念。

教育目标。即规划培养出什么样的人。有的学者从媒介认知、批判意识、创造能力、社会责任感几个角度给出了目标;[1] 有的学者将其归纳为"求真、寻美、择善";[2] 有的学者主张培养出能够为个体发展、社会治理、国际交流开展多元媒介实践的人[3]。这些均从媒介产消能力及负责任的行为方面进行了界定，具有一定的启示意义。后文中将从培养对象身份塑造的角度进行教育目标的说明。

教育内容。回答教什么的问题。高等院校是按学科、专业对大学生进行分类的，大学生须在校学习专业课程、通识课程，且大量时间精力放在专业课上。教育内容的安排应该考虑到大学生不同于中小学生的学习特点。本研究建议建立内容模块，以适应不同场景和需求。

教育方法。回答怎么教的问题。21世纪的学习，不同于19~20世纪的学习，目前各大高校在教育部的倡导下纷纷进行教学方法的改革，部分成果也可以用于网络媒介素养教育。

以上构成要素在后文中将逐一分析。

(二) 体系运行：多元协同

网络媒介素养教育是一项系统工程，需要调动多方资源进行配合。多

---

[1] 余惠琼、谭明刚：《论青少年网络媒介素养教育》，《中国青年研究》2008年第7期。

[2] 季静：《大学生网络媒介素养教育目标探寻》，《江苏高教》2018年第7期。

[3] 朱家辉、郭云：《重新理解媒介素养：基于传播环境演变的学术思考》，《青年记者》2023年第8期。

元协同包括以下几方面。

主体协同。即多元主体之间的相互配合。一些国家的媒介素养教育多元主体协同实践为我国提供了重要经验。例如，加拿大安大略省中小学媒介素养教育实践由多方协同完成：①媒介素养联盟（AML），安大略省教育主管部门下属的官方协会，负责制定媒介素养课程；②教育主管部门，推行相关课程研究政策，使安大略省成为世界上第一个在每门核心英语/语言课程中强制要求进行媒体研究的教育管辖区；③学校和英语/语言课程教师。

资源协同。主要指课程资源的协同。网络技术、智能技术的发展为资源共享、协同提供了更多的机会。国家级平台、省级平台、校级平台甚至院级平台，都可以进行相应的资源共享。

方法协同。各种教育方法的协同。近年来中国高等教育的教学方法创新异彩纷呈，如翻转课堂、工作坊、暑期社会实践课等，都可以用于网络媒介素养教育。

第三节　教育理念与目标："四个适应"下的赋权

一　教育理念："四个适应"

目前无论是中小学还是大学的网络媒介素养教育，教育理念都还处于形成阶段。本研究认为教育理念须遵循"四个适应"。

（一）适应中国高等教育的人才培养总体目标

我国《高等教育法》第5条指出"高等教育的任务是培养具有社会责任感、创新精神和实践能力的高级专门人才"。国家教育委员会令和教育部令也规定了大学生应该具备的品质（见表9-1）。2017年颁布的第41号部令从宏观的家国情怀、政治觉悟到微观的个人科学文化知识学习、健康锻炼等进行了方向性说明。针对大学生的网络媒介素养教育也要遵循教育法律和法规。

表 9 - 1　我国《普通高校学生管理规定》三个版本中关于大学生的培养规定

部委令	施行时间	规定
国家教育委员会令第 7 号	1990 年 1 月 20 日	总则　第二条　高等学校的学生应当有坚定正确的政治方向，热爱社会主义祖国，拥护中国共产党的领导，努力学习马克思主义，积极参加社会实践，走与工农相结合的道路；应当具有为国家富强和人民富裕而艰苦奋斗的献身精神；应当遵守宪法、法规、校规校纪，有良好的道德品质和文明风尚；应当勤奋学习，努力掌握现代科学文化知识
教育部令第 21 号	2005 年 9 月 1 日	总则　第四条　高等学校学生应当努力学习马克思列宁主义、毛泽东思想、邓小平理论和"三个代表"重要思想，确立在中国共产党领导下走中国特色社会主义道路、实现中华民族伟大复兴的共同理想和坚定信念；应当树立爱国主义思想，具有团结统一、爱好和平、勤劳勇敢、自强不息的精神；应当遵守宪法、法律、法规，遵守公民道德规范，遵守《高等学校学生行为准则》，遵守学校管理制度，具有良好的道德品质和行为习惯；应当刻苦学习，勇于探索，积极实践，努力掌握现代科学文化知识和专业技能；应当积极锻炼身体，具有健康体魄
教育部令第 41 号	2017 年 9 月 1 日	总则　第四条　学生应当拥护中国共产党领导，努力学习马克思列宁主义、毛泽东思想、中国特色社会主义理论体系，深入学习习近平总书记系列重要讲话精神和治国理政新理念新思想新战略，坚定中国特色社会主义道路自信、理论自信、制度自信、文化自信，树立中国特色社会主义共同理想；应当树立爱国主义思想，具有团结统一、爱好和平、勤劳勇敢、自强不息的精神；应当增强法治观念，遵守宪法、法律、法规，遵守公民道德规范，遵守学校管理制度，具有良好的道德品质和行为习惯；应当刻苦学习，勇于探索，积极实践，努力掌握现代科学文化知识和专业技能；应当积极锻炼身体，增进身心健康，提高个人修养，培养审美情趣

（二）适应网络媒介素养教育培养特性

1. 与公民素养、信息素养有所区别地呼应

联合国教科文组织提出"媒介与信息素养"，意在融合各种与互联网、信息有关的素养，如信息素养、新闻素养、ICT 素养等。

本研究认为媒介素养与信息素养的区别源于"讯息"和信息的区别，二者的出发点和落脚点具有一定的区别。媒介素养关乎讯息的理解、生

产，它包裹着符号、历史、文化等诸多元素，它的出发点更贴近文化研究；信息素养偏于信息的检索、利用，它的出发点更偏向信息技术使用。媒介素养的落脚点是对事件、观点的独立思考和理性表达，信息素养的落脚点是信息如何更有效地服务人的生活和工作。

如今国际上影响力较大的媒介素养组织，如美国的媒介素养中心、全国媒介素养教育协会，加拿大的媒介素养联盟均没有将媒介素养"扩容"为"媒介与信息素养"，而且三家组织关于媒介素养定义、框架的表述中均频繁使用"message"，而鲜少使用"information"，可见，讯息是媒介素养的重要特点。

当然，信息素养和媒介素养也有一定的关联，信息检索、利用能力是任何一个网络使用者必须具备且不断强化的能力。媒介素养的提升离不开信息素养的培养。

另则，以公共传播能力为高阶能力的网络媒介素养的培养，离不开公民素养教育。公民素养是一种以平等为核心的文化素养、道德素养、法律素养、政治素养，包括文化、道德、法律、政治层面在内的多层面的习惯、行为、规范、知识等。[①] 对大学生来说，公民素养主要包括科学文化素养、法律素养、道德素养。[②] 公民素养旨在推动人与人、人与社会的良性关系建立和发展，在终极目的上与网络媒介素养具有高度的重合性，但内容、要求仍有较大区别，在教育实践中不可互相替代。

2. 实践性强

教育总体上包括教育理论和教育实践。教育的实践性自不待言，学者认为即便是教育理论，也具有很强的实践性。赫斯特就指出教育理论是一种"实践性理论"（practical theory），是"有关阐述和论证一系列实践活动的行动准则的理论"[③]。

除了学者所言的实践始源性，教育的实践性还受到它所涉及知识的属

---

① Nussbaum, M. C., "Patriotism and Cosmopolitanism," in Cohen, Joshua (ed.), *For Love of Country：Debating the Limits of Patriotism*（Boston：Beacon Press, 2006），pp. 2 – 20.

② 石清云、孙艳洁：《青年大学生优秀公民素养内涵、特征及提升路径研究》，《湖北社会科学》2015 年第 6 期。

③ 〔美〕赫斯特：《教育理论》，载瞿葆奎主编《教育与教育学》，人民教育出版社，1993，第 441 页。

性的影响。知识的属性总体上可以分为两类：哲学属性和实践属性。知识的哲学属性指的是知识的符号性、抽象化、模式化、潜在性、猜测性等。知识的实践属性指知识的层次性、局部性、默会性、流变性和传播性。①默会知识是一种隐性的只可意会不可言传的知识，具有意会性、个体性、情境性、非逻辑性、差异性等特征。②

无论是媒介素养教育还是网络媒介素养教育，其包含的知识既有哲学属性，又有实践属性，且总体上偏向后一种。受众或网民对内容的"探究""批判"，离不开教育者、媒介内容、教育对象组成的实践空间，在这种实践空间里，"综合、互动、反复练习"是获得传播技能的前提条件。③

（三）适应中国中小学媒介素养教育相对缺位的历史

在本次问卷调研中，19.90%的被调查对象"没听过"媒介素养，41.57%的被调查对象"听过但不了解"媒介素养。这种没听过、不了解的背后是媒介素养教育在中小学阶段和大学阶段的双重匮乏：在中小学阶段，没有接受过正式媒介素养教育的被调查大学生占比达36.45%，没有接受过如何看待网络、参与网络的正式教育或培训的调查对象占比达29.33%；在大学阶段（截至调研时间），没有接受过正式媒介素养教育的被调查大学生占比达21.76%；没有接受过如何看待网络、参与网络的正式教育或培训的调查对象占22.08%。

近年来，中小学阶段教育缺位问题，在政府和学校的努力下有所改善，如在教育部倡导创建的"安全教育平台"上不定期推出与网络信息安全、网络防诈骗相关的教学资源，融视频、游戏、作业于一体。近期上线的"国家中小学网络云平台"也有专题指导家长如何培养孩子的媒介素养。数字时代，网络媒介素养教育可以以更灵活、有效的方式展开，这是一个好的开始。

（四）适应中国国情

媒介素养教育的开展从来都不能照搬照抄，必须立足于本土发展出具

---

① 张新华、张飞：《"知识"概念及其涵义研究》，《图书情报工作》2013年第6期。

② 黄洪霖、石曼丽：《默会知识的发现及其教学论意蕴》，《福建基础教育研究》2020年第1期。

③ NAMLE, Journal Of Media Literacy Education, https://namle.net/journal-of-media-literacy-education/, 2021-7-22.

有文化特色的媒介素养教育理念。英美等西方国家出于对媒介负面影响的考量强调对学生批判思维的培养，希望学生能通过解构媒体正确处理信息，加拿大、澳大利亚等移民国家则是立足国内多元文化的背景，希望通过媒介素养教育缓解社会矛盾，增强对本国的文化认同感。中国是一个统一的多民族国家，崇尚儒家"仁"的思想，并将其融入社会主义核心价值观，成为各民族多元文化发展的指南，因此媒介素养教育要贯彻社会主义核心价值观，这是促进各民族共同发展，创造和谐社会环境的起点。

同时，西方国家凭借先进的媒介产品生产制作技术以及在世界占据极强优势的跨国传播集团，输出自己的文化。面对这种文化威胁，我国的媒介素养教育必须以社会主义核心价值观为中心培养学生的批判思维，帮助他们解构媒介产品背后所隐含的意识形态及传播目的。尤其在互联网时代，面对复杂的互联网环境和隐匿的传播主体，更要提升公众的辨别能力，建构正确的世界观、人生观、价值观，以责任和理性为根基，树立媒介权利意识，鼓励他们通过网络积极参与公共事务，培养他们形成独立健全的人格。

综合上述四个"适应"，我国大学生的网络媒介素养教育理念是探索出适合中国国情、符合高校人才培养目标、贴近大学生媒介素养教育现状、体现网络素养教育本质规律的具有中国特色的网络媒介素养教育之道。

二　教育目标："批判式赋权 + 公民赋权"

（一）教育模式演进历程与培养目标

媒介素养培养范式经历了"免疫—甄别—批判—赋权"的演进过程。免疫即视大众媒介为"下九流"的"带菌者"，媒介素养教育的职责是给公众打预防针，防止侵害。甄别强调提升公众对媒介内容的选择和辨别力。批判的重点在于加强受众对媒介文本（尤其是媒介暴力、色情等）的批判性解读能力。赋权的内涵则是参与式的社区行动。[①]

每一种培养范式的培养目标都有其特点：免疫模式是培养对大众媒体、大众文化的负面影响具有免疫能力的人；甄别模式是培养具有分辨能力、能够利用甚至享受媒体内容的人；批判模式是培养在大众媒体内容面前具有独

---

① 陆晔：《媒介素养的全球视野与中国语境》，《今传媒》2008 年第 2 期。

立思考能力的人；赋权模式是培养具有媒体内容创建能力的人。

（二）批判式赋权＋公民赋权：一种交融回旋向前的教育目标

本研究总体上也是在"赋权"模式下进行研究，同时吸收"批判模式"的优点，以及顺应公民参与的趋势和社会发展需求，可以说是一种"批判式赋权＋公民赋权"的统一。在此模式下，教育目标则是使大学生成为理性的思考者、网络媒介内容的"产消者"、有效的沟通者和积极的公民。

这一目标提法部分借鉴了美国全国媒介素养教育协会界定的培养目标，其相关描述为："使人们能够成为批判性的思考者和制造者、有效的传播者和积极的公民。"① 在这里，"使人们"英文对应的是"empowers people"，是通过赋权让培养对象成长。

1. 赋权

美国媒介素养中心明确提出其教育理念为"通过教育赋权"②。大学生公共传播行为研究的原点是赋权，落脚点也是赋权。技术赋权有助于实现福柯所说的大众权力，有利于推动社会资本的形成和"共惠"，最终推动社会的发展。教育目标的实现离不开赋权。

2. 批判与理性

这里将"批判的思考者"改为"理性的思考者"，是为了适应本土文化。在本土文化中，批判有世俗理解和学术理解两种，其世俗理解相当于批评、指出问题和错误，学术理解就是一种来自欧洲的哲学思维。批判注重人的内在尺度与物的外在尺度以及二者有机结合，注重人的尺度是人文精神，注重物的尺度是科学精神，批判是人文精神和科学精神的融合。③马克思的拜物教批判就从商品拜物教形成的生产方式根源（劳动表现为价值）、社会关系根源（人与人的关系表现为物与物的关系）进行剖析，④ 留给后人思考的是如何在尊重物的尺度的同时，维护人的尺度和主体性。霍

---

① 原文："Media literacy empowers people to be critical thinkers and makers, effective communicators, and active citizens." 见 NAMLE 官网。

② CML, Literacy for the 21st Century: An Overview & Orientation Guide To Media Literacy Education, http://www. medialit. org/sites/default/files/01a_mlkorientation_rev2_0, 2020 – 9 – 12.

③ 王成华：《何谓哲学的批判——诠说哲学的批判概念之涵义》，《湖南师范大学社会科学学报》2012 年第 5 期。

④ 孙熙国、毛菲：《论马克思商品拜物教批判的逻辑理路》，《理论学刊》2021 年第 4 期。

克海默、阿多诺、马尔库塞等关于文化工业和大众文化的批判，均可看作对马克思批判思维的沿承和创新。

在世俗生活中，哲学的批判给予人们的启示是一种理性的带有反思性的思维，对于网民来说，就是尽量保持理性，不轻信、不跟风，不被众人所言"带节奏"。本教育目标中的"理性"偏向康德的广义理性概念，即理性的逻辑推理能力，在外延上涵括所有高级认知、实践能力。[1]

3. 理性的思考者和网络媒介内容的产消者

思考者强调了理性思考的重要性。面对网络媒介内容，包括大学生在内的网民首先不应该是一个阅览者或参与者，而应该是一个理性的思考者，带着思考去实施媒介内容的消费和生产。所以，思考者在前，"产消者"在后。

4. 有效的沟通者和积极的公民

有效的沟通者指代这样的人：他们掌握了网络媒介文本的呈现规律，注意表达的技巧，提高沟通效果。比如在网络环境中，快速阅读和浅阅读成为常态，微博、微视频的出现既是对这种现象的迎应，又进一步强化了这种现象。简洁化、要点化、条理化是网络表达的基本要求。

积极的公民指出了有效沟通的高阶价值，即成为"数字公民"（digital citizenship）[2]，推动公共协商和社会进步。不以成为积极的公民为高阶价值的参与，往往会陷入文本的粗制滥造和亚文化的群体狂欢。

第四节 教育主客体：多元协同

国内学者在总结他国媒介素养教育经验、对本土实践进行建议时，经常用的词（词组）包括但不限于"社会行动网络"[3]"体系（建构）"[4]

---

① 易晓波、曾英武：《康德"理性"概念的涵义》，《东南大学学报》（哲学社会科学版）2009 年第 4 期。

② von Gillern, Sam, et al. , "Digital Citizenship, Media Literacy, and the ACTS Framework," *the Reading Teacher* 2（2022）：145 – 158.

③ 杨秀、张林：《比利时媒介素养教育政策的演进、特征与实践——基于行动者网络理论的分析》，《新闻界》2023 年第 4 期。

④ 管璘、宫承波：《"动态素养"模型：欧美网络素养教育新动向》，《当代传播》2022 年第 3 期。

"多方参与"①。多元主体参与并形成协同效应，是有效开展媒介素养教育的基础性条件。

一 教育主体：政府部门

综观世界上媒介素养教育发展领先的几个国家，其成功在全国范围内实施媒介素养教育并形成完善的教育体系，无一不与政府的大力支持密切相关，政府起到"保驾护航"的作用。②

加拿大联邦政府每年设立专项款支持反映多元文化的影视宣传作品，设立公营媒体CBC，保证加拿大本地节目播放的时长，努力打破种群文化的界限，抵制美国文化的入侵，并与其他组织合作积极开发教育资源。加拿大安大略省媒介素养教育的成果显著，离不开教育部门的大力支持，该省教育主管部门拥有官方性质的媒介素养联盟，并在媒介素养联盟的建议下，强制性要求学校在语言课程中加入媒介素养研究。英美等国政府也都很重视媒介素养教育的发展，资源政策向它倾斜，美国各州还根据当地的实际情况推进媒介素养教育的发展。英国通信管理局下设媒介素养办公室，2006年至今（2007年除外）每年发布英国成年人（16岁以上）媒介素养报告，提醒国人关注自己的媒介素养。媒介素养报告从早期简单的定量研究，发展为现在的定量与定性研究结合——既有一定规模的结构性数据采集，又有小样本定性分析。日本政府在财政上为媒介素养教育投入大量的资金，为学生提供完善先进的硬件、软件等学习设备，并加强学校的基础设施建设，提供良好的学习环境，在政策上也鼓励媒介素养教育的发展，如研究改进教育方法、开发教材等。对于我国来说，要想推动网络媒介素养教育的发展，更离不开政府的大力支持。没有政府的支持，媒介素养教育很难大规模推行，因为无论是教育者还是教育对象，都容易将之视为额外的付出甚至负担。

在网络教育平台日臻成熟的今天，政府支持的方式有两种。

（一）政策支持

近年来，以教育部为首，主要从高校辅导员队伍、班主任队伍、思政

---

① 蔡万刚：《发达国家青少年媒介教育的经验与启示》，《传媒》2023年第19期。
② 何新华：《新时代大学生媒介素养教育的误区及其思考》，《编辑学刊》2022年第4期。

课程教师队伍建设等方面加强高校大学生的德育教育（见表9－2），这有利于提升大学生的社会责任感和公民意识。目前辅导员队伍制度、班主任队伍制度的运行进入相对成熟的阶段，可以在此基础上将德育与媒介素养教育做进一步关联。按照媒介效果中的涵化理论，大学生日常高频度接触的网络信息，是形塑他们思想和价值观的重要介质，正确审视网络内容是德育的重要组成部分。

表9－2　与德育高度相关的教育部令

部令编号	施行时间	部令名称
教社政〔2005〕2号	2005年	教育部关于加强高等学校辅导员班主任队伍建设的意见
教育部令第24号	2006年9月1日	普通高等学校辅导员队伍建设规定
教育部令第43号	2017年10月1日	普通高等学校辅导员队伍建设规定
教育部令第46号	2020年3月1日	新时代高等学校思想政治理论课教师队伍建设规定

在德育教育体系较为成熟的高校系统里，从德育切入，与德育交融，不失为推进网络媒介素养教育的一个好方法。

（二）资金支持

资金是撬动教育改革的重要杠杆。以日本为例，日本政府专项经费支持的项目覆盖大学改革发展诸多领域。大学教育方面的专项有"大学教育质量提升推进项目""高质量大学教育推进项目""特色大学教育推进项目"等。教育再生政策实施以来，日本政府又设立了"大学教育再生战略推进费"，集中专项经费支持大学改革与发展。[①]

我国教育部通过各种项目计划促进大学生的成长，如产学合作协同育人项目、国家级大学生创新创业训练计划、国家虚拟仿真实验教学项目等。新工科、新医科、新农科、新文科理念提出后又联合其他部门推出了"'六卓越一拔尖'计划2.0"，并定期认定国家精品在线开放课程，以促进教育的优化和公平。

---

① 胡建华：《"教育再生"政策下的日本高等教育改革与发展》，《外国教育研究》2021年第2期。

目前教育部、中宣部等对网络媒介素养教育的支持主要体现在对学术项目的支持上，即以一定的经费支持学者研究，这也在客观上促进了教育学术研究的发展。建议政府部门在继续以资金支持学术研究的同时，加大对大学生网络媒介素养教育实践的支持力度，这不仅关乎此领域的学术研究得到的动态实践的滋养，更关乎大学生群体的网络媒介素养的提升和网络公共空间的构建。

资金支持的方式可以是专项资金，也可以是在现有项目中"划重点"，如鼓励高校申报与媒介素养有关的国家精品课程。

二 教育主体：高校

高校包含了教育中两大核心角色——教育工作者和受教育者。教育工作者扮演着重要的角色，他们有责任让学习者能够批判性地驾驭当今有问题甚至有害的媒体环境，"所有领域的教师都面临着教育能够批判性消费或产生媒体信息的敏感人群的挑战和责任"[1]。

（一）在校通识课程体系中加入网络媒介素养教育内容

近年来，在教育部倡导下，各大高校加强通识课建设，通识课从"隐性模式"走向"显性模式"。隐性模式即通识教育融入各类课程、学术活动，显性模式即直接单设相关通识课程。目前的通识课程体系包括传统文化传承类、人文社科类、身心健康类、语言与工具类、艺术与审美类、创新创业与就业指导类、自然科学类、法律与道德类等类别，体现了新文科、新工科、新农科、新医科下的学科融合和知识融合的创新思路。但囿于学分限制，通识课程的重要"竞争对手"——院平台课程和专业课程，占据了更多学分和学生的更多时间、精力。

对于高校来说，若想将通识课与网络媒介素养教育做有效关联，需要解决两个问题：其一，提高通识课的整体教育效果；其二，在通识课中有效融入网络媒介素养教育内容。2016年哈佛大学建立了新通识课程体系，其中通

---

[1] Dominguez, C., "Exploring Critical Awareness of Media and Teacher Education: An Experience with Colombian ELT Pre-Service Teachers," *Journal of Media Literacy Education* 11. 1 (2019): 32 – 51.

识教育必修分为四个模块：美学与文化（Aesthetic and Culture，AC）；历史、社会与个人（Histories，Societies，Individuals，HSI）；伦理与公民（Ethics and Civics，EC）；社会中的科技（Science and Technology in Society，STS）。[①]审美素养、历史意识、公民意识、科技素养无不与媒介素养密切相关。

通识课程中加入网络媒介素养教育内容的方式有两种。①单独开设网络媒介素养课程，选修或必修。国内个别高校已将网络媒介素养课程作为校级选修课。②将其融入现有通识课程中，尤其是融入人文社科类、艺术与审美类、法律与道德类课程等。

为了解大学生对网络媒介素养教育的接受度，我们在问卷调研中设计了相关问题（多选题），融入现有课程中学习的支持率最高（55.53%），高于线上独立课程学习（51.45%）和线下独立课程学习（45.6%）。可见，独立课程、融入课程的支持比例总体差别不大，正如一访谈对象所言，"主要看学到什么，是否有趣"。

（二）提高教师队伍的网络媒介素养

在本次访谈调研中，一些受访者谈到自己了解到某个公共话题是因为教师在课堂上提及。网络已经成为人们生活和学习的重要环境，教师在讲授专业知识的时候往往离不开案例分析，而案例的来源往往又离不开网络媒介内容。教师的信息源、呈现信息的方式、分析的角度都会对学生产生一定的影响。每一次网络公共话题的分析，就相当于一堂网络媒介素养教育实践课，必须利用好这样的机会。教师具备充分的网络媒介素养非常重要。

1. 职前教师培训

英美等国家非常重视职前教师的网络媒介素养培养，我国近年来总体上比较重视职前教师的培训，但鲜少将网络媒介素养纳入培训内容。

在职前教师培训和考核中加入网络媒介素养教育的内容，内容包括两块：①职前教师自身如何提高网络媒介素养；②职前教师今后在从教过程中如何指导、帮助学生提高相应素养。

[①]　谢鑫、王世岳、张红霞：《哈佛大学通识教育课程实施：历史、现状与启示》，《高等教育研究》2021年第3期。

2. 在职教师培训

培训内容同职前教师，培训方式上可以更加灵活，如外出进修、线上进修课程。在职教师有一定的教学经验，也能感受到网络媒介、教育、专业三者之间的关系，更容易从所教领域体会网络媒介素养教育的重要性和着眼点。

（三）发挥辅导员和班主任的作用

辅导员作为大学生生活学习的贴心师长，对大学生的一举一动、思想情况有较为全面的了解，更能有针对性地进行引导。

班主任制是近年来教育部为了加强对学生的专业辅导而设立的制度。与辅导员相比，班主任的优势是可以从本专业的角度为学生提供学习、就业方面的指导。

班主任要研究并回答学生的问题：

（1）本专业是什么？

（2）如何看待本专业与社会的关系？

（3）如何做一个体现专业价值的人？

这些问题的准确回答离不开班主任学术、道德两方面的修养。

（四）发挥高校社团、校媒的作用

社团不仅是高校校园里的一种非正式组织，更是一种文化载体。社团文化是校园文化的重要组成部分，在"培养人、塑造人、教育人"等方面发挥重要作用，[①] 新媒体的发展更有利于高校社团的运营与发展。一项对400 名大学生的调查结果显示，大学生对社团类型的兴趣从高到低，依次是文化艺术类、人文社会类、体育竞技类、科技创新类。不少大学生肯定社团带来的价值，如愉悦感、审美能力、合作精神、思维能力等。[②] 有学者认为社团文化是社会主义核心价值观培育的"实践高地"。[③]

校媒包括校报、广播电台、宣传栏、官网、官方微信、官方微博、官

---

① 周秋旭：《新媒体环境下加强高校社团文化建设的必要性》，《西南民族大学学报》（人文社会科学版）2012 年第 S2 期。

② 周鹏生：《大学生参与高校社团的动因与期望调查研究》，《民族高等教育研究》2021 年第 2 期。

③ 陈灿芬：《高校社团文化：大学生社会主义核心价值观培育的实践高地》，《社会科学家》2016 年第 3 期。

方抖音等，是社会了解高校的窗口，也是大学生感知媒体的平台。近年来一些高校团委着手运营"青年媒体运营中心"（简称"青媒"），负责统筹策划各项学生活动、反映各类学生呼声等网络新媒体工作，为学生提供了实践网络传播的机会。

高校要有针对性地引导社团和校媒，使其充满活力、知识和责任。

（五）以规则促进积极向上的社交媒体文化

社交媒体是大学生最常使用的媒体，无论是获取信息还是参与意见表达，社交媒体都是他们的重要甚至首选渠道。因此，高校鼓励积极向上的社交媒体文化非常重要。

针对大学生的社交媒体使用，一些美国高校采取"鼓励并指导使用"的态度。[①]

通用社交媒体使用准则。密歇根大学就"监测你的评论"进行指导："建议设置一个功能，请提前预览或同意读者发表的评论。这样你不仅可以及时回复，还可以删除一些垃圾评论或阻止那些持续骚扰和攻击你的人。"休斯敦大学建议："若有人在你的页面上发布了让你不高兴的内容，请务必礼貌对待，最好让自己冷静下来，稍后再回复。不要对发布内容的人怀有恶意。"

单个社交媒体使用准则。科罗拉多州立大学、堪萨斯州立大学针对Twitter、Facebook、博客等单个社交媒体制定使用准则。针对Twitter的使用，科罗拉多州立大学的准则指出：①最优设置你的Twitter页面，以确保被搜索到；②定制自己的主页，上传照片，简单介绍一下自己；③在Twitter上注册时，不得冒充他人，发布他人的私人或秘密信息，不得向他人发送垃圾信息、威胁恐吓信息或淫秽色情内容。

目前国内一些高校自己制定的新媒体使用准则主要是针对校媒的，如中国传媒大学《官方微博管理办法（试行）》、广东外语外贸大学的《官方微博、微信公众平台管理办法》；针对大学生如何使用网络媒体尤其是社交媒体缺乏相应的规则指导。社交媒体不是洪水猛兽，大学生如何使

---

① 袁薇佳：《差异·趋同·革新：中西方大学生网络交往研究》，中山大学出版社，2018，第207页。

用、利用社交媒体，需要高校积极、有效引导。

三 教育主体：社会组织

与媒介素养有关的社会组织，往往聚集了大量具有相关学术积累、实践经验或动员能力的人，能够为政府、高校教师、学生、家庭、媒体机构提供媒介素养专业知识和资源。

以美国两大相关组织为例。美国全国媒体素养教育协会作为一个专业协会，创办于1997年，由教育工作者、学者、活动家和学生组成，他们热衷于了解人们使用和创造的媒体如何影响人们的生活、社区和世界上其他人的生活，并为全国各地的课堂提供专业知识和资源。NAMLE拥有自己的媒体《媒介素养教育杂志》，组织两年一次的全国会议（2021年主题为"媒介素养 + 社会正义"），主办一年一度的美国媒介素养周。媒介素养周得益于加拿大媒介素养周的启发，其使命是突出媒体素养教育的力量及其在全国教育中的重要作用。美国媒介素养周通过将全国各地的数百个合作伙伴聚集在一起，呼吁人们关注媒体素养教育。截至2021年7月30日，NAMLE拥有6500多会员，82个机构合作伙伴（organizational partners），服务触达30多万名教育工作者。

另一个相关组织为"媒介素养中心"，它一直是美国媒体素养发展和实践的先驱力量。CML起源于 *Media&Values* 杂志，该杂志于1977年作为CML创始人伊丽莎白·托曼的研究生项目开始出版。CML为当地、全国和世界各地的媒体素养领域提供领导力、教师培训和实施计划、公共教育，以及教学资源的出版和分发。从CML 2002~2018年大事年表（见表9-3）中可以看出，CML在素养框架和课程研发、多元合作（与学校、NGO组织等）、知识传递（培训、咨询、研讨会、讲座等）等方面均取得一定的成绩。从2017~2018典型事件的罗列看，CML近年较为重视公民对话和公民参与。

表9-3 CML 2002~2018年大事年表与要点提炼

年份	活动	关键词提炼
2018	与"Connecticut Public's Think Along"计划合作，帮助学生批判性地思考媒体并进行相互尊重的公民对话	合作、学生、公民对话

续表

年份	活动	关键词提炼
2017~2018	与加州州立大学北岭分校及公共大学图书馆合作，帮助设计和实施社区参与项目，以展示服务学习和媒体素养如何共同促进公民参与	合作、公民参与
2016	设计并实施为期5天的媒体素养培训，使用基于证据框架开发的课程和相应方法培训教职员工和管理人员	培训
2015	帮助在洛杉矶组织了第一届全国媒体素养周庆祝活动，并接待了韩国新闻基金会代表团	合作、接待
2014	推出了基于项目的学习课程，采用基于网络资源的制作方法，称为早餐顿悟：借助媒体素养和早餐营养进行项目的学习	推出课程
2013	加州大学洛杉矶分校对CML框架和课程纵向评估的成果——"Beyond Blame：Challenging Violence in the Media"，发表在医学同行评审期刊《伤害预防》上，详细说明了学生的知识如何增加以及态度和行为如何受到积极影响	知识互动
2012	完成了全面的、基于系统的课程开发方法——一个名为"媒体素养：随时随地学习的系统"的工具包，并推出了其更新的、基于研究的中学课程和名为"Beyond"的暴力预防专业发展模块"责备：挑战媒体中的暴力行为"。此外，营养教育/媒体素养课程和专业发展模块"媒体素养：行动秘诀"在美国多个地点进行测试后发布	课程开发、测试、发布
2011	发布媒体素养之声项目，以第一人称采访了20位国际媒体素养先驱	历史梳理
近年*	为秘鲁利马的媒体素养倡导组织Medios Claros提供培训和实施咨询；到访韩国新闻基金会并为世界各地的组织提供研讨会和演讲活动	培训、咨询、研讨会、演讲
2007	推出了Questions/TIPS，这是一个用于解构和构建媒体讯息的新框架。Q/TIPS™是CML具有里程碑意义的著作《21世纪的素养：媒介素养教育概述和方向指南》（2008年出版）第二版的核心特色	教育框架发布
2002	推出CML MediaLit Kit™，这是一个用于媒体时代教学和学习的框架；CML MediaLit Kit™基于过去50年来媒体素养领域领先的学者和实践者的思想和著作	教育框架发布

＊依据CML官网说法和位置摆放。

CML为媒介素养教育提供了框架、知识和课程参考，在美国乃至国际上都具有一定的影响力。NAMLE依托杂志、会议、活动成为高活跃度的媒介素养组织。在我国，尚未出现如此专业且具有影响力的社会组织，这与中国 NGO 发展尚未进入成熟阶段有关，也与政府、学校、媒体和家长对媒介素养教育的重视度不高有关。

就知识生产和课程研发而言，仅仅依靠某一个学者或某一所高校的力量，很难完成系统的媒介素养知识体系梳理和课程体系构建。社会组织的重要优势是能够集结多方力量、多种优势，避免成员身份单一带来的弊端。

我国应在政府的倡导下，在高校和各种学术研究机构的协助下尽快建立具有全国辐射力的媒介素养组织，负责媒介素养的框架研究、课程开发、课程资源分发、培训、咨询甚至国际交流与合作。

四　教育主体：媒体机构

教育功能是媒体机构应该具备的重要功能之一。在新冠疫情期间，以中央电视台、《人民日报》为代表的中央级媒体，通过大量视频、文字作品告知公众"不信谣、不传谣"，从官方权威渠道获取疫情信息，这就是一次大规模的媒介素养教育。

目前开设新闻传播专业的各大高等院校，大多与当地官方媒体签订了实习实验合作协议。媒体人员与高校新闻传播院系的互动也较为频繁，传媒专家进入校园课堂为学生讲课，甚至成为常驻教师，负责相关理论或实践课程的教学。

媒体机构作为网络媒介素养教育的实践主体之一，可以从以下三方面着手实践：其一，配合政府部门制作关于媒介素养教育的资源、课程并进行发布；其二，走进大学，不仅走进新闻传播院系，更要走进大学的校通识课平台，一方面传授必要的传媒作品制作技能，另一方面提升大学生的社会责任感（为何发声、为谁发声）；其三，配合社会组织进行媒介素养的研究和教育。

五　教育主体：家庭

家庭是中小学生教育研究不可忽视的要素，而对大学生教育研究而言，"家庭因素"往往成了一个"自由选择项"。本研究发现大学生父母文化水平、家庭环境对大学生网络公共传播行为具有一定的影响。中国高等教育发展多年，教育累积效应渐显，具有高中以上学历的大学生父母占一定的比例，他们在子女的知识学习、兴趣拓展、为人处世方面均可提供一定的指导。过去，大学生的父母文化水平低，通信联络不便，子女上大学以后，父母很少参与子女的学习和成长。现在，高学历父母能够借助便利的通信手段，从专业学习、精神成长、社会交往等方面给子女一定的指导，他们是大学生网络媒介素养教育的重要力量。

教育主管部门、高校、媒体、社会组织应鼓励大学生的家长加入教育孩子的行列，共同为提高孩子的网络媒介素养服务。

六 教育客/主体：大学生

前文已经对大学生网络公共传播行为问题、原因及网络媒介素养教育现状做了分析，大学生作为教育客体的身份非常明显，易被忽略的是他们作为教育主体的身份。从"学习"发展的趋势看，21 世纪与 19～20 世纪的重要区别在于：19～20 世纪强调"内容掌握"，学生被看作"被动学习的容器"，21 世纪强调"过程技能"，学生被看作"积极的参与者和贡献者"（见表 9 - 4）。在美国媒介素养中心看来，媒介素养教育不仅是青少年适应网络、参与网络的必须，也是掌握 21 世纪学习技能的必须，因为网络已经成为大学生学习的重要环境、桥梁、资源。

表 9 - 4　19～20 世纪与 21 世纪学习的区别

19～20 世纪：内容掌握	21 世纪：过程技能
主要通过印刷品获取知识和信息（即"内容"），途径有限	通过互联网无限访问知识和信息（内容）
强调学习生活中可能会或可能不会用到的内容知识	强调终身学习的过程技能
目标是掌握内容知识（文学、历史、科学等）	目标是学习技能（访问、分析、评估、创造、参与）以解决问题
事实和信息由教师"灌输"给学生	教师使用基于探究过程的发现方法
使用钢笔墨水工具进行基于打印的信息分析	使用技术工具进行多媒体分析和协作
笔和纸，用于表达的文字处理	强大的多媒体技术工具，用于表达、沟通和传播
课堂有限的学习和传播，几乎没有合作	全球学习和联系，具有在全球范围内合作的能力

续表

19～20世纪：内容掌握	21世纪：过程技能
单一来源的教科书学习，主要是印刷媒体	使用技术工具从多个来源进行真实世界的实时学习
基于个人的概念学习	基于项目的团队学习
基于年龄的"锁定步骤"接触内容知识	灵活的个性化内容知识和流程技能
通过论文和测试证明掌握情况	通过多媒体展示掌握程度
教师选择和授课	教师拟定框架、进行指导
教师评估作业并分配成绩	学生学会设定标准并评估自己的工作
使用国家规定的学科领域教科书进行教学，几乎没有教学责任	按照国家教育标准进行教学，并进行问责制测试
学生是被动学习的容器	学生是积极的参与者和贡献者

资料来源：CML, Literacy for the 21st Century: An Overview & Orientation Guide To Media Literacy Education, http://www.medialit.org/sites/default/files/01a_mlkorientation_rev2_0.pdf, 2020 - 9 - 12。

第五节　教育内容：通用模块和专业模块互嵌

差异性是大学教育的重要特点。学校类别有差异，有工科学校、艺术学校、师范学校、综合类学校等。学校内部存在不同的学科类别和院系，综合类大学往往有几十个院系，上百个专业。因此，网络媒介素养教育的内容可以分为通用模块和专业模块。

一　通用模块的内容建设

通用模块主要指网络媒介素养的"通识"部分。所谓通识部分，就是所有大学生，无论什么专业，都需要了解的基本常识。无论是访问能力、分析能力、批判能力、创建能力还是参与能力，均需借助通用模块进行知识获取和技能训练。

访问、分析方面的知识与技能的教育强度或必要性，视大学生媒介素养情况而定。本次调研和其他学者的研究都表明，目前在校大学生中小学阶段的媒介素养教育是欠缺的。而且他们信息访问的渠道辨别能力和信息分析能力并不高，他们对这两种能力的自信心也不强，故大学生网络媒介素养教育仍然要把访问、分析能力作为重要的教育内容。随着中小学媒介素养教育实践推进，未来针对大学生的通用模块可能主要集中于批判、创建和参与方面的知识和技能教育。

二　专业模块的内容建设

专业模块指与大学生的专业有关的内容。大学生所学的专业是学科知识和社会职能分工结合的结果，即在知识上属于某个学科，在技能要求上服务某种社会分工。大学的专业设置本身就具有社会服务属性。专业模块的教育，就是要从公民视角思考专业正向行动对社会的价值，以及专业负向行动对社会产生的危害。

从专业出发，与专业结合，不仅体现了网络媒介素养教育的实践性，而且更易激发学生的公民意识和理性的公共参与。

例如，美国中西部一所研究型大学的"环境化学"课程就利用社区合作的方式提高学生的公民参与度和公共意见表达能力。在课程开展过程中，学生除了进行水质检测，还进行私人水井分析，撰写了多篇正式的反思论文，并就他们的项目结果进行了公开演讲，其中包括与社区合作伙伴的大量讨论实践。学校在学生提交的最终书面反思中评估了公民参与价值观的真实表达，以确定该课程对学生公民和专业身份的影响。

课程最终反思提示：

你在课程中学到了什么与你对［自然保护区］和环境的理解有关？

你帮助解决了哪些问题，从而增强了你作为公民科学家的作用？你是如何做到这一点的？

你在本课程中的经历如何影响你在社区中的角色？

你在本课程中实现了哪些个人、学术或职业目标？你在本课程中的经历是否影响了你对个人、学术或职业目标的思考？通过参加本课程，你将来是否更愿意利用你的科学技能来帮助解决你所在社区的问题？

结果显示，这种专业定制教育的益处如下：①社区内的身份确认；②对公民参与的承诺；③学术内容和服务之间的联系；④团队合作；⑤与社区合作伙伴的沟通。①

通用模块和专业模块见图9－1。

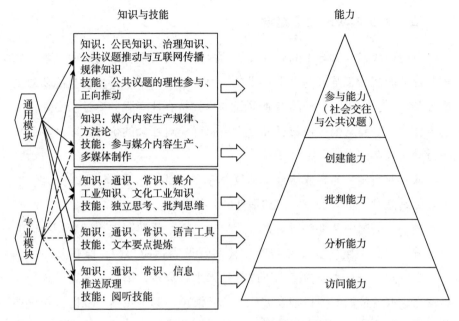

图9－1 教育内容的通用模块和专业模块

第六节 教育方式：多种方式互补

"探究"和"参与"是网络媒介素养的两大关键词。无论是探究还是参与，都意味着传统的灌输式教育不能满足其需求。

一 正式和非正式教育结合

学者进行了正式教育制度和非正式教育制度的区分：前者是正式组织机构制定的对人的教育行为产生规范与约束作用的规范的总称，具有强制性、稳定性，教育法律法规、规章是其重要形式；后者是没有经过正式组织机构制定（或制定但已废止），但现实中仍被自觉执行的对人们教育行

---

① McGowin, A. E., & Teed, R., "Increasing Expression of Civic-Engagement Values by Students in a Service-learning Chemistry Course," *Journal of Chemical Education* 96 (2019): 2158–2166.

为具有普遍影响、约束作用的价值观念、认知方式与行为规范，教育传统、习俗、观念、理念等是其重要形式，具有自发性、连续性。①

延续这种区分方法，正式教育就是高校或其他机构组织的带有强制性的教育，如课堂学习等。非正式教育就是不具有机构强制性的学习。

网络媒介素养教育的重要性决定了它应该成为正式教育的一部分；它的复杂性、多面性决定了它应该成为一种多教育主体参与的形式灵活的教育，这涉及如何激发大学生的学习兴趣和潜力问题。

二　线上与线下教育结合

2012 年 11 月 13 日，美国教育理事会（ACE）同意评估 Coursera 上由顶尖大学提供的数门课程，标志着慕课教育的开始。2012 年也被称为"慕课元年"。我国高等教育界也加快慕课建设，目前"爱课程"平台上已有数量可观的精品课程。有的省份（如浙江省）上线了省属课程平台。

笔者在"爱课程"平台上搜索"素养"（搜索时间：2021 年 7 月 23 日），搜索结果显示一门相关课程"信息素养与实践"（龚芙蓉，武汉大学），没有见到相关媒介素养课程。线上的教育资源尚需充实。

线下教育主要是课堂教育，但不是传统的课堂教育。对于网络媒介素养教育来说，凡是学生能够学到东西的地方都是课堂，它可能在社区，可能在广场，可能在媒体工作室。法国教育界探索出一种田野课程，它源自田野调查方法，旨在培养学生的经验研究能力、对过程性知识（savoir-faire）的把握，以及参与、改造社会的行动能力。

三　规模化教育和个性化教育结合

规模化教育是大众生产时代社会分工在教育上的反映，进入后现代社会，教育的个性化趋势日益明显。本次调研发现了大学生公共传播行为存在人口统计学上的差异，不同的性别、学校类别、长期居住地、父母文化水平，往往使大学生呈现出不同的信息获取行为。同时，不同的性别、学

---

① 苏君阳、王珊、阚维：《非正式教育制度与正式教育制度的冲突——基于我国当前教育改革实践的思考》，《北京师范大学学报》（社会科学版）2015 年第 4 期。

校类别，父亲的不同文化水平，往往呈现出不同的意见表达行为。例如，从长期居住地来看，来自经济文化较为发达地区的大学生，其信息获取行为比来自其他城市/县城，尤其是来自乡镇村庄的大学生更为活跃，他们也接受了更多的媒介素养教育。

　　大学生的群体共征是教育理念构建的原点，大学生的个体现状是教育实践的着眼点。网络媒介素养教育亦可借鉴目前其他领域的教育策略，先对大学生做一个网络媒介素养水平测试，进行级别分类，然后有针对性地开展教育，这样既有"再规模化"的规模效益，又契合大学生的实际素养水平。

结　语

21 世纪以来，技术更迭进入快车道，传播越来越计算化、智能化，学者们对社会化媒介及与之相关的媒介素养、媒介素养教育的讨论尚未告一段落，元宇宙、ChatGPT 及其携带的新传播景观、新社会问题已呼啸而至。大学生作为善于采纳新传播技术的群体，在新技术的浪潮中，如何自处、如何与他人相处、如何参与社会，甚至如何加入国际交流，又是新的研究领域。学者主张，用户在面对以 ChatGPT 为代表的人工智能时，应主动"升维"媒介素养①，发展"智能素养"②。

升维的前提是有积累、有基础，否则就是"建维"。在新技术及其带来的影响尚未明朗之前，夯实现阶段的媒介素养研究，推动媒介素养教育实践，不失为一种面向未来的重要的基础性工作。

本研究是在国家鼓励扩大参与，以及社会化媒体盛行的背景下考察大学生的网络公共传播行为。研究发现当代大学生对于公共信息的获取和意见表达活跃度均处于中低水平，且有较强的圈层限制，相比公共平台，他们更喜欢与好友熟人等在私密性较强的网络空间进行讨论。

在信息获取方面，他们大多通过娱乐社交应用的推送机制而非专业的新闻类应用获取新闻，但获取信息以后他们又会通过公众性更强的社交论坛来获取更为全面专业的信息内容及信息解读。

在意见表达方面，大学生虽然关心社会并认为自己具有相当的社会责

---

① 厉晓婷、王传领：《人工智能时代用户媒介素养的养成：机遇、挑战及应对策略》，《中国编辑》2023 年第 10 期。
② 彭兰：《智能素养：智能传播时代媒介素养的升级方向》，《山西大学学报》（哲学社会科学版）2023 年第 5 期。

任感，也会浏览关注社会公共信息，但其行为与意识存在偏离，表达动机中情绪推动占比大，公共参与低频且随机，点赞与转发是他们表达态度的主要途径，他们寄希望于"别人的发言"。

总而言之，信息获取的被动围观以及意见表达的自利性、浅层性是大学生参与网络公共传播最主要的问题。显然，大学生的网络公共参与水平还远远达不到能够帮助净化网络空间的标准，调查发现其低水平的网络参与意愿主要受以下因素影响。

公民意识："应然"强、"实然"弱。在宏观的公民意识上，大学生有正确的道德是非观以及作为公民的权利义务观，但这种公民身份认同缺乏深入的认知，往往不能做到知行合一，实践中存在道德的不确定性以及沉默旁观。

生存状态：学业压力和就业压力下的"忧思"自我。学业"内卷"以及新时代的就业焦虑激发了他们的功利主义惯性，他们大部分的精力和注意力都放在与自身密切相关的就业形势或政策相关内容上，对社会其他热点时政新闻关注较少。

网络文化感知：泛娱乐、狂欢、网络暴力。网络空间"泛娱乐化"现象突出，处于这种网络环境的大学生群体也肆意追求过度异化的泛娱乐，相比与公共利益相关的社会话题，他们更关注娱乐八卦，精神世界不断遭受着泛娱乐文化产品的蚕食，特别是"泛娱乐化"思潮具有明显的质疑国家权威、淡化意识形态、肢解民族精神、排斥政治话语的"非政治化"倾向，大范围长时间沉浸容易使大学生的价值观受到冲击，网络暴力也是制约大学生积极理性参与公共事务的主要因素。

网络媒介信息"产消"水平自评："原居民"的不自信。虽然占据道德和知识水平的优势，但相当数量的大学生对自己的信息搜集、分析、表达等相关能力表现出不自信。出于害怕自己了解信息不全面、发言水准不专业、发言观点不精彩等心理，他们往往很少主动对某一公共话题进行评论。

因此提升大学生公共传播水平的两个关键点在于真正增强其公民意识，以及真正提高其网络媒介内容"产消"能力和自我效能感，而二者均可通过媒介素养教育得到实现。立足中国媒介素养教育的现状、问题及成因，并通过借鉴他国的教育经验和实践，本研究提出构建有利于推动大学生公共传播能力发展的网络媒介素养教育体系。该体系系统梳理了涵括公共传播能力的网络媒介素养内涵及网络媒介素养教育框架体系，要求教育主客体多元协同，将教育内容的通用模块和专业模块互嵌，通过多种教育方式实现"四个适应"下对大学生的批判赋权和公民赋权。

诚然，就国内的媒介素养教育现状而言，其无论是在重视度、设施建设上还是在实践经验上都与发达国家和地区存在较大差距，要为年轻一代培养出较高的网络媒介素养和公共传播水平还有很长的路要走。但随着计算机、手机等智能媒体的发展，网络成瘾、网络依赖以及商业利益驱动产生的低俗淫秽内容对青少年产生的负面影响日益暴露，对青少年网络媒介素养教育的需求愈加迫切，我们需要"把西方国家持续了上百年甚至几百年的进程压缩在短短的数十年内完成"①，这无疑是一项巨大的挑战。

在此过程中，需要思考哪些环节可以压缩，哪些不可以压缩。目前学者对媒介素养的解读普遍走向多维化，这是对时代需求的及时回应，有其合理性。但媒介素养教育还是要从根基（访问能力、辨识能力、质疑能力）抓起，教育体系的构建也要遵循这一原则。技术在快速"颠覆""重构"，教育却需要慢慢堆叠、积累。

---

① 陆晔：《媒介素养的全球视野与中国语境》，《今传媒》2008 年第 2 期。

参考文献

一 中文文献

艾丽容：《新媒体对大学生的负面影响及其媒介素养教育对策研究》，《长江工程职业技术学院学报》2016 年第 3 期。

卜卫：《媒介教育与网络素养教育》，《家庭教育》2002 年第 11 期。

布超：《社交媒体环境下大学生网络参与的新动向及引导策略》，《思想理论教育》2018 年第 6 期。

曹浩文、杜育红：《人力资本视角下的技能：定义、分类与测量》，《现代教育管理》2015 年第 3 期。

蔡万刚：《发达国家青少年媒介教育的经验与启示》，《传媒》2023 年第 19 期。

曹荣瑞、江林新、廖圣清等：《上海市大学生网络使用状况调查报告》，《新闻记者》2012 年第 4 期。

曹荣瑞：《大学生网络素养培育研究》，上海交通大学出版社，2013。

巢乃鹏：《网络受众心理行为研究——一种信息查寻的研究范式》，新华出版社，2002。

车英、汤捷：《论加拿大传播媒介素养教育及其启示》，《武汉大学学报》（人文科学版）2007 年第 5 期。

陈灿芬：《高校社团文化：大学生社会主义核心价值观培育的实践高地》，《社会科学家》2016 年第 3 期。

陈钢：《父母在儿童网络素养教育中的角色分析》，《青少年研究（山东省团校学报）》2013 年第 3 期。

陈国华：《大学生网络公共参与现状调查与规范机制构建》，《理论与改革》2012 年第 5 期。

陈会昌：《道德发展心理学》，安徽教育出版社，2004。

陈洁瑜、安启元、陈泽伟等：《大学生压力管理与亚健康状态的相关性分析》，《中国健康教育》2018 年第 7 期。

陈彤旭：《国外青少年媒介素养教育综述》，《青年记者》2020 年第 2 期。

陈晓慧、袁磊：《美国中小学媒介素养教育的现状及启示》，《中国电化教育》2010 年第 9 期。

陈征微、刘德寰：《大学生网络参与影响因素研究——以北京地区 10 所高校为例》，《广告大观》（理论版）2016 年第 6 期。

成敏：《"互联网＋"时代的公共参与》，《中学政治教学参考》2017 年第 3 期。

崔利利：《公民网络参与对公共政策制定的影响》，《理论导刊》2010 年第 8 期。

崔一丹：《电视民生新闻的概念形成、现存问题及创新发展措施》，《声屏世界》2021 年第 1 期。

丁莞茹：《基于网络学习资源的大学生非正式学习行为研究》，硕士学位论文，江西师范大学，2019。

丁未、姚园园：《文化与科技融合下的青少年媒介素养教育》，《深圳大学学报》（人文社会科学版）2014 年第 2 期。

董纯才：《中国大百科全书·教育卷》，中国大百科全书出版社，1985。

董生：《浅析高校如何正确引导大学生网络政治参与》，《湖北科技学院学报》2015 年第 6 期。

杜瑞军、周廷勇、周作宇：《大学生能力模型建构：概念、坐标与原则》，《教育研究》2017 年第 6 期。

方亭、原盼红：《大学生网络政治参与行为问题与引导策略》，《东南传播》2016 年第 10 期。

方兴东、钟祥铭、彭筱军：《全球互联网 50 年：发展阶段与演进逻辑》，《新闻记者》2019 年第 7 期。

方增泉、祁雪晶、王佳鑫等：《基于学校主体的中外青少年网络素养教育实践探索》，《青年探索》2019 年第 4 期。

《社会学概论》编写组编《社会学概论》，天津人民出版社，1984。

风笑天：《社会研究：设计与写作》，中国人民大学出版社，2014。

冯刚：《互联网思维与思想政治教育创新发展》，《学校党建与思想教育》2018 年第 3 期。

冯建华：《公共传播：在观念与实践之间》，《现代传播（中国传媒大学学报）》2017 年第 7 期。

高昊：《日本广播电视机构媒介素养实践研究》，《新闻界》2012 年第 22 期。

高亚兵：《大学生心理健康教育》，浙江大学出版社，2018。

耿益群、刘燕梅：《美国 K-12 媒介素养教育课程及其特点分析》，《外国中小学教育》2012 年第 2 期。

龚梓坤、陈雅乔：《社交媒体用户与传统媒体受众间的比较研究》，《传媒论坛》2018 年第 16 期。

官笑涵：《大众传播理论中的受众地位变迁探析》，《传媒论坛》2021 年第 13 期。

郭瑾：《90 后大学生的社交媒体使用与公共参与——一项基于全国 12 所高校大学生调查数据的定量研究》，《黑龙江社会科学》2015 年第 1 期。

郭丽萍：《美国媒介素养教育发展述评》，《武汉理工大学学报》（社会科学版）2016 年第 1 期。

郭庆光：《传播学教程》，中国人民大学出版社，2006。

郭威、陈阳：《互联网革命、公民文化启蒙与大学教育》，《黑龙江教育（理论与实践）》2018 年第 Z1 期。

郭卫中：《选修独立式 + 必修融合式：英国英格兰地区中学媒介素养教育课程的两种形式》，《上海教育》2013 年第 20 期。

韩琭、董晓珍：《数字经济与公众参与治霾行为：影响机理及实证检验》，《山东财经大学学报》2021 年第 3 期。

韩姝、吕米玄：《大学生对热点新闻的网络参与行为研究——以江歌案为例》，《重庆电子工程职业学院学报》2018 年第 5 期。

何江斐：《我国网络反腐制度化问题研究》，硕士学位论文，郑州大学，2016。

何伟：《新时代我国大学生公民意识现状及培育路径探析》，《青年与社会》2020 年第 20 期。

胡百精、杨奕：《公共传播研究的基本问题与传播学范式创新》，《国际新闻界》2016 年第 3 期。

胡建华：《"教育再生"政策下的日本高等教育改革与发展》，《外国教育研究》2021 年第 2 期。

胡翼青、郭静：《自律与他律：理解媒介化社会的第三条路径》，《湖南师范大学社会科学学报》2019 年第 6 期。

胡余波、潘中祥、范俊强：《新时期大学生网络素养存在的问题与对策——基于浙江省部分高校的调查研究》，《高等教育研究》2018 年第 5 期。

户晓坤：《新媒介公共文化空间建构与青年学生公共精神培育》，《思想理论教育》2017 年第 8 期。

黄楚新：《破除"信息茧房"，不以流量论英雄 重塑新媒体时代的吸引法则》，《思想教育研究》2018 年第 17 期。

黄洪霖、石曼丽：《默会知识的发现及其教学论意蕴》，《福建基础教育研究》2020 年第 1 期。

黄少华、郝强：《社会信任对网络公民参与的影响——以大学生网民为例》，《兰州大学学报》（社会科学版）2016 年第 2 期。

黄桃园、李朝、金小沫：《网络新媒体在医院文化建设中的应用》，《现代医院》2021 年第 7 期。

季静：《大学生网络媒介素养教育目标探寻》，《江苏高教》2018 年第 7 期。

〔日〕加藤隆则：《日本新闻教育的困境与探索——超越企业内 OJT 推动媒介素养教育》，《青年记者》2020 年第 25 期。

江小平：《公共传播学》，《国外社会科学》1994 年第 7 期。

蒋晓丽：《信息全球化时代中国网络媒介素养教育的生成意义及特定原则》，《新闻界》2004 年第 5 期。

景天成：《媒介素养教育的范式与内容研究》，《新闻传播》2014 年第 5 期。

静恩英：《网络围观的界定及特征分析》，《新闻爱好者》2011 年第 16 期。

孔维琛：《赋权理论视角下的邻避运动与抗争传播——以番禺事件为例》，硕士学位论文，中国青年政治学院，2015。

乐华斌、杨雅云：《媒体深度融合背景下大学生媒介素养教育的路径探析》，《传媒》2022 年第 23 期。

李尧：《媒介素养教育西安本土化路径探究——基于案例教学的视角》，《今传媒》2016 年第 4 期。

李彬：《传播学引论》（增补版），新华出版社，2003。

李斌：《网络政治学导论》，中国社会科学出版社，2006。

李大芳、白庆华：《国内网络参与研究文献综述》，《图书与情报》2012 年第 3 期。

李德顺：《价值学大词典》，中国人民大学出版社，1995。

李江：《中国互联网早期发展中互联网创新能力的溯源与探究》，硕士学位论文，浙江传媒学院，2015。

李敬：《传播学视域中的福柯：权力，知识与交往关系》，《国际新闻界》2013 年第 2 期。

李琨：《传播学定性研究方法》（第 2 版），北京大学出版社，2016。

李瑞福：《"互联网＋"时代公共参与的教育引导》，《中学政治教学参考》2018 年第 19 期。

李杉：《新媒体时代"90 后"大学生媒介素养教育探究》，《思想战线》2011 年第 S2 期。

李廷军：《从抵制到参与——西方媒体素养教育的流变及启示》，博士学位论文，华中师范大学，2011。

李炜炜、袁军：《融合视角下媒介素养演进研究：从 1G 到 5G》，《现代传播（中国传媒大学学报）》2019 年第 9 期。

李先锋、董小玉：《澳大利亚的媒介素养教育及启示》，《教育学报》2012 年第 3 期。

李心怡：《"后真相"现象中作为接收者与生产者的互联网用户》，《声屏世界》2020 年第 22 期。

李雪丽：《青年农民工的新媒体使用与公共事务参与——基于富士康的田

野调查》，硕士学位论文，郑州大学，2019。

李彦军：《试论大学生主体意识的内涵及其培养意义》，《科学大众》2008
年第 5 期。

李燕、袁逸佳、陈艺贞：《"互联网＋"时代大学生网络素养提升的多维路
径探析》，《黑龙江教育（高教研究与评估)》2016 年第 3 期。

李颖：《从技术与社会的互动中看当前新媒体技术的发展——以 5G 和人工
智能技术为例》，《中国传媒科技》2021 年第 6 期。

李莹：《我国媒介素养研究分析与展望》，《青年记者》2023 年第 4 期。

李沅倚：《新媒介依存症：从"电视人"到"网络人"、"手机人"》，《重
庆邮电大学学报》（社会科学版）2013 年第 4 期。

厉晓婷、王传领：《人工智能时代用户媒介素养的养成：机遇、挑战及应
对策略》，《中国编辑》2023 年第 10 期。

廖圣清、易红发：《大学生 APP 使用状况调查——基于上海的实证研究》，
《暨南学报》（哲学社会科学版）2016 年第 3 期。

林子斌：《英国媒体教育之发展及其在义务教育课程中的角色》，《当代教
育研究》2005 年第 3 期。

刘白杨、姚亚平：《"泛娱乐化"思潮下大学生党史教育研究》，《思想教
育研究》2017 年第 9 期。

刘海龙：《中国语境下"传播"概念的演变及意义》，《新闻与传播研究》
2014 年第 8 期。

刘嘉娣：《微信朋友圈互动研究——基于社会资本理论的视角》，硕士学位
论文，暨南大学，2016。

刘津池、都月：《对英国媒介教育"保护主义"的诊断与超越——大卫·
帕金翰的媒介教育思想及其启示》，《外国教育研究》2011 年第
12 期。

刘君荣、信莉丽：《社会化媒体环境下受众应对信息风险的路径——基于
媒介素养教育的研究视角》，《现代传播（中国传媒大学学报)》2015
年第 3 期。

刘俊峰：《网络时代大学生公共参与的思想政治教育研究》，博士学位论
文，东北师范大学，2014。

刘林、梅强、吴金南：《大学生网络闲逛行为：本土量表、现状评价及干预对策》，《高校教育管理》2019 年第 3 期。

刘霖杰、董钊敏、崔晶：《新媒体环境下大学生公共参与的思想政治教育研究》，《教育现代化》2017 年第 47 期。

刘硕：《新时代国家治理现代化的省思》，《社会科学战线》2018 年第 4 期。

刘晓敏：《美国媒介素养教育的发展、实施及其经验》，《外国教育研究》2012 年第 12 期。

刘学、耿曙：《互联网与公共参与——基于工具变量的因果推论》，《社会发展研究》2016 年第 3 期。

刘燕南：《从"受众"到"后受众"：媒介演进与受众变迁》，《新闻与写作》2019 年第 3 期。

卢锋，丁雪阳：《文化向度的国际媒介素养教育考察》，《现代传播（中国传媒大学学报）》2016 年第 8 期。

卢锋、张舒予：《论媒介素养教育的逻辑起点》，《教育评论》2010 年第 4 期。

卢维林：《基于媒介发展史角度的手机媒体探讨》，《东南传播》2011 年第 2 期。

陆璐：《全媒体时代受众角色的变迁研究》，《新闻研究导刊》2022 年第 9 期。

陆洋：《人的社会化：自我控制的社会生成和心理生成》，《西南民族大学学报》（人文社科版）2017 年第 5 期。

陆晔：《媒介素养的全球视野与中国语境》，《今传媒》2008 年第 2 期。

陆育红：《浅谈雷蒙德·威廉姆斯的文化研究——开启异彩纷呈的文化研究的大门》，《海外英语》2016 年第 14 期。

逯静怡：《大学生网络公共参与现状及对策研究》，硕士学位论文，河北大学，2020。

路葵：《大学生网络非理性行为探析》，《当代青年研究》2014 年第 2 期。

罗雁飞、聂培艺：《浅析算法推荐对网络公共参与的负面影响》，《科技传播》2020 年第 10 期。

罗雁飞:《媒介素养研究核心议题:基于 CSSCI 期刊关键词网络分析》,《中国出版》2021 年第 2 期。

罗雁飞:《媒介信息接收素养:算法推荐背景下媒介素养的新维度》,《传播力研究》2020 年第 2 期。

吕萍、杨美谕:《泛媒体时代日本的媒介素养教育与文化》,《东北师大学报》(哲学社会科学版) 2014 年第 6 期。

吕潇湘:《网络背景下当代大学生公共政策参与现状分析与对策研究——以南京农业大学为例》,《读书文摘》2015 年第 8 期。

马得勇:《2018 年网民社会意识调查——网民时事与态度调查 (2018 - 2)》,http://www.cnsda.org/index.php? r = projects/view&id =83249950。

马飞峰、倪勇:《媒介化生存的社会学反思》,《青年记者》2017 年第 8 期。

马红:《人的社会化视角下大学生公民意识的培育》,《中国成人教育》2013 年第 11 期。

马建苓、刘畅:《错失恐惧对大学生社交网络成瘾的影响:社交网络整合性使用与社交网络支持的中介作用》,《心理发展与教育》2019 年第 5 期。

马钰:《解读互联网发展的新阶段:Web2.0》,《新疆财经学院学报》2007 年第 3 期。

毛新青:《青少年网络媒介素养教育的内涵》,《当代教育科学》2011 年第 21 期。

闵大洪:《从边缘媒体到主流媒体——中国网络媒体 20 年发展回顾》,《新闻与写作》2014 年第 3 期。

穆建亚:《大学生网络公民教育:意义、内容与路径》,《中国电化教育》2015 年第 3 期。

潘洁:《澳大利亚跨文化媒介素养教育研究》,《现代传播 (中国传媒大学学报)》2010 年第 9 期。

彭聃龄:《普通心理学》(修订版),北京师范大学出版社,2004。

彭兰:《社会化媒体时代的三种媒介素养及其关系》,《上海师范大学学报》(哲学社会科学版) 2013 年第 3 期。

彭兰:《中国网络媒体的第一个十年》,清华大学出版社,2005。

彭兰:《智能素养:智能传播时代媒介素养的升级方向》,《山西大学学报》(哲学社会科学版)2023年第5期。

彭榕:《"场"视角下的中国青年网络参与》,《中国青年研究》2012年第5期。

彭艺美:《日本媒介素养教育研究》,硕士学位论文,东北师范大学,2013。

裘涵、虞伟业:《日本媒介素养探究与借鉴》,《现代传播(中国传媒大学学报)》2007年第5期。

人社部:《人社部发布2020年就业数据 全年城镇新增就业1186万人》,"央广网"百家号,https://baijiahao.baidu.com/s? id = 1692758831054958611&wfr = spider&for = pc。

任苒:《中国网络公民文化的现状、困境与路径选择——以2016年三起网络热议事件为切入点》,《贵州省党校学报》2017年第2期。

任世秀:《大学生适应性对手机媒体使用偏好的影响》,硕士学位论文,天津师范大学,2021。

尚琼琼:《SNS与网络时代大学生媒介素养教育探析》,《青年记者》2010年第11期。

邵文静、张夏雨:《智能时代下人与技术的关系——从"媒介即人的延伸"到"赛博人"》,《视听》2020年第12期。

师曾志:《公共传播视野下的中国公民社会的发展以及媒体的角色——以汶川地震灾后救援重建为例》,《传奇·传记文学选刊(理论研究)》2009年第1期。

师静、赵金:《欧美国家媒介素养的数字化转变》,《新闻与写作》2016年第7期。

师静:《美国的数字媒介素养教育》,《青年记者》2014年第7期。

石清云、孙艳洁:《青年大学生优秀公民素养内涵、特征及提升路径研究》,《湖北社会科学》2015年第6期。

石长顺、石永军:《论新兴媒体时代的公共传播》,《现代传播(中国传媒大学学报)》2007年第4期。

时晨晨：《加拿大安大略省 11 年级媒介研究课程简介》，《课程·教材·教法》2014 年第 1 期。

史安斌：《新闻发布机制的理论化和专业化：一个公共传播视角》，《对外大传播》2004 年第 10 期。

宋欢迎、张旭阳：《多媒体时代中国大学生媒介信任研究——基于全国 103 所高校的实证调查分析》，《新闻记者》2016 年第 6 期。

苏君阳、王珊、阚维：《非正式教育制度与正式教育制度的冲突——基于我国当前教育改革实践的思考》，《北京师范大学学报》（社会科学版）2015 年第 4 期。

孙大为：《当代大学生网络民主参与特征实证研究》，《思想理论教育导刊》2012 年第 12 期。

孙国峰、伊永洁：《网络视阈下大学生的政治参与》，《当代青年研究》2017 年第 5 期。

孙婧、周金梦：《英国媒介研究课的特点及启示——基于英国最新〈GCSE媒介研究课程标准〉与评估框架的分析》，《比较教育研究》2020 年第 2 期。

孙熙国、毛菲：《论马克思商品拜物教批判的逻辑理路》，《理论学刊》2021 年第 4 期。

汤广全：《"信息茧房"视阈下大学生思维品质的培养和塑造》，《当代青年研究》2018 年第 2 期。

唐海涛：《我国大学生网络媒介素养教育现状及实施途径探析》，《新闻知识》2010 年第 6 期。

童兵：《媒介化社会新闻传媒的使用与管理》，《新闻爱好者》2012 年第 21 期。

童佩珊、卢海阳：《互联网使用是否给政府公共关系带来挑战？——基于政府绩效评价和非制度化参与视角》，《公共管理与政策评论》2020 年第 4 期。

王宝权：《论大学生网络自主批判能力的培养——以博客平台为例》，《教育探索》2011 年第 5 期。

王成华：《何谓哲学的批判——诠说哲学的批判概念之涵义》，《湖南师范大学社会科学学报》2012 年第 5 期。

王贵斌、于杨：《国际互联网媒介素养研究知识图谱》，《现代传播（中国传媒大学学报)》2018 年第 7 期。

王国华：《互联网背景下中国国家治理的新挑战》，《华中科技大学学报》（社会科学版）2014 年第 4 期。

王海英：《在"教育理论脱离实践"的背后——一种社会学的追问》，《湖南师范大学教育科学学报》2005 年第 5 期。

王建虎、于影丽：《网络公民的诞生及其培育》，《继续教育研究》2015 年第 10 期。

王建亚、张雅洁、程慧平：《大学生手机短视频过度使用行为影响因素研究》，《图书馆学研究》2020 年第 13 期。

王金秀：《英国 AQA A level 媒介研究课程内容及特色分析》，《现代教育技术》2008 年第 9 期。

王菁：《呈现与建构：大学生微博政治参与和国家认同——基于全国部分高校和大学生微博的分析》，《中国青年研究》2019 年第 7 期。

王静：《浅谈大学生自由意识的培养》，《长春教育学院学报》2011 年第 1 期。

王楠、官钦浩：《微博"热搜"与当代青年的共同建设研究》，《山西青年职业学院学报》2021 年第 1 期。

王思斌：《社会学教程》，北京大学出版社，2010。

王文静：《数字环境下网民媒介素养的缺失及培育路径——基于谣言传播与网络暴力的思考》，《声屏世界》2021 年第 8 期。

王文科、赵莉：《美国媒介素养运动的发展和启示》，《中国广播电视学刊》2007 年第 5 期。

王锡苓、孙莉、祖昊：《发展传播学研究的"赋权"理论探析》，《今传媒》2012 年第 4 期。

王雁、王鸿、谢晨等：《大学生网络政治参与：认知与行为的现状分析与探讨——以浙江 10 所高校为例的实证研究》，《浙江社会科学》2013 年第 5 期。

王瑶琦：《媒介环境学派与技术决定论关系辨析》，《记者摇篮》2021 年第 7 期。

王卓玉、李春雷：《加拿大媒介素养教育的发展模式及其启示》，《现代远距离教育》2010 年第 5 期。

韦路、李锦容：《网络时代的知识生产与政治参与》，《当代传播》2012 年第 4 期。

魏宏森、曾国屏：《系统论》，清华大学出版社，1995。

魏永秀：《网络媒介素养教育的意义及方法》，《新闻界》2011 年第 8 期。

魏骊臻、刘剑虹：《从能力到信仰：我国高校媒介素养教育的价值迭变》，《中国高等教育》2022 年第 24 期。

吴飞：《公共传播研究的社会价值与学术意义探析》，《南京社会科学》2012 年第 5 期。

吴康宁：《何种教育理论？如何联系教育实践？——"教育理论联系教育实践"问题再审思》，《南京师大学报》（社会科学版）2019 年第 1 期。

吴明隆：《问卷统计分析实务——SPSS 操作与应用》，重庆大学出版社，2010。

吴庆：《中国青年网络公共参与的历史发展、本质及启示》，《网络时代的青少年和青少年工作研究报告——第六届中国青少年发展论坛暨中国青少年研究会优秀论文集（2010）》，中国青年政治学院，2010。

吴淑娟：《信息素养和媒介素养教育的融合途径——联合国"媒介信息素养"的启示》，《图书情报工作》2016 年第 3 期。

吴先超、陈修平：《人格特质在网络政治参与中的作用研究——基于武汉市大学生的问卷调查分析》，《华中科技大学学报》（社会科学版）2019 年第 5 期。

武文颖：《大学生网络素养对网络沉迷的影响研究》，科学出版社，2017。

伍永花：《本土化视域下大学生媒介素养教育模式建构》，《青年记者》2022 年第 22 期。

夏天静、钱正武：《大学生网络媒介素养的现状及其提升途径——以常州某高校为例》，《黑龙江高教研究》2011 年第 10 期。

肖峰：《技术的返魅》，《科学技术与辩证法》2003 年第 4 期。

肖计划：《论学校教育与青少年社会化》，《暨南学报》（哲学社会科学）1996 年第 4 期。

肖凯：《大学生网络政治参与行为及其影响因素研究——基于武汉地区部分高校实证调查》，硕士学位论文，华中农业大学，2014。

肖婉、张舒予：《加拿大反网络欺凌媒介素养课程个案研究与启示——基于"网络欺凌：鼓励道德的在线行为"课程的分析》，《外国中小学教育》2016 年第 9 期。

谢小红：《新媒体冲击下日本新闻传播教育的坚守与变革》，《出版广角》2016 年第 2 期。

谢鑫、王世岳、张红霞：《哈佛大学通识教育课程实施：历史、现状与启示》，《高等教育研究》2021 年第 3 期。

邢瑶：《大学生网络媒介素养教育的现状、问题与对策》，《传媒》2017 年第 6 期。

熊澄宇、廖毅文：《新媒体——伊拉克战争中的达摩克利斯之剑》，《中国记者》2003 年第 5 期。

熊钰、赵晨、石立春：《大学生网络素养教育的内容与路径》，《高校辅导员》2017 年第 4 期。

徐晓燕：《大学生网络公共参与的教育引导研究》，硕士学位论文，浙江理工大学，2017。

许欢、尚闻一：《美国、欧洲、日本、中国数字素养培养模式发展述评》，《图书情报工作》2017 年第 26 期。

许玉镇、肖成俊：《网络言论失范及其多中心治理》，《当代法学》2016 年第 3 期。

薛冰：《网络公民参与与公共政策的制定》，《学习论坛》2010 年第 2 期。

杨光宗、刘钰婧：《从"受众"到"用户"：历史、现实与未来》，《现代传播（中国传媒大学学报)》2017 年第 7 期。

杨晶：《政治信息网络传播的受众困境与出路》，《新闻界》2016 年第 10 期。

杨梦斯：《网络新媒体时代公民媒介素养问题研究》，《西部学刊》2016 年第 7 期。

杨维东：《"90 后"大学生的网络媒介素养与价值取向》，《重庆社会科学》
　　2013 年第 4 期。

杨维东：《浅议互联网时代的媒介信任——基于"网民互联网信息信任度
　　调查"的分析》，《传媒》2015 年第 20 期。

杨秀、张林：《比利时媒介素养教育政策的演进、特征与实践——基于行
　　动者网络理论的分析》，《新闻界》2023 年第 4 期。

姚进凤：《英国媒介素养教育对我国青少年教育的启示》，《教学与管理》
　　2010 年第 21 期。

易晓波、曾英武：《康德"理性"概念的涵义》，《东南大学学报》（哲学
　　社会科学版）2009 年第 4 期。

阴卫芝：《技术"裹挟"下的媒介伦理反思》，《新闻与写作》2019 年第
　　4 期。

尹文嘉、王惠琴：《社会治理创新视域下的公众参与：能力、意愿及形式》，
　　《广西师范学院学报》（哲学社会科学版）2014 年第 2 期。

于朝晖：《第六届世界互联网大会在浙江乌镇召开》，《网信军民融合》
　　2019 年第 11 期。

余惠琼、谭明刚：《论青少年网络媒介素养教育》，《中国青年研究》2008
　　年第 7 期。

余清臣：《教育理论的实践化改造：基于人性假设的组合》，《教育科学研
　　究》2018 年第 10 期。

余越：《参与式文化下高校学生网络媒介素养教育探究》，《学校党建与思
　　想教育》2015 年第 24 期。

俞冰、杨帆、许庆豫：《高校学生公民身份教育效果的环境影响因素》，
　　《清华大学教育研究》2017 年第 3 期。

俞可平：《公民参与的几个理论问题》，《学习时报》2006 年 12 月 18 日，
　　第 5 版。

虞鑫、王义鹏：《社交网络环境下的大学生公开意见表达影响因素研究》，
　　《中国青年研究》2014 年第 10 期。

喻国明、赵睿：《网络素养：概念演进、基本内涵及养成的操作性逻辑——

试论习总书记关于"培育中国好网民"的理论基础》,《新闻战线》 2017 年第 3 期。

喻国明:《大众媒介公信力理论初探(上)——兼论我国大众媒介公信力 的现状与问题》,《新闻与写作》2005 年第 1 期。

喻国明:《大众媒介公信力理论初探(下)——兼论我国大众媒介公信力 的现状与问题》,《新闻与写作》2005 年第 2 期。

袁利平、王垚赟:《芬兰媒介素养教育政策的整体框架与逻辑理路》,《现 代传播(中国传媒大学学报)》2021 年第 5 期。

袁薇佳:《差异·趋同·革新:中西方大学生网络交往研究》,中山大学出 版社,2018。

曾凡斌:《我国媒介素养教育的理念反思》,《中国广播电视学刊》2006 年 第 6 期。

曾美霞、张新明:《大学生网络媒介素养及教育策略研究》,《现代远距离 教育》2007 年第 1 期。

曾维华、王云兰:《立德树人:新时代高校思想政治理论课的使命与责 任》,《学术探索》2021 年第 2 期。

詹斌:《当代青年大学生网络政治参与行为及其影响因素研究》,《才智》 2018 年第 25 期。

张波:《新媒介赋权及其关联效应》,《重庆社会科学》2014 年第 11 期。

张骋:《是"媒介即讯息",不是"媒介即信息":从符号学视角重新理解 麦克卢汉的经典理论》,《新闻界》2017 年第 10 期。

张鼎昆、方俐洛、凌文辁:《自我效能感的理论及研究现状》,《心理学动 态》1999 年第 1 期。

张铤:《大学生网络政治参与的现状与对策》,《中州学刊》2015 年第 8 期。

张帆、彭宗祥:《研究生网络围观参与特征及引导对策研究》,《东华大学 学报》(社会科学版)2014 年第 4 期。

张海波:《广东省中小学生网络安全及媒介素养教育研究和探索实践》, 《中国信息安全》2019 年第 10 期。

张开:《媒体素养教育在信息时代》,《现代传播》2003 年第 1 期。

张莉：《中国互联网发展进入万物互联新阶段》，《中国对外贸易》2019 年第 8 期。

张凌：《公共信息接触如何影响不同类型的政治参与——政治讨论的中介效应》，《国际新闻界》2018 年第 10 期。

张人杰、王卫东：《二十世纪教育学名家名著》，广东高等教育出版社，2002。

张涛甫：《媒介化社会语境下的舆论表达》，《现代传播（中国传媒大学学报）》2006 年第 5 期。

张新华、张飞：《"知识"概念及其涵义研究》，《图书情报工作》2013 年第 6 期。

张延芳、吴蕾：《网络围观视角下 80 后青年思想政治教育研究》，《理论观察》2011 年第 5 期。

张艳秋：《加拿大媒介素养教育透析》，《现代传播》2004 年第 3 期。

张毅、张志安：《加拿大未成年人媒介素养教育初探》，《新闻记者》2005 年第 3 期。

张毅、张志安：《美国媒介素养教育的特色与经验》，《新闻记者》2007 年第 10 期。

张玉璞：《基于社会资本理论的上海外卖员移动媒体使用效果研究》，硕士学位论文，上海理工大学，2018。

张志安、沈国麟：《媒介素养：一个亟待重视的全民教育课题——对中国大陆媒介素养研究的回顾和简评》，《新闻记者》2004 年第 5 期。

赵宬斐、何花：《网络公共空间视域中的公众政治生态及政治品质塑造》，《南京政治学院学报》2016 年第 5 期。

赵建波：《"泛娱乐化"思潮对大学生价值观念的消极影响及其应对策略》，《思想教育研究》2018 年第 11 期。

赵联飞：《70 后、80 后、90 后网络公共参与的代际差异——对微信和微博中公共参与的一项探索》，《福建论坛》（人文社会科学版）2019 年第 4 期。

赵蒙成、刘卫琴：《美国的媒介素养教育：历史、问题与发展趋势》，《外国中小学教育》2015 年第 4 期。

《马克思恩格斯全集》第二十八卷，人民出版社，2018。

中国社会科学院语言研究所词典编辑室：《现代汉语词典》（第7版），商务印书馆，2019。

钟悦：《美国：重视学生媒介素养与数字公民教育》，《人民教育》2021年Z1期。

周丹：《英国文化研究向"阶级"视点的回归及启示——从理查德·霍加特〈文化的用途〉谈起》，《四川大学学报》（哲学社会科学版）2016年第6期。

周恩毅、胡金荣：《网络公民参与：政策网络理论的分析框架》，《中国行政管理》2014年第11期。

周圆林翰、宋乃庆：《新时代高中生媒介素养的内涵辨析与测评框架建构》，《中国远程教育》2023年第3期。

周灵、卢锋：《互联网时代媒介素养教育的范式重构》，《中国电化教育》2021年第7期。

周灵、张舒予、魏三强：《论"融合式媒介素养"》，《教育发展研究》2017年第11期。

周灵、张舒予：《媒介融合语境中的媒介素养教育创新》，《教育发展研究》2015年第Z1期。

周鹏生：《大学生参与高校社团的动因与期望调查研究》，《民族高等教育研究》2021年第2期。

周秋旭：《新媒体环境下加强高校社团文化建设的必要性》，《西南民族大学学报》（人文社会科学版）2012年第S2期。

周素珍：《英国媒介素养教育研究》，博士学位论文，武汉大学，2014。

周小李、刘琪：《大学生公共参与现状反思——以阿尔蒙德公民文化理论为视角》，《社会科学论坛》2018年第5期。

周小李：《从广场到网络：大学生政治参与的空间转变》，《当代青年研究》2017年第3期。

周小云：《移动互联网时代下大学生对于新闻关注状况的调查研究——以K市高校为例》，《湖南邮电职业技术学院学报》2017年第3期。

周勇、黄雅兰：《从"受众"到"使用者"：网络环境下视听信息接收者的变迁》,《国际新闻界》2013 年第 2 期。

朱德琼:《网络虚拟社会中大学生休闲异化及其扬弃路径》,《河海大学学报》(哲学社会科学版) 2019 年第 4 期。

朱家辉、郭云:《重新理解媒介素养:基于传播环境演变的学术思考》,《青年记者》2023 年第 8 期。

朱永华:《大学生网络素养教育内容、载体及机制研究》,《传播力研究》2018 年第 36 期。

祝阳、王欢:《"90 后"大学生网上信息接受习惯的实证研究——以北京邮电大学为例》,《重庆邮电大学学报》(社会科学版) 2012 年第 4 期。

邹欣:《议程设置的博弈:主流新闻媒体与大学生舆论引导研究》,中国传媒大学出版社,2015。

二 中文译著

〔美〕汉娜·阿伦特:《人的境况》,王寅丽译,上海人民出版社,2009。

〔美〕阿尔伯特·班杜拉:《思想和行动的社会基础:社会认知论》,林颖等译,华东师范大学出版社,2018。

〔美〕尼尔·波兹曼:《娱乐至死》,章艳译,广西师范大学出版社,2004。

〔美〕尼尔·波兹曼:《娱乐至死·童年的消逝》,章艳、吴燕莛译,广西师范大学出版社,2009。

〔英〕大卫·伯金汉:《媒介素养教育在英国(上)——访谈与思考》,张开、林子斌译,《现代传播(中国传媒大学学报)》2006 年第 5 期。

〔德〕沃尔夫冈·布列钦卡《教育科学的基本概念——分析、批判和建议》,胡劲松译,华东师范大学出版社,2001。

〔法〕米歇尔·福柯:《必须保卫社会》,钱翰译,上海人民出版社,1999。

〔美〕赫斯特:《教育理论》,载瞿葆奎主编《教育与教育学》,人民教育出版社,1993。

〔美〕尼古拉斯·卡尔:《浅薄——互联网如何毒化了我们的大脑》,刘纯毅译,中信出版社,2010。

〔美〕詹姆斯·E. 凯茨、罗纳德·E. 莱斯《互联网使用的社会影响:上网、参与和互动》，郝芳、刘长江译，商务印书馆，2007。

〔美〕道格拉斯·凯尔纳、斯蒂文·贝斯特：《后现代理论：批判性的质疑》，张志斌译，中央编译出版社，2004。

〔美〕詹姆斯·S. 科尔曼：《社会理论的基础》，社会科学文献出版社，1990。

〔美〕沃尔特·李普曼：《公众舆论》，阎克文、江红译，上海人民出版社，2006。

〔美〕林南：《社会资本——关于社会结构与行动的理论》，张磊译，上海人民出版社，2005。

〔加〕麦克卢汉：《理解媒介：论人的延伸》，何道宽译，商务印书馆，2000。

〔英〕赫克托·麦克唐纳：《后真相时代：当真相被操纵、利用，我们该如何看、如何听、如何思考》，刘清山译，民主与建设出版社，2019。

〔美〕麦库姆斯：《议程设置：大众媒介与舆论》，郭镇之、徐培喜译，北京大学出版社，2008。

〔英〕丹尼斯·麦奎尔：《受众分析》，刘燕南等译，中国人民大学出版社，2006。

〔英〕大卫·帕金翰：《英国的媒介素养教育：超越保护主义》，宋小卫译，《新闻与传播研究》2000 年第 2 期。

〔美〕罗伯特·帕特南：《独自打保龄：美国社区的衰落与复兴》，刘波译，北京大学出版社，2011。

〔美〕凯斯·R. 桑斯坦：《极端的人群：群体行为的心理学》，尹宏毅、郭彬彬译，新华出版社，2010。

〔美〕克莱·舍基：《认知盈余：自由时间的力量》，胡泳、哈丽丝译，中国人民大学出版社，2011。

〔美〕泰勒、佩普劳、希尔斯：《社会心理学》（第 10 版），谢晓非等译，北京大学出版社，2004。

〔法〕托克维尔：《论美国的民主》，董果良译，商务印书馆，1988。

三 外文文献

Abrahams, J. , & Brooks R. , "Higher Education Students as Political Actors: Evidence from England and Ireland," *Journal of Youth Studie* 22 (2019): 108 – 123.

Albacete, G. G. , *Young People's Political Participation in Western Europe: Continuity or Generational Change?* (Springer, 2014).

Al-Hasan, A. , Khalil, O. , & Yim, D. , "Digital Information Diversity and Political Engagement: The Impact of Website Characteristics on Browsing Behavior and Voting Participation," *Information Polity* 26. 1 (2021): 21 – 37.

Anderson, J. A. , "Television Literacy and the Critical Viewer," in Bryant, J. , & Anderson, D. R. (eds.), *Children's Understanding of Television: Research on Attention and Comprehension* (Academic Press, 1983).

Ang, I. , "On the Politics of Empirical Audience Research," *Media and Cultural Studies: Keyworks* (2001): 177 – 197.

Álvarez-Arregui, Emilio, et al. , "Ecosystems of Media Training and Competence: International Assessment of its Implementation in Higher Education," *Media Education Research Journal* 4 (2017): 105 – 114.

Babad, E. , Peer, E. , & Hobbs, R. , "Media Literacy and Media Bias: Are Media Literacy Students Less Susceptible to Nonverbal Judgment Biases?," *Psychology of Popular Media Culture* 1. 2 (2012): 97.

Babad, E. , Peer, E. , & Hobbs, R. , "The Effect of Media Literacy Education on Susceptibility to Media Bias" (Beijing: International Communication Association Annual Meeting, 2009).

Bakker, T. P. , & Devreese, C. H. , "Good News for the Future? Young People, Internet Use, and Political Participation," *Communication Research* 38. 4 (2011): 451 – 470.

Balch, G. I. , "Multiple Indicators in Survey Research: The Concept Sense of Political Efficacy," *Political Methodology* (1974): 1 – 43.

Baleria, G. , "Story Sharing in a Digital Space to Counter Othering and Foster Belonging and Curiosity among College Students," *Journal of Media Literacy Education* 11 (2019): 56 – 78.

Barney, D. , "Excuse Us if We Don't Give a Fuck: The (Anti –) Political Career of Participation," *Jeunesse: Young People, Texts, Cultures* 2 (2010): 138 – 146.

Barthes, Roland, "Explains that Semiotics Aims to Challenge the Naturalness of a Message, the What Goes-with-out-saying" (1998): 11.

Bazalgette, C. , "An Agenda for the Second Phase of Media Literacy Development," in Kubey, R. (ed.), *Media Literacy in the Information Age: Current Perspectives* (New Brunswick, 1997).

Becker, L. B. , & Whitney, D. C. , "Effects of Media Dependencies: Audience Assessment of Government," *Communication Research* 7. 1 (1980): 95 – 120.

Berdie, D. R. , "Reasessing the Value of High Response Rates to Mail Surveys," *Marketing Research* 1 (1989): 52 – 64.

Best, M. L. , & Wade, K. W. , "The Internet and Democracy: Global Catalyst or Democratic Dud?," *Bulletin of Science, Technology & Society* 29 (2009): 255 – 271.

Botan, C. , "Ethics in Strategic Communication Campaigns: The Case for a New Approach to Public Relations," *Journal of Business Communication* 34. 2 (1997): 188 – 202.

Bourdieu, Pierre, "The Forms of Social Capital," in Richardson, John G. (ed.), *Handbook of Theory and Research for the Sociology of Education* (CT: Greenwood Press, 1986).

Brooks, R. , Byford, K. , & Sela, K. , "Inequalities in Students' Union Leadership: The Role of Social Networks," *Journal of Youth Studies* 18. 9 (2015): 1204 – 1218.

Buckingham. D. , *Media Education: Literacy, Learning and Contemporary Culture* (John Wiley & Sons, 2003).

Buckingham, D. , *Media Education: Literacy, Learning and Contemporary*

Culture (Malden, MA: Polity. P. X, 2003).

Bünzli, Fabienne, & Eppler, M. J. , "Strategizing for Social Change in Non-profit Contexts: A Typology of Communication Approaches in Public Communication Campaigns," *Nonprofit Management and Leadership* 29. 1 (2019): 491 – 508.

Cammaerts, B. , & Audenhove, L. , "Online Political Debate, Unbounded Citizenship, and the Problematic Nature of a Transnational Public Sphere," *Political Communication* 22. 2 (2005): 179 – 196.

Campbell, Angus, Gurin, G. , & Miller, W. E. , "The Voter Decides," *American Sociological Review* 19. 6 (1954).

Chae, Y. , Lee, S. , & Kim, Y. , "Meta-analysis of the Relationship between Internet Use and Political Participation: Examining Main and Moderating Effects," *Asian Journal of Communication* 29. 1 (2019): 35 – 54.

Chanley, V. A. , Rudolph, T. J. , & Rahn, W. M. , "The Origins and Consequences of Public Trust in Government: A Time Series Analysis," *Public Opinion Quarterly* 64 (2000): 239 – 256.

Chen, D. T. , Wu, J. , & Wang, Y. M. , "Unpacking New Media Literacy," *Journal on Systemics, Cybernetics and Informatics* 9 (2011): 84 – 88.

Chloe, S. H. , Sandra, C. J. , & Kervin, L. , "Effectiveness of Alcohol Media Literacy Programmes: A Systematic Literature Review," *Health Education Research* 30 (2015): 449 – 465.

Chomsky, Noam, "Necessary Illusions: Thought Control in Democratic Societies," Science & Society (1989).

Christensen, H. S. , "PoliticalActivities on the Internet: Slacktivism or Political Participation by Other Means?," *First Monday* 16. 2 (2011).

CML, Literacy for the 21st Century: An Overview & Orientation Guide To Media Literacy Education, http://www. medialit. org/sites/default/files/01a_mlkorientation_rev2_0, 2020 – 9 – 12.

Coffman, Julia, "Public Communication Campaign Evaluation: An Environmental Scan of Challenges, Criticisms, Practice, and Opportunities," Harvard

Family Research Project (2002).

Conroy, M. , Feezell, J. T. , & Guerrero, M. , "Facebook and Political Engagement: A Study of Online Political Group Membership and Offline Political Engagement," *Computers in Human Behavior* 28 (2012): 1535 – 1546.

Crossley, N. , & Ibrahim, J. , "Critical Mass, Social Networks and Collective Action: Exploring Student Political Worlds," *Sociology* 46. 4 (2012): 596 – 612.

Dewey, J. , *Democracy and Education: An Introduction to the Philosophy of Education* (New York: Macmillan, 1916).

Dillman, R. A. , *Mail and Telephone Surveys* (New York: Wiley, 1978).

Dominguez, C. , "Exploring Critical Awareness of Media and Teacher Education: An Experience with Colombian ELT Pre-Service Teachers," *Journal of Media Literacy Education* 11. 1 (2019): 32 – 51.

Douglas, K. , & Share, J. , "Critical Media Literacy, Democracy, and the Reconstruction of Education".

Elchardus, M. , & Siongers, J. , *The Often-announced Decline of the Modern Citizen: An Empirical, Comparative Analysis of European Young People's Political and Civic Engagement* (Political Engagement of the Young in Europe. : Routledge, 2015).

Fleetwood, N. , "Authenticating Practices: Producing Realness, Performing Youth," in Maira, S. , & Soep, E. (eds.), *Youthscapes: The Popular, the National, the Global* (University of Pennsylvania Press, 2005).

Flynn, J. E. , & Lewis, W. , "Multimodal Composition in Teacher Education: From Consumers to Producers," Essentials of Teaching and Integrating Visual and Media Literacy: Visualizing Learning (2015): 147 – 163.

Frohlich, D. O. , & Magolis, D. , "Developing a Responsive and Adaptable Emergent Media Curriculum," *Journal of Media Literacy Education* 12 (2020): 123 – 131.

Gelders, Dave, Bouckaert, G. , & Ruler, B. V. , "Communication Management in the Public Sector: Consequences for Public Communication about Policy Intentions," *Tijdschrift voor Communicatiewetenschap* 35. 1 (2007): 23 – 36.

Gibson, R., Howard, P., & Ward, S., Social Capital, Internet Connectedness and Political Participation: A Four-country Study (Ph. D. diss., Montreal: International Political Science Association, 2000).

von Gillern, Sam, et al., "Digital Citizenship, Media Literacy, and the ACTS Framework," *the Reading Teacher* 2 (2022): 145 – 158.

Giroux, H. A., "Fighting for the Future: American Youth and the Global Struggle for Democracy," *Cultural Studies Critical Methodologies* 11. 4 (2011): 328 – 340.

Gladwell, M., "Why the Revolution Will not Be Tweeted," *The New Yorker* 4 (2010): 42 – 49.

Goodman, S., *Teaching Youth Media: A Critical Guide to Literacy, Video Production & Social Change* (Teachers College Press, 2003).

Habermas, J., *The Structural Transformation of the Public Sphere: An Inquiry into a Category of Bourgeois Society* (Cambridge: MIT Press, 1991).

Hall, S., "Encoding/Decoding," in Hall, S., et al. (eds.), *Culture, Media, Language* (1980): 128 – 138.

Harris, A., *Young People and Everyday Multiculturalism* (Routledge, 2013).

Hassan, M. S., Mahbob, M. H., & Allam, S. N. S., "Psychometric Analysis of Media Literacy and Strengthening the Integrity of Youth PoliticalParticipation," *Jurnal Komunikasi-Malaysian Journal of Communication* 36 (2020): 143 – 166.

Hauben, M., & Hauben, R., *Netizens: On the History and Impact of Usenet and the Internet* (IEEE Computer Society Press, 1997).

Hertz, M. B., *Digital and Media Literacy in the Age of the Internet: Practical Classroom Applications* (Rowman & Littlefield Publishers, 2019).

Ho, S. S., et al., "The Role of Perceptions of Media Bias in General and Issue-specific Political Participation," *Mass Communication and Society* 14

(2011): 343 – 374.

Hobbs, R., *Digital and Media Literacy: Connecting Culture and Classroom* (Corwin Press, 2011).

Hobbs, R., & Frost, R., "Measuring theAcquisition of Media Literacy Skills," *Reading Research Quarterly* 38 (2003): 330 – 355.

Hobbs, R., "Media Literacy, Media Activism," *The Journal of Media Literacy* 42. 3 (1996).

Hobbs, R., "TheSeven Hreat Debates in the Media Literacy Movement," *Journal of Communication* 48. 1 (1998): 16 – 23.

Hoggart, Richard, *The Uses of Literacy* (NewBrunswick: Transaction Publishers, 1998).

Hustinx, L., et al., "Monitorial Citizens or Civic Omnivores? Repertoires of Civic Participation among University Students," *Youth & Society* 44. 1 (2012): 95 – 117.

Iyer, R., et al., "Critical Service-learning: Promoting Values Orientation and Enterprise Skills in Pre-service Teacher Programmes," *Asia-Pacific Journal of Teacher Education* 46. 2 (2018): 133 – 147.

Jang, S. M., & Kim, J. K., "Third Person Effects of Fake News: Fake News Regulation and Media Literacy Interventions," *Computers in Human Behavior* 80 (2018): 295 – 302.

Jenkins, H., "Convergence Culture: Where Old and New Media Collide," *Revista Austral de Ciencias Sociales* 20 (2011): 129 – 133.

Jenkins, Henry, *Confronting the Challenges of Participatory Culture: Media Education for the 21st Century* (Cambridge, MA: The MIT Press, 2009).

Jeong, S. H., Cho, H., & Hwang, Y., "Media Literacy Interventions: A Meta-analytic Review," *Journal of Communication* 62 (2012): 454 – 472.

Jiwon, Shin, *The Structural Transformation of the Public Sphere on the Internet: Focused on New Media Literacy and Collectivity of Online Communities* (Ph. D. diss., Columbia University, 2013).

Johnson, T. J., et al., "Every Blog Has Its Day: Politically-interested Internet Users' Perceptions of Blog Credibility," *Journal of Computer-Mediated Communication* 13. 1 (2007): 100 – 122.

Kedzie, Christopher R. , "Communication and Democracy: Coincident Revolutions and the Emergent Dictators," http://www. rand. org/pubs/rgs_ dissertations/RGSD127. html.

Klemenčič, M. , "Student Power in a Global Perspective and Contemporary Trends in Student Organising," *Studies in Higher Education* 39. 3 (2014): 396 – 411.

Klemenčič, M. , "The Changing Conceptions of Student Participation in HE Governance in the EHEA," *European Higher Education at the Crossroads: Between the Bologna Process and National Reforms* (Dordrecht: Springer Netherlands, 2012).

Koc, M. , & Barut, E. , "Development and Validation of New Media Literacy Scale (NMLS) for University Students," *Computers in Human Behavior* 63 (2016): 834 – 843.

Koltay, T. , "The Media and the Literacies: Media Literacy, Information Literacy, Digital Literacy," *Media*, *Culture & Society* 33. 2 (2011): 211 – 221.

Larsson, A. Olof, " 'Rejected Bits of Program Code': Why Notions of 'Politics 2. 0' Remain (Mostly) Unfulfilled," *Journal of Information Technology & Politics* 10. 1 (2013): 72 – 85.

Levin-Zamir, D. , Lemish, D. , & Gofin, R. , "Media Health Literacy (MHL): Development and Measurement of the Concept among Adolescents," *Health Education Research* 26 (2011): 323 – 335.

Loader, B. D. , et al. , "Campus Politics, Student Societies and Social Media," *The Sociological Review* 63. 4 (2015): 820 – 839.

López, Juan Camilo Jaramillo, "Advocacy: uma estratégia de comuni-cação pública," in Margarida Kunsch, & M. Krohling (Org.), Com-unicação pública, sociedade e cidadania (1. ed.) (São Caetano do Sul, SP: Difusão Editora, 2011).

Maloney, E. J. , "What Web2. 0 Can Teach Us about Learning," Chronicle of

Higher Education 53 (2007): B26.

Masterman, L., "A Rationale for Media Education (first part)," *Media Education in 1990s' Europe* (1994): 5 – 87.

Masterman, L., "Foreword: The Media Education Revolution," *Teaching the Media: International Perspectives* (NJ: Lawrence Erlbaum, 1998).

Masterman, L., *Teaching the Media* (New York, NY: Routledge, 2003).

Masterman, L., *Teaching the Media* (New York, NY: Routledge, 1985).

Matos, Heloiza, "A comunicação pública na perspectiva da teoria do reconhecimento," in Kunsch, Margarida, & Krohling, M. (Org.), *Comunicação pública, sociedade e cidadania* (1. ed.) (São Caetano do Sul, SP: Difusão Editora, 2011).

McGowin, A. E., & Teed, R., "Increasing Expression of Civic-Engagement Values by Students in a Service-learning Chemistry Course," *Journal of Chemical Education* 96 (2019): 2158 – 2166.

McKenna, L., & Pole, A., *Do Blogs Matter? Weblogs in American Politics* (American Political Science Association, 2004).

Mcquail, Denis, *Mcquail's Mass Communication Theory* (London: Thousand Oaks. New Delhi: SAGE Publications, 2000).

Mercadante, A. K., & Rambur, B., "Facilitating Health Policy Civic Engagement among Undergraduate Students with Collaborative Social Technology," *Journal of Nursing Education* 59. 3 (2020): 163 – 165.

Mesthene, E. G., *Technology and Social Change* (Chicago: Quadrangle Books, 1972).

Metzger, M. W., et al., "The New Political Voice of Young Americans: Online Engagement and Civic Development among First-year College Stu-dents," *Education, Citizenship and Social Justice* 10. 1 (2015): 55 – 66.

Mihailidis, P., & Thevenin, B., "Media Literacy as a Core Competency for Engaged Citizenship in Participatory Democracy," *American Behavioral Scientist* 57 (2013): 1611 – 1622.

Miller, J. C., *The Relationship of Grade-level, Socioeconomic Status and Gender to Selected Student Variables* (Florida Atlantic University, 1990).

Morozov, E., "Iran: Downside to the Twitter Revolution," *Dissent* 56 (2009): 10 – 14.

Morphew, C. C., & Hartley, M., "Mission Statements: A Thematic Analysis of Rhetoric Across Institutional Type," *The Journal of Higher Education* 77.3 (2006): 456 – 471.

Mouffe, C., "Democratic Citizenship and the Political Community," *Dimensions of Radical Democracy: Pluralism, Citizenship, Community* (1992): 1.

Moy, P., et al., "Knowledge or Trust? Investigating Linkages between Media Reliance and Participation," *Communication Research* 32 (2005): 59 – 86.

NAMLE, Journal Of Media Literacy Education, https://namle.net/journal-of-media-literacy-education/, 2021 – 7 – 22.

Nelson, J. L., Lewis, D. A., & Lei, R., "Digital Democracy in America: A Look at Civic Engagement in an Internet Age," *Journalism & Mass Communication Quarterly* 94 (2017): 318 – 334.

New Media Consortium, A Global Imperative: The Report of the 21st Century Literacy Summit. Sec, http://www.adobe.com/education/solutions/pdfs/globalimperative.pdf, 2005.

Newell, K. M., "Some Issues on Action Plans," in Stelmach, G. E. (ed.), *Information Processing in Motor Control and Learning* (New York: Academic Press, 1978).

Niemi, R. G., Craig, S. C., & Mattei, F., "Measuring Internal Political Efficacy in the 1988 National Election Study," *American Political Science Review* 85.4 (1991): 1407 – 1413.

Nissen, S., & Hayward, B., *Students' Associations: The New Zealand Experience* (Student Politics and Protest: Routledge, 2016).

Nisbet, M. C., & Scheufele, D. A., "Political Talk as a Catalyst for Online Citizenship," *Journalism & Mass Communication Quarterly* 81 (2004): 877 – 896.

Noelle-Neumann, Elisabeth, *The Spiral of Silence: Public Opinion—Our Social*

Skin (Chicago: University of Chicago Press, 1984).

Nussbaum, M. C. , " Patriotism and Cosmopolitanism," in Cohen, Joshua (ed.), *For Love of Country*: *Debating the Limits of Patriotism* (Boston: Beacon Press, 2006).

Ouimet, J. A. , & Pike, G. R. , "Rising to the Challenge: Developing a Survey of Workplace Skills, Civic Engagement, and Global Awareness," *New Directions for Institutional Research* 2008 S1 (2008): 71 – 82.

Papacharissi, Z. , *The Virtual Sphere* 2. 0: *The Internet, the Public Sphere, and beyond* (Routledge: Routledge handbook of Internet politic. , 2008).

Park, Joo-Yeun, "Media Literacy in the Digital Media Era: Based on 'Participatory Culture' and 'Core Literacy Skills' of Jenkins," *Korean Journal of Communication Studies* 21 (2013): 69 – 87.

Pasek, J. , More, E. , & Romer, D. , "Realizing the Social Internet? Online Social Networking Meets Offline Civic Engagement," *Journal of Information Technology & Politics* 6 (2009): 197 – 215.

Phipps, A. , & Young, I. , "Neoliberalisation and 'Lad Cultures' in Higher Education," *Sociology* 49. 2 (2015): 305 – 322.

Pilkington, H. , & Pollock, G. , " 'Politics are Bollocks': Youth, Politics and Activism in Contemporary Europe," *The Sociological Review* 63 (2015): 1 – 35.

Potter, W. J. , "The State of Media Literacy," *Journal of Broadcasting & Electronic Media* 54. 4 (2010): 675 – 696.

Potter, W. J. , *Theory of Media Literacy*: *A Cognitive Approach* (Sage Publications, 2004).

Potter, W. J. , *An Analysis of Thinking and Research about Qualitative Methods* (Mahwah, NJ: Lawrence Erlbaum Associates, 1996).

Provorova, E. , *Media Literacy Education, Gender, and Media Representations in the High School Classroom* (America: Temple University, 2015).

Raine, L. , & Smith, A. , "The Internet and the 2008 Election," Washington, DC: Pew Internet and American Life Project (2008).

Rice, R. E. , & Atkin, C. K. , "Theory and Principles of Public Communication Campaigns," *Public Communication Campaigns* (2012): 3 – 19.

Robbgrieco, Michael, "Why History Matters for Media Literacy Education," *Journal of Media Literacy Education* 6 (2014): 3 – 20.

Rochford, F. , "Bringing Them into the Tent-Student Association and the Neutered Academy," *Studies in Higher Education* 39 (2014): 485 – 499.

Schneider, C. G. , & Shoenberg, R. , *Contemporary Understandings of Liberal Education: The Academy in Transition* (Washington, DC: Association of American Colleges and Universities, 2006).

Scroferneker, C. M. A. , Cidade, D. , & Gomes, L. B. , "Comunicação pública, representação política e sociedade civil: cenário de fragilização na atual conjuntura brasileira," Cinexão: Comunicação Ecultura, 2020.

Shin, J. C. , Kim, H. H. , & Choi, H. S. , "The Evolution of StudentSctivism and Its Influence on Tuition Fees in Republic of Korean Universities," *Studies in Higher Education* 39. 3 (2014): 441 – 454.

Smith, Aron, "Civic Engagement in the Digital Age: Online and Offline Political Engagement," http://www. Pewinternet. org/2013/04/25/civic-engagement-in-the-digital-age.

Soler-i-Martí, R. , & Ferrer-Fons, M. , "Youth Participation in Context: The Impact of Youth Transition Regimes on Political Action Strategies in Europe," *The Sociological Review* 63 (2015): 92 – 117.

Stappers, James G. , "Mass Communication as Public Communication," *Journal of Communication* 33. 3 (2010): 141 – 145.

Stoker, G. , et al. , "Complacent Young Citizens or Cross-generational Solidarity? An Analysis of Australian Attitudes to Democratic Politics," *Australian Journal of Political Science* 52. 2 (2017): 218 – 235.

Stargardt, T. , Media Literacy Education Exposure Related to Self-esteem, Body Esteem, and Sociocultural Ideals in College Students and Graduates (Ph. D. diss. , Walden University, 2015).

Thomas, N. , " In Search of Wisdom: Liberal Education for a Changing

World," *Liberal Education* 88. 4 （2002）: 28 – 33.

US Department of Education, "Advancing Civic Learning and Engagement in Democracy: A Road Map and Call to Action," 2012.

Vahedi, Z. , Sibalis, A. , & Sutherland, J. E. , "Are Media Literacy Interventions Effective at Changing Attitudes and Intentions towards Risky Health Behaviors in Adolescents? A Meta-analytic Review," *Journal of Adolescence* 67 （2018）: 140 – 152.

Vissers, Sara, & Stolle, D. , "The Internet and New Modes of Political Participation: Online Versus Offline Participation," *Information Communication & Society* 17. 8 （2014）: 937 – 955.

Vissers, S. , & Quintelier, E. , News Consumption and Political Participation among Young People. Evidence from a Panel Study （Ph. D. diss. , European Consortium for Political Research General Conference, 2009）.

Vraga, E. K. , Tully, M. , & Rojas, H. , "Media Literacy Training Reduces Perception of Bias," *Newspaper Research Journal* 30 （2009）: 68 – 81.

Vromen, A. , Loader, B. D. , & Xenos, M. A. , "Beyond Lifestyle Politics in a Time of Crisis?: Comparing Young Peoples' Issue Agendas and Views on Inequality," *Policy Studies* 36. 6 （2015）: 532 – 549.

Williams, B. A. , & Delli, Carpini M. X. , "Monica and Bill All the Time and Everywhere: The Collapse of Gatekeeping and Agenda Setting in the New Media Environment," *American Behavioral Scientist* 47. 9 （2004）: 1208 – 1230.

Williams, J. , *Consuming Higher Education: Why Learning Can't Be Bought* （London: Bloomsbury, 2013）.

Wright, R. R. , Sandlin, J. A. , & Burdick, J. , "What is Critical Media Literacy in an Age of Disinformation?," *New Directions for Adult and Continuing Education* （2023）.

York, T. T. , & Fernandez, F. , "The Positive Effects of Service-learning on Transfer Students' Sense of Belonging: A Multi-institutional Snalysis," *Journal of College Student Development* 59. 5 （2018）: 579 – 597.

최지향, "The Effects of SNS Use on Political Participation: Focusing on the Moderated Mediation Effects of Politically-Relevant Social Capital and Motivations," *Korean Journal of Journalism & Communication Studies* 60. 5 (2016): 23 – 144.

附录1 大学生网络公共传播行为问卷调查

亲爱的同学：

　　您好！我们是全国教育科学规划课题组成员。本次调查旨在了解在校大学生［大一至大四（或大五）］网络使用和公共议题参与情况，以及相关要素。本次调查采用无记名方式，调查数据仅用于学术研究。请您根据实际情况填写，感谢您的支持！

一　个人基本信息

A1　您的性别 ［单选题］

（1）男　　　　　　　　　（2）女

A2　您的年级 ［单选题］

（1）大一　　　　　　　　（2）大二

（3）大三　　　　　　　　（4）大四或大五

A3　您的专业 ［单选题］

（1）理工医（理学、工学、农学、医学）

（2）人文（哲学、文学、历史、艺术、外语、新闻传播等）

（3）经管（经济、管理）

（4）社科（教育、法学、社会学、马克思主义）

A4　您就读的大学是 ［单选题］

（1）重点本科（985大学、211大学）

（2）普通本科

（2）专科

A5　您就读的大学所在地 ＿＿＿＿＿＿＿＿（省份或直辖市）。

A6　您的长期居住地（家乡）在 [单选题]

（1）北上广深（北京上海广州深圳）

（2）省会城市（广州除外）

（3）其他城市/县城

（4）集镇村庄

A7　您父亲的文化程度 [单选题]

（1）小学及以下　　　　　　（2）初中

（3）高中/中专/技校　　　　（4）大专

（5）本科及以上

A8　您母亲的文化程度 [单选题]

（1）小学及以下　　　　　　（2）初中

（3）高中/中专/技校　　　　（4）大专

（5）本科及以上

二　公民身份认同情况

B1　您觉得自己是一个独立自主关心社会的人吗？请选择您对以下说法的赞同程度 [矩阵单选题]

	非常不同意	不同意	不确定	同意	非常同意
（1）作为一个公民，我了解自己的基本权利义务					
（2）大学生应该了解国家大政方针、社会民生					
（3）个人行为应该考虑到社会整体利益					
（4）作为一个公民，要多帮助他人，多做善事					
（5）在公共场合，多管闲事会招致麻烦					
（6）听别人的意见，比自己做决定轻松安全					
（7）现在所学专业是我个人经过深思熟虑进行选择的结果					

B2 您对以下公共行为的参与程度如何（包括线上和线下）〔矩阵单选题〕

	从未如此	偶尔如此	经常如此	总是如此
（1）在政府征询意见时，我愿意积极参与				
（2）我积极履行自己的投票权利（校内外选举）				
（3）我向学校、院系或班级提出建议				
（4）我主动参加各种公益性活动（捐款捐物、献血、植树造林、义工、支教等）				
（5）我通过多种渠道关注时政和民生方面的信息				
（6）我喜欢和别人（老师、同学、朋友、网友）探讨时政话题或公共事件				

B3 关于个人的政治或公共价值，您对以下说法同意程度如何〔矩阵单选题〕

	非常不同意	不同意	不确定	同意	非常同意
（1）政府部门重视我对政府的态度和看法					
（2）我向政府机构或其他公共部门提出合理建议时，会被有关部门采纳					
（3）我有办法让政府决策层知道我对政府部门的意见或建议					
（4）如果让我当政府官员，我也能胜任					
（5）我有能力对政治或其他公共事务提出建设性的意见					

B4 关于社会环境和成长环境的感知和判断，您对以下说法同意程度如何〔矩阵单选题〕

	非常不同意	不同意	不确定	同意	非常同意
（1）我的家庭教育鼓励我多关心他人、关心社会					

续表

	非常不同意	不同意	不确定	同意	非常同意
（2）我的家庭教育鼓励我独立思考，不要人云亦云					
（3）我接触的中小学教育鼓励我多关心他人、关心社会					
（4）我接触的中小学教育鼓励我独立思考，不要人云亦云					

三　网络使用与认知情况

C1　您的网龄［单选题］

（1）1~3 年　　　　　　（2）4~6 年

（3）7~9 年　　　　　　（4）10 年及以上

C2　您每天上网时长［单选题］

（1）1~2 小时　　　　　（2）3~4 小时

（3）5~6 小时　　　　　（4）7~8 小时

（5）9 个小时及以上

C3　您使用的上网设备［多选题］

（1）智能手机　　　　　（2）笔记本电脑

（3）台式电脑　　　　　（4）平板电脑

（5）其他_____

C4　您能接受多长时间不上网［单选题］

（1）2 小时以内　　　　（2）2~4 小时

（3）5~8 小时　　　　　（4）9~12 小时

（5）24 小时及以上

C5　以下互联网应用，您经常使用吗，频率如何［矩阵单选题］

	几乎没有	偶尔有（每月 1~2 次）	经常如此（每周 2~3 次）	几乎每天如此
（1）即时通信（QQ、微信）				
（2）搜索引擎				

续表

	几乎没有	偶尔有 （每月1~2次）	经常如此 （每周2~3次）	几乎每天 如此
（3）网络新闻（如新闻门户网站、新闻客户端等）				
（4）在线教育（如网络公开课、慕课等）				
（5）网络视频（如爱奇艺、腾讯视频等）				
（6）短视频（如抖音、快手等）				
（7）网络购物				
（8）网络支付				
（9）网络音乐				
（10）网络游戏				
（11）网络文学				
（12）网上银行				
（13）旅行预订				
（14）网上订外卖				
（15）网络直播				
（16）微博				
（17）网络约车或快车				
（18）网约出租车				
（19）互联网理财				

C6 对于上网目的，以下说法您同意程度如何［矩阵单选题］

	非常不同意	不同意	不确定	同意	非常同意
（1）学习知识					
（2）了解新事物					
（3）便利生活（出行、理财、支付、消费）					
（4）参与讨论表达意见					
（5）与同学、朋友、家人、网友交流					
（6）娱乐、打发时间					

C7 以下关于网络使用水平和能力的自我评价 [矩阵单选题]

	非常不同意	不同意	不确定	同意	非常同意
(1) 我能平衡好娱乐（如玩网游）和网络学习					
(2) 我常常因为沉迷网络、耽误学习而懊悔					
(3) 面对海量网络信息，我重视信息来源的权威性并辨别真假					
(4) 我知道网络信息的推荐原理，并能决定是否继续关注相关推荐					
(5) 作为一个网民，我能够理性、客观地看待国内外大事、突发事件及民生问题					
(6) 在网络上，我具备理性表达的思维能力和写作水平					
(7) 我具备一定的多媒体（如短视频、表情包等）制作能力，以便形象、生动地表达我的观点					

C8 如果发生突发事件（群体性事件、腐败案件、事故灾难等），您觉得以下网络信息渠道的可信度如何 [矩阵单选题]

	非常不可信	不可信	不确定	可信	非常可信
(1) 中央媒体（如央视、新华社、《人民日报》）官网官微					
(2) 政务类门户网站、微博或微信公众号					
(3) 商业门户网站新闻内容板块（如凤凰网、新浪网、腾讯等）					
(4) 新闻聚合客户端（如今日头条、一点资讯等）					
(5) 自媒体平台（如新浪微博、非官方的微信公众号、荔枝电台、抖音、快手等）					
(6) 专业论坛或网站（如天涯社区、凯迪社区、铁血社区等）					

续表

	非常不可信	不可信	不确定	可信	非常可信
(7) 微信朋友圈、QQ 群等熟人网络社交圈					
(8) 国外网媒					

C9　以下关于网络与公共意见表达的说法，您同意程度如何［矩阵单选题］

	非常不同意	不同意	不确定	同意	非常同意
(1) 网络是比较自由的意见表达空间					
(2) 网络在舆论监督和民主参与方面发挥重要作用					
(3) 大多数网民的公共参与是理性、客观的					
(4) 网络暴力（言论攻击、人肉搜索）在某种程度上阻碍人们畅所欲言					
(5) 由于过度使用网络，人们无暇关心政治和公共事务					

四　网络公共参与行为情况

D1　您关注时政和社会民生方面的信息吗，频率如何［矩阵单选题］

	几乎没有	偶尔有（每月 1~2 次）	经常有（每周 2~3 次）	几乎每天如此
(1) 时政（国家政治生活中新近或正在发生的事实，如政治会议、领导人出访、军事演习等）				
(2) 教育科技（教育措施、科技发展）				
(3) 环境保护（环境污染防范与治理）				
(4) 社会安全（突发事件、灾难的预防与应对）				
(5) 医疗健康（疾病的预防与治疗、食品安全）				
(6) 经济发展（经济政策与经济问题）				

D2　请问您主要通过哪些网络渠道来获取时政和社会民生信息［矩阵单选题］

	几乎没有	偶尔有 （每月1~2次）	经常有 （每周2~3次）	几乎每天 如此
（1）中央媒体（如央视、新华社、《人民日报》）官网官微				
（2）政务类门户网站、微博或微信公众号				
（3）商业门户网站新闻内容板块（如凤凰网、新浪网、腾讯等）				
（4）新闻聚合客户端（如今日头条、一点资讯等）				
（5）自媒体平台（如新浪微博、非官方的微信公众号、荔枝电台、抖音、快手等）				
（6）专业论坛或网站（如天涯社区、凯迪社区、铁血社区等）				
（7）微信朋友圈、QQ群等熟人在线社交圈				
（8）国外网媒				

D3　您在网络上参与过时政和社会民生方面的讨论吗，频率如何［矩阵单选题］

	几乎没有	偶尔有 （每月1~2次）	经常如此 （每周2~3次）	几乎每天 如此
（1）时政（国家政治生活中新近或正在发生的事实，如政治会议、领导人出访、军事演习等）				
（2）教育科技（教育措施、科技发展）				
（3）环境保护（环境污染防范与治理）				
（4）社会安全（突发事件、灾难的预防与应对）				
（5）医疗健康（疾病的预防与治疗、食品安全）				
（6）经济发展（经济政策、经济问题）				

D4 在网络上，您一般通过哪些渠道表达自己对时政和社会民生的看法〔矩阵单选题〕

	几乎没有	偶尔有 （每月 1~2 次）	经常如此 （每周 2~3 次）	几乎每天 如此
（1）政务新媒体（政府部门的官方网站、微信、微博、客户端）留言区				
（2）知名门户网站新闻频道、知名新闻客户端讨论区				
（3）QQ 群、微信群及其他小众网络论坛				
（4）个人 QQ 空间、微博发文区、微信朋友圈				

D5 您一般通过什么方式参与网络讨论和意见表达〔矩阵单选题〕

	几乎没有	偶尔有 （每月 1~2 次）	经常如此 （每周 2~3 次）	几乎每天 如此
（1）点赞（或显示"在看"）				
（2）转发				
（3）跟帖跟评				
（4）发文（文字或文字加图片）				
（5）自制视频（多媒体）				

D6 就政治或公共问题，您在进行评论、转发或发文的时候，内容倾向于〔多选题〕

（1）主要是批评　　　　　（2）主要是支持

（3）主要是提出认识问题的新角度　（4）主要是提出解决问题的对策

（5）极少参与，说不清楚

D7 在网络上就时政和民生问题发表言论的时候，您的顾虑是什么？对以下表述同意程度如何？〔矩阵单选题〕

	非常不同意	不同意	不确定	同意	非常同意
（1）我担心自己的言论会引起别人的攻击甚至谩骂					
（2）我担心自己的观点没有水准					

续表

	非常不同意	不同意	不确定	同意	非常同意
（3）我担心网友或熟人看到后对我产生看法					
（4）我觉得就算我留言参与了，也会被海量信息淹没					
（5）我觉得就算我的留言被决策部门看见了，也不会受到重视					

D8　总体上，您如何评价自己在网络上表达意见、建言献策的效果［单选题］

（1）只有舆论效果

（2）既有舆论效果，又有社会行动效果

（3）既无舆论效果，也无社会行动效果

（4）没怎么参加，无从谈效果

五　（网络）媒介素养教育情况

E1　您有没有听说过"媒介素养"［单选题］

（1）听过且知道意思

（2）听过但不了解

（3）没听过

（说明：当调研对象选择 2、3 时调研员给予概念解释，或问卷平台自动跳出文字解释。）

E2　您有没有接受过正式的媒介素养教育（指政府、学校、媒体单位或其他组织开展的课程、教育讲座或其他实践活动）［矩阵多选题］

	有，学校开设专门的媒介素养课程	有，融合于思品课程或其他课程	有，政府通过学校组织专题教育（如网络安全）	有，其他组织开展的_____	以上皆无
中小学阶段					
大学阶段（到目前为止）					

提示：①"以上皆无"选项与其他选项互为排斥，请不要同时勾选。②媒介素养类课程包括媒介素养、媒介文化、媒介批评、媒介概论、媒介实操课程（如新闻写作、摄影、多媒体制作）等。

E3 您有没有接受过如何看待网络、参与网络的正式教育或培训（指政府、学校、媒体单位或其他组织开展的课程、教育讲座或其他专题教育活动）［矩阵多选题］

	有，关于远离网络负面影响	有，关于如何利用网络提高学习能力	有，关于如何参与网络，做合格网络公民	有，其他主题	以上皆无
中小学阶段					
大学阶段（到目前为止）					

提示："以上皆无"选项与其他选项互为排斥，请不要同时勾选

E4 您认为对大学生开展媒介素养教育是否必要？［单选题］

（1）有必要

（2）没必要

（3）说不清

E5 如果媒介素养教育是必须，您更愿意接受以下哪些方式的教育［多选题］

（1）线下独立课程学习

（2）线上独立课程学习（如慕课）

（3）融入现有课程中学习

（4）媒体参观学习

（5）工作坊、项目式学习

（6）自学

（7）其他＿＿＿＿＿＿

E6 如果现在要在大学生群体中开展网络媒介素养教育，以提高大学生的网络问政、公共事务参与能力，就您个人而言，您觉得提高以下能力的必要程度如何［矩阵单选题］

	非常不必要	不必要	不确定	必要	非常必要
（1）网络媒介信息甄别能力（辨真假）					

	非常不必要	不必要	不确定	必要	非常必要
（2）网络媒介信息批判能力（客观、独立思考）					
（3）媒介信息生产的基础能力（一般性图文表达）					
（4）视觉时代的多媒体制作能力（短视频、表情包等）					

附录 2   大学生网络公共传播行为及相关情况访谈提纲

一   个人基本信息与自我认知

1. 个人信息：性别？年龄？年级？专业？家乡？父母的学历？月均家庭收入？大学类型（985、211，普通本科，专科）、大学所属地域（省或直辖市）？

2. 您觉得自己是一个独立自主、关心社会的人吗？为什么？

3. 您经常参与投票，或者给学校、政府部门提意见之类的活动吗？印象最深的一次是什么事情？如何参与的？

4. 您觉得自己可以通过投票、参与公共问题讨论进而推动社会发展吗？为什么？

5. 您过去的家庭教育和学校教育是否有助于您塑造独立思考、关心社会的性格？为什么？

二   网络使用与认知情况

1. 上网基本情况：网龄？上网设备（手机、电脑)？每天上网时长？主要做什么？常用的网络应用？能接受多长时间不上网？

2. 您觉得自己的网络使用水平、能力怎么样（上网自制力、上网目标管理能力、网络信息甄别评判能力、网络参与能力)？

3. 您觉得网络是一个表达公开意见的地方吗？为什么？

4. 如果发生突发事件（群体性事件、腐败案件、事故灾难等），您觉得哪些渠道的信息比较可信？为什么？

三   网络公共传播行为情况

1. 您关注时政或社会民生方面的信息吗？通过什么渠道？频率如何？

2. 您在网络上参与过时政和社会民生方面的讨论吗？通过哪些渠道？什么方式（点赞、转发、跟评或发文……）？频率如何？

3. 在网络上就时政和民生问题发表言论的时候，您的顾虑是什么？

4. 您觉得自己的言论或意见有实际价值或影响力吗？为什么？

四   网络媒介素养教育情况

1. 您听说过媒介素养没？（调查员解释什么叫媒介素养：媒介素养是人们面对媒介信息时的选择、理解、质疑、评估、创造、制作及思辨反应能力。网络媒介素养是与网络接触和使用有关的以上能力，强调通过创制内容提高参与水平。媒介素养教育是对以上能力的培养和训练）

2. 您过去是否接受过媒介素养教育？如果有，什么形式的？（调查员提示：媒介素养教育课程包括媒介概论、媒介文化、媒介批判、摄影、新闻写作等。）

3. 您认为如果要提高大学生网络参与公共事务的意识和水平，开展网络媒介素养教育是一项必要的措施吗？你愿意接受什么形式的媒介素养教育？举例说明（课程形式提示：线下独立课程，线上独立课程，融合到现有课程的，工作坊式的……）

附录3 访谈对象信息

访谈对象	性别	年龄	年级	专业	就读大学
S01	男	21	大四	环境设计	安阳学院
S02	男	22	大四	通信工程	河南师范大学
S03	男	23	大四	通信工程	吉林大学
S04	女	20	大二	法学	中国农业大学
S05	女	23	大四	美术学	淮南师范学院
S06	女	21	大二	电子信息科学与技术	合肥工业大学
S07	男	20	大三	电子信息工程	九江学院
S08	男	21	大三	新闻学	湖南大学
S09	女	19	大二	汉语言文学	暨南大学
S10	男	19	大一	强基计划哲学	中国人民大学
S11	女	19	大二	广告学	武汉大学
S12	男	20	大三	自动化	中原工学院
S13	男	20	大二	自动化	中原工学院
S14	男	21	大三	计算机科学与技术	重庆人文科技学院
S15	男	20	大三	机械	燕山大学
S16	女	22	大四	播音与主持艺术	黔南民族师范学院
S17	女	21	大三	会计	江西科技学院
S18	女	18	大一	法学	江苏师范大学
S19	男	20	大一	临床医学	天津医科大学
S20	男	20	大二	财务管理	中国劳动关系学院
S21	女	20	大三	视觉传达	桂林电子科技大学
S22	女	23	大三	视觉传达	广东工业大学

续表

访谈对象	性别	年龄	年级	专业	就读大学
S23	女	22	大四	工商管理	太原工业学院
S24	女	20	大二	金融管理	重庆工商大学
S25	男	22	大四	公共关系	浙江传媒学院
S26	女	23	大四	国际金融贸易	青岛科技大学
S27	女	21	大三	网络与新媒体	浙江传媒学院
S28	女	21	大三	临床医学	新疆石河子大学
S29	女	18	大一	电子信息	武汉大学
S30	女	21	大三	学前教育	太原幼儿师范高等专科学校
S31	男	20	大二	国际经济与贸易	太原工业学院
S32	男	22	大四	金融	郑州大学

后　记

　　无论是论文还是著作，均为"阶段性"成果，阶段性既表明成果凝结了特定时期的付出及收获，也暗含它总是存在某些缺憾和不足之意。

　　本书所呈现的"收获"之一是对概念的厘清，如何谓网络公共传播，何谓网络媒介素养。"收获"之二是实证调研成果。"躺平""丧""内卷""精致利己主义"等说法，都是社会对大学生群体的臆想性概括。开展本次调研就是探究他们是谁、他们如何关注世界、他们如何参与网络……调研是一次抛开偏见的现象学还原。"收获"之三是对网络媒介素养教育的系统建议。结合调研发现的问题、他国经验及中国大学生的实际情况，本书给出了系统性的网络媒介素养教育建议。

　　当然，本书也有缺憾与不足。如未能借助日志法跟踪大学生的网络使用行为，未能进行局部教育实践探索，等等。

　　本书得以撰写、出版，要感谢众多热心人士。

　　首先，感谢郑州大学新闻与传播学院的领导和同事们。从开题指导、问卷设计建议到联系出版社出版，你们的全程支持令我感到来自集体的无限温暖。

　　其次，感谢我的研究生鼎力相助。感谢马楠楠、郭彦君、聂培艺、王钰莹、樊鑫鑫、申由甲、刘梦园、叶林园、王博滢、江如意、周颖、戚宇、刘晨、宋莉、邵秋月、崔静静诸位同学的大力支持。从文献搜集到书稿校对，你们的热情令我感动，你们的才华让我自豪！尤其感谢樊鑫鑫、申由甲、刘梦园、聂培艺、叶林园、王博滢、江如意、周颖、戚宇的辛苦付出！

　　最后，感谢社会科学文献出版社的编辑老师们。责任编辑周琼老师、文稿编辑张静阳老师为此书的出版不辞辛劳。从书稿框架逻辑到句子、标点符号的把关，让我感受到编辑老师们的专业和用心。辛苦了，十分感谢！

图书在版编目（CIP）数据

大学生网络公共传播行为与网络媒介素养教育／罗
雁飞著. -- 北京：社会科学文献出版社，2024.8
（眉湖：传媒书系）
ISBN 978 - 7 - 5228 - 3669 - 0

Ⅰ.①大… Ⅱ.①罗… Ⅲ.①大学生 - 计算机网络 -
素质教育 - 研究 Ⅳ.①TP393

中国国家版本馆 CIP 数据核字（2024）第 103150 号

眉湖·传媒书系

大学生网络公共传播行为与网络媒介素养教育

著 者／罗雁飞

出 版 人／冀祥德
责任编辑／周 琼
文稿编辑／张静阳
责任印制／王京美

出 版／社会科学文献出版社（010）59367126
地址：北京市北三环中路甲29号院华龙大厦 邮编：100029
网址：www. ssap. com. cn
发 行／社会科学文献出版社（010）59367028
印 装／三河市东方印刷有限公司

规 格／开 本：787mm × 1092mm 1/16
印 张：20.75 字 数：326 千字
版 次／2024 年 8 月第 1 版 2024 年 8 月第 1 次印刷
书 号／ISBN 978 - 7 - 5228 - 3669 - 0
定 价／98.00 元

读者服务电话：4008918866